GÉOMÉTRIE.

CETTE ÉDITION SE TROUVE:

Chez {
HUGARD, Libraire, à Strasbourg.
DEVILLY, Libraire, à Metz.
MALASSIS, Libraire, à Breſt.
BRUN aîné, Libraire, à Nantes.
JOLY, Libraire, à Dôle.
}

Et chez les principaux Libraires.

COURS

DE

MATHÉMATIQUES,

A L'USAGE

DE LA MARINE ET DE L'ARTILLERIE;

PAR BÉZOUT.

Édition originale, revue & augmentée par PEYRARD, & renfermant toutes les connoissances mathématiques nécessaires pour l'admission à l'*École polytechnique.*

SECONDE PARTIE.

ÉLÉMENS DE GÉOMÉTRIE, TRIGONOMÉTRIE RECTILIGNE ET TRIGONOMÉTRIE SPHÉRIQUE.

A PARIS,

CHEZ LOUIS, LIBRAIRE, RUE S. SEVERIN, Nº. 110.

AN VI — 1798.

AVIS DE L'ÉDITEUR.

Bézout a publié deux Cours de Mathématiques, qui ne diffèrent que par les applications. Dans cette nouvelle édition de son Cours à l'usage de la MARINE, j'ai placé à la fin de chaque volume, les applications qui se trouvent dans le Cours à l'usage de l'ARTILLERIE : par cet arrangement, ces deux Cours sont réunis dans un seul.

Il y a dans BÉZOUT des démonstrations qui manquent de clarté ; quelques-unes sont peu rigoureuses. Ces démonstrations sont indiquées par des guillemets, & remplacées par d'autres, qu'on trouve dans les additions à la fin de chaque volume.

Outre les augmentations dont je viens

de parler, j'ai Jonné plufieurs propofitions qu'on regrettoit de ne pas trouver dans le Cours de Bézout.

Le volume fuivant renferme des additions importantes. Il paroîtra inceffamment : les autres volumes éprouveront peu de retard.

Nota. *Les lettres placées entre deux parenthèfes indiquent les notes qui font à la fin du volume. Les lettres marquées d'une étoile, indiquent les applications à l'ARTILLERIE,*

PRÉFACE.

CETTE feconde partie comprend, ainfi que le titre l'annonce, les Elémens de Géométrie, la Trigonométrie rectiligne, & la Trigonométrie fphérique.

Je ne m'arrêterai point à raffembler ici les raifons qui doivent engager les élèves deftinés à la marine à fe rendre familiers les principes répandus dans ce livre : s'il eft un art auquel l'application des Mathématiques foit plus utile qu'à un autre, c'eft la navigation : duffé-je me répéter, je dois dire que ces fciences, qui font utiles dans d'autres parties, font indifpenfables dans celle-ci.

Il ne faut pas en conclure cependant qu'un livre de Géométrie élémentaire deftiné à cet objet, doive raffembler un grand nombre de propofitions. S'il fuffifoit, pour bien inculquer les principes d'une fcience, de donner ce qui eft effentiellement né-

ceſſaire au but qu'on ſe propoſe, ceux
qui connoiſſent un peu la Géométrie ſa-
vent qu'on y ſatisferoit en peu de mots.
Mais l'expérience démontre qu'un pareil
livre ſeroit utile ſeulement à ceux qui ont
acquis déjà des connoiſſances, & qu'il
n'imprimeroit que de foibles traces dans
l'eſprit des commençans.

D'un autre côté, il n'y a pas moins
d'inconvéniens à trop multiplier les conſéquences, ſur-tout quand elles ne ſont
(comme il arrive ſouvent) que de nouvelles traductions des principes. Il n'eſt
pas douteux que des élémens deſtinés à un
grand nombre de lecteurs, doivent ſup-
pléer aux conſéquences que pluſieurs n'auront pas le loiſir, & peut-être la faculté de
tirer ; mais il faut prendre garde auſſi que
ceux pour qui cette attention eſt néceſſaire, ſont le moins en état de ſoutenir
la multitude des propoſitions. Le ſeul parti
qu'il y ait à prendre, eſt, ce me ſemble,
d'aller un peu plus loin que les principes,
de s'arrêter aux conſéquences utiles, &

de fixer ces deux chofes dans l'efprit par des applications : c'eft ce que j'ai tâché de faire.

J'ai partagé la Géométrie en trois fections, dont la première traite des Lignes, des Angles, de leur Mefure, des Rapports des lignes, &c. La feconde confidère les Surfaces, leur mefure & leurs rapports. La troifième eft deftinée aux Solides ou Corps, & renferme les principes néceffaires pour les mefurer, & comparer leurs capacités. Dans la Trigonométrie rectiligne, j'ai donné quelques propofitions, qui ne font pas effentiellement néceffaires pour le moment ; mais elles font au moins utiles, & le feront encore plus par la fuite : d'ailleurs quelques-unes trouvent leur application dès la Trigonométrie fphérique. Dans celle-ci, je me fuis propofé de réduire à un moindre nombre les principes dont on fait dépendre communément la réfolution des triangles fphériques. Je n'entrerai pas dans un plus grand détail ; c'eft dans l'ouvrage

même qu'il faut le chercher. Ceux qui ne
veulent lire que la Préface, ne gagne-
roient pas beaucoup au temps que je per-
drois à cette analyfe ; & ceux qui liront
l'ouvrage, en jugeront mieux que par ce
que je pourrois en dire ici.

Dois - je me juftifier d'avoir négligé
l'ufage des mots, *Axiôme*, *Théoréme*,
Lemme, *Corollaire*, *Scholie ?* &c. Deux
raifons m'ont déterminé : la première eft
que l'ufage de ces mots n'ajoute rien à la
clarté des démonftrations : la feconde eft
que cet appareil peut fouvent faire prendre le change à des commençans, en
leur perfuadant qu'une propofition revêtue
du nom de *Théoréme*, doit être une propofition auffi éloignée de leurs connoiffances, que le nom l'eft de ceux qui leur
font familiers. Cependant afin que ceux
de mes lecteurs qui ouvriront d'autres livres de Géométrie, ne s'imaginent pas
qu'ils tombent dans un pays inconnu, je
crois devoir les avertir que,

Axiôme fignifie une propofition évi-
dente par elle-même ;

Théorème, une proposition qui fait partie de la science dont il s'agit , mais dont la vérité , pour être apperçue , exige un discours raisonné qu'on appelle *Démonstration* ;

Lemme (1) est une proposition qui ne fait pas essentiellement partie de la théorie dont il s'agit ; mais qui sert à faciliter le passage d'une proposition à une autre ;

Corollaire est une conséquence que l'on tire d'une proposition qu'on vient d'établir ;

Scholie est une remarque sur quelque chose qui précède , ou une récapitulation de ce qui précède ;

Problème est une question dans laquelle il s'agit, ou d'exécuter quelque opération , ou de démontrer quelque proposition.

(1) Un *Lemme* est souvent une proposition empruntée d'une autre science.

AVERTISSEMENT.

Les nombres qu'on trouvera feuls entre deux parenthèfes, indiquent à quel numéro du livre même il faut aller chercher la propofition que le lecteur doit fe rappeler dans cet endroit ; & ceux qui font précédés du mot *Arith.* renvoient à pareil numéro de l'Arithmétique.

TABLE DES MATIÈRES.

SECONDE SECTION.

TROISIÈME SECTION.

DE LA TRIGONOMÉTRIE.

TRIGONOMÉTRIE SPHÉRIQUE.

FIN DE LA TABLE.

ÉLÉMENS

ÉLÉMENS
DE GÉOMÉTRIE.

1. L'ESPACE que les corps occupent, a toujours les trois dimensions, *Longueur*, *Largeur* & *Profondeur* ou *Epaisseur*.

Quoique ces trois dimensions se trouvent toujours ensemble, dans tout ce qui est corps, néanmoins nous les séparons assez souvent par la pensée : c'est ainsi que lorsque nous pensons à la profondeur d'une rivière, d'une rade, &c. nous ne sommes point occupés de sa longueur ni de sa largeur ; pareillement, quand nous voulons juger de la quantité de vent qu'une voile peut recevoir, nous ne nous occupons que de sa longueur & de sa largeur, & point du tout de son épaisseur (a*).

Nous distinguerons donc trois sortes d'étendue, savoir :

L'étendue en longueur seulement, que nous appellerons *Ligne*.

L'étendue en longueur & largeur seulement, que nous nommerons *Surface* ou *Superficie*.

Enfin l'étendue en longueur, largeur & profon-

GÉOMÉTRIE.   A

deur, que nous nommerons indifféremment, *volume*, *solide*, *corps*.

Nous examinerons fucceffivement les proprié-tés de ces trois fortes d'étendue ; c'eft-là l'objet de la fcience qu'on appelle *Géométrie*.

PREMIÈRE SECTION.

Des Lignes.

2. Les extrémités d'une ligne, fe nomment des *points*. On appelle auffi de ce nom, les endroits où une ligne eft coupée ; ou encore, ceux où des lignes fe rencontrent.

On peut confidérer le point comme une portion d'étendue qui auroit infiniment peu de longueur, de largeur & de profondeur.

La trace d'un point qui feroit mu de manière à tendre toujours vers un feul & même point, eft ce qu'on appelle une *ligne droite*. C'eft le plus court chemin pour aller d'un point à un autre : *A B* (*fig.* 1) eft une ligne droite.

On appelle, au contraire, *ligne courbe*, la trace d'un point qui, dans fon mouvement, fe détourne infiniment peu, à chaque pas.

On voit donc qu'il n'y a qu'une feule efpèce de ligne droite, mais qu'il y a une infinité d'efpèces de courbes différentes (*b*).

3. Pour tracer une ligne droite d'une étendue médiocre, comme lorfqu'il s'agit de conduire par les deux points *A* & *B* (*fig.* 1) une ligne droite fur le papier, on fait qu'on emploie une règle qu'on applique fur les deux points *A* & *B*, ou très-près, & à diftances égales de ces deux points, & avec un crayon ou une plume qu'on fait glifler le long de cette règle, on trace la ligne *A B*.

Mais lorfqu'il s'agit de tracer une ligne un peu grande, on fixe au point *A* l'extrémité d'une ficelle que l'on frotte avec un morceau de craie, & appliquant un autre de fes points fur le point *B*, on pince la ficelle pour l'élever au-deffus de *A B*, & la laiffant aller, elle marque, en s'appliquant fur la furface, une trace qui eft la ligne droite dont il s'agit.

Quand il eft queftion d'une ligne fort grande, mais dont les extrémités peuvent être vues l'une de l'autre, on fe contente de marquer entre fes deux extrémités, un certain nombre de points de cette ligne. Par exemple, lorfqu'on veut prendre des alignemens fur le terrein, on place à l'une des extrémités *B* (*fig.* 2) un bâton ou jallon *B D*, que par le moyen d'un fil-à-plomb, on rend le plus vertical que faire fe peut; on en fixe un autre de

la même manière au point *A*, & se plaçant à ce
même point *A*, on fait placer succeffivement plufieurs autres jallons à différens points *C*, *C*, &c.
entre *A* & *B*, de manière qu'appliquant l'œil le
plus près qu'il eft poffible du jallon *A D*, & regardant le jallon *B D*, celui *C D*, dont il s'agit,
paroiffe confondu avec *B D* ; alors tous les points
C, *C*, *C*, &c. déterminés de cette manière, font
dans la ligne droite *A B* (*c*).

Quand les deux extrémités *A* & *B* ne sont pas
vifibles l'une de l'autre, on a recours à des moyens
que nous enseignerons par la fuite.

4. Les lignes fe mefurent par d'autres lignes ;
mais, en général, la mefure commune des lignes,
c'eft la ligne droite. Mefurer une ligne droite ou
courbe, ou une diftance quelconque, c'eft chercher combien de fois cette ligne ou cette diftance,
contient une ligne droite connue & déterminée
que l'on confidère alors comme unité. Cette unité
eft abfolument arbitraire. Auffi y a-t-il bien des
efpèces de mefures différentes en fait de lignes.
Indépendamment de la toife & de fes parties dont
nous avons fait connoître les fubdivifions en
Arithmétique, on diftingue encore le pas ordinaire, le pas géométrique, la braffe, &c. pour
les petites étendues ; la lieüe, le mille, le werfte,
&c. pour les grandes étendues.

Le pas ordinaire eft de 2 pieds & demi.

Le pas géométrique, qu'on appelle autrement pas double, est de 5 pieds.

La brasse est de 5 pieds ; on compte par brasse, dans la marine, les longueurs des cordages, & les profondeurs qu'on mesure à la sonde.

La lieue est composée d'un certain nombre de toises ou de pas géométriques. La lieue marine est de 2853 toises. Le mille, le werfte, &c. font pareillement des mesures itinéraires, dont la valeur ainsi que celle de la lieue, n'est pas la même dans tous les pays, tant parce que chacune de ces espèces de mesures n'a pas par-tout le même nombre d'unités, c'est-à-dire, le même nombre de pas, ou de toises, ou de pieds, &c. que parce que le pied, qui sert d'unité à ces toises ou à ces pas, n'est pas de même grandeur par-tout.

5. Pour faciliter l'intelligence de ce que nous avons à dire sur les lignes, nous supposerons que les figures, dans lesquelles nous les considérerons, sont tracées sur une surface *plane*. On appelle ainsi une surface à laquelle on peut appliquer exactement une ligne droite dans tous les sens.

6. De toutes les lignes courbes, nous ne considérerons dans ces Elémens, que *la Circonférence du Cercle*. On appelle ainsi une ligne courbe *B C F D G (fig. 3)*, dont tous les points sont également éloignés d'un même point *A*, pris dans le plan sur lequel elle est tracée. Le point *A* se

nomme le *centre;* les lignes droites AB, AC, AF, &c. qui vont de ce point à la circonférence, se nomment *rayons;* & tous ces rayons sont égaux, puisqu'ils mesurent la distance du centre à chaque point de la circonférence.

Les lignes, comme BD, qui passant par le centre, se terminent de part & d'autre à la circonférence, sont appelées *diamètres;* comme chaque diamètre est composé de deux rayons, tous les diamètres sont donc égaux. Il est d'ailleurs évident que tout diamètre partage la circonférence en deux parties parfaitement égales; car si l'on conçoit la figure pliée de façon que le pli soit dans le diamètre BD, tous les points de BGD doivent s'appliquer sur $BCED$, sans quoi il y auroit des points de la circonférence qui seroient inégalement éloignés du centre.

Les portions BC, CE, ED, &c. de la circonférence, se nomment *arcs;* & ce qu'on appelle *cercle*, c'est la surface même renfermée par la circonférence $BCFDGB$.

Une droite, comme DF, qui va de l'extrémité D d'un arc, à l'autre extrémité F, s'appelle *corde* ou *soutendante* de cet arc.

7. Il est aisé de voir que *les cordes égales d'un même cercle ou de cercles égaux, soutendent des arcs égaux, & réciproquement.* Car si la corde DG est égale à la corde DF, en imaginant qu'on transf-

porte la corde DG & son arc, pour appliquer DG sur DF, il est visible que le point D étant commun, & le point G tombant alors sur le point F, tous les points de l'arc DG, doivent tomber sur l'arc DF, puisque si quelqu'un de ces points ne tomboit pas sur l'arc DF, l'arc DG n'auroit pas tous ses points également éloignés du centre A.

8. On est convenu de partager toute circonférence de cercle, grande ou petite, en 360 parties égales auxquelles on a donné le nom de *degrés* : on partage le degré en 60 parties égales qu'on appelle *minutes*; chaque minute, en 60 parties égales qu'on appelle *secondes* ; on continue de subdiviser de 60 en 60, en donnant aux parties, consécutivement, les noms, *tierces*, *quartes*, *quintes*, &c.

La marque du degré est celle-ci........d ou ^{c}
Celle de la minute........................$'$
De la seconde............................$''$
De la tierce.............................$'''$
De la quarte............................IV$'$

Ainsi pour marquer 3 degrés 24 minutes 55 secondes, on écrit $3°\ 24'\ 55''$.

Cette division de la circonférence est admise généralement; mais des vues de commodité dans la pratique, ont introduit dans quelques parties des Mathématiques pratiques, quelques usages particuliers dans la manière de compter les degrés

& parties de degré. Les aftronomes, par exemple,
comptent les degrés, par trentaines qu'ils appellent *fignes*, c'eft-à-dire, qu'ayant à compter 66°
42′ par exemple; comme ce nombre renferme 2
fois 30° & 6° 42′ de plus, ils compteroient 2 fignes
& 6° 42′, & ils écriroient 2ˢ 6° 42′.

Les marins, pour les ufages de la bouffole, par-
tagent la circonférence en 32 parties égales, dont
chacune fe nomme *air* ou *rhumb* de vent: chacune
de ces parties eft donc la 32ᵉ partie de 360°, c'eft-
à-dire, qu'elle eft de 11° 15′; ainfi au lieu de
45°, on dit 4 airs de vent, parce que 45° font 4
fois 11° 15′; pareillement au lieu de 18° 27′, on
diroit un air de vent, & 7° 12′.

Des Angles & de leur Mefure.

9. Deux lignes, *AB*, *AC*, qui fe rencontrent,
peuvent former entr'elles une ouverture plus ou
moins grande, comme on le voit dans les Figures
4, 5, 6.

Cette ouverture *BAC*, eft ce qu'on appelle
un angle; & cet angle eft dit angle *rectiligne*, ou
curviligne, ou *mixtiligne*, felon que les lignes qui
le comprennent font, ou toutes deux lignes droites,
ou toutes deux lignes courbes; ou l'une, une
ligne droite, et l'autre une ligne courbe.

Nous ne parlons, pour le préfent, que des angles rectilignes.

I O. Pour fe former une idée exacte d'un angle, il faut concevoir que la ligne droite AB étoit d'abord couchée fur AC, & qu'on l'a fait tourner fur le point A, comme une branche de compas fur fa charnière, pour l'amener dans la pofition AB qu'elle a actuellement. La quantité dont AB a tourné, eft précifément ce qu'on appelle un angle.

D'après cette idée, on conçoit que la grandeur d'un angle ne dépend point de celle de fes côtés, en forte que l'angle formé par les lignes AC, AB (*fig. 4*), eft abfolument le même que celui que forment les lignes AF & AE qui font une extenfion de celles-là : en effet, la ligne AB & la ligne AE ont dû tourner chacune de la même quantité, pour venir dans leur pofition actuelle.

Le point A où fe rencontrent les deux lignes AB, AC, s'appelle le *fommet de l'angle*, & les deux lignes AB, AC, en font les côtés.

Pour défigner un angle, nous emploierons trois lettres, dont l'une marque le fommet, & les deux autres font placées le long des côtés ; & en énonçant ces lettres nous placerons toujours celle du fommet au milieu : ainfi pour défigner l'angle compris par les deux lignes AB, AC, nous dirons l'angle BAC ou CAB.

Cette attention eſt principalement néceſſaire lorſque pluſieurs angles ont leur ſommet au même point ; car ſi dans la *figure* 4 , par exemple , on diſoit ſimplement l'angle *A* , on ne ſauroit ſi l'on veut parler de l'angle *B A C* , ou de l'angle *B A D* ; mais lorſqu'il n'y a qu'un ſeul angle , comme dans la *figure* 4* , on peut dire ſimplement l'angle *a* , c'eſt-à-dire , le déſigner par la lettre de ſon ſommet.

I I. Puiſque l'angle *B A C* (*fig.* 4) n'eſt autre choſe que la quantité dont le côté *A B* auroit dû tourner ſur le point *A* , pour venir de la poſition *A C* dans la poſition *A B* ; & que dans ce mouvement chaque point de *A B* , le point *B* , par exemple , reſtant toujours également éloigné de *A* , décrit néceſſairement un arc de cercle qui augmente ou diminue préciſément dans le même rapport que l'angle augmente ou diminue , il eſt naturel de prendre cet arc pour meſure de l'angle ; mais comme chaque point de *A B* décrit un arc de longueur différente , ce n'eſt point la longueur même de l'arc qu'il faut prendre , mais le nombre de ſes degrés & parties de degré , qui ſera toujours le même pour chaque arc décrit par chaque point de *A B* , puiſque tous ces points commençant , continuant & finiſſant leur mouvement dans le même temps , font néceſſairement le même nombre de pas ; toute la différence qu'il y a , c'eſt que les points les plus éloignés du point *A*, font des pas plus grands. Nous pouvons donc dire que . . . .

12. *Un angle quelconque* BAC (fig. 4) *a pour mesure le nombre des degrés et parties de degré de l'arc compris entre ses côtés, & décrit de son sommet comme centre.*

Ainsi, quand par la suite nous dirons : Un tel angle a pour mesure un tel arc, on doit entendre qu'il a pour mesure le nombre des degrés & parties de degré de cet arc.

13. Donc *pour diviser un angle en plusieurs parties égales*, il ne s'agit que de diviser l'arc qui lui sert de mesure, en autant de parties égales, & de tirer par les points de division, des lignes au sommet de cet angle. Nous parlerons plus bas de la division des arcs.

14. Et *pour faire un angle égal à un autre* ; par exemple, pour faire au point *a* de la ligne *a c* (*fig. 4**), un angle égal à l'angle *B A C* (*fig. 4*), il faut, d'une ouverture de compas arbitraire, & du point *a* comme centre, décrire un arc indéfini *c b* ; posant ensuite la pointe du compas sur le sommet *A* de l'angle donné *B A C*, on décrira, de la même ouverture, l'arc *B C* compris entre les deux côtés de cet angle, & ayant pris avec le compas, la distance de *C* à *B*, on la portera de *c* en *b*, ce qui donnera le point *b*, par lequel, &

par le point *a* tirant la ligne *a b* , on aura l'angle *b a c* égal à *B A C*.

En effet l'angle *b a c* a pour mesure *b c* (12) & l'angle *B A C* a pour mesure *B C*. Or ces deux arcs sont égaux , puisqu'appartenant à des cercles égaux , ils ont d'ailleurs des cordes égales (7) ; car la distance de *b* à *c* a été faite la même que celle de *B* à *C*.

1 5. L'angle *B A C* (*fig. 5*) se nomme angle droit , lorsque l'un *A B* de ses côtés ne penche ni vers l'autre côté *A C*, ni vers son prolongement *A D*.

On l'appelle angle *aigu* (*fig. 4*) lorsque l'un *A B* de ses côtés penche plus vers l'autre côté *A C*, que vers son prolongement *A D*.

Enfin on l'appelle *obtus* (*fig. 6*) lorsqu'un côté *A B* penche plus vers le prolongement de l'autre côté *A C*, que vers ce côté même.

1 6. Concluons de ce qui a été dit (12) sur la mesure des angles , 1°. *qu'un angle droit a pour mesure 90° ; un angle aigu , moins que 90°, & un angle obtus , plus que 90°.*

Car si la ligne *A E* (*fig. 3*) ne penche ni vers *A B*, ni vers son prolongement *A D*, les deux angles *B A E*, *D A E* seront égaux : donc les arcs *B E* & *D E* qui leur servent de mesure, seront aussi égaux ; or ces deux arcs composant ensemble la demi-circonférence , valent ensemble

180°; donc chacun d'eux eſt de 90°; donc auſſi les deux angles BAE, DAE ſont chacun de 90°.

D'après cela il eſt évident que BAC eſt de moins, & BAF de plus que 90°.

17. 2°. *Les deux angles* BAC, BAD (fig. 4, 5, & 6) *que forme une ligne droite* AB *tombant ſur une autre droite* CD, *valent toujours enſemble* 180°. Car on peut toujours regarder le point A (*fig. 4*), comme le centre d'un cercle, dont CD eſt alors un diamètre : or les deux angles BAC & BAD, ont pour meſure les deux arcs BC & BD, qui compoſent la demi-circonférence, ils valent donc enſemble 180°, ou autant que deux angles droits.

18. 3°. *Que ſi d'un même point* A, (fig. 3), *on tire tant de droites* AC, AE, AF, AD, AG, &c. *qu'on voudra ; tous les angles* BAC, CAE, EAF, FAD, DAG, GAB, *qu'elles comprennent, ne feront jamais que* 360°. Car ils ne peuvent occuper plus que la circonférence.

19. Deux angles tels que BAC & BAD (*fig. 4*), qui, pris enſemble, font 180°, ſont dits *ſupplément* l'un de l'autre ; ainſi BAC eſt le ſupplément de BAD, & BAD eſt le ſupplément de BAC ; parce que l'un de ces angles eſt ce qu'il faudroit ajouter à l'autre pour faire 180°.

Les angles égaux auront donc des ſupplémens égaux, et ceux qui auront des ſupplémens égaux, feront égaux.

20. Concluons de-là *que les angles* BAC, EAD (fig. 7), *oppofés au fommet, & formés par les deux droites* B D *&* E C, *font égaux.*

Car *B A C* a pour fupplément *C A D*, & *E A D* a auffi pour fupplément *C A D*.

21. On appelle *complément* d'un angle ou d'un arc, ce dont cet arc eft plus petit ou plus grand que 90°. Ainfi (*fig.* 3), l'angle *B A C* a pour complément *C A E* ; l'angle *B A F* a pour complément *F A E*. Le complément eft donc ce qu'il faut ajouter à un angle, ou ce qu'il faut en retrancher, pour qu'il vaille 90°.

Les angles aigus qui auront des complémens égaux, feront donc égaux, & réciproquement, il en fera de même des angles obtus.

On rencontre fans ceffe les angles, tant dans la théorie que dans la pratique (*d**).

Nous aurons affez d'occafion par la fuite de nous convaincre qu'on les rencontre à chaque pas dans la théorie. Quant à la pratique, nous ferons remarquer que c'eft par les angles qu'on juge de la route que fuit un navire ; qu'on diftingue fi un navire qu'on rencontre en mer, a le vent fur nous, ou fi nous l'avons fur lui ; c'eft par les angles qu'on détermine les pofitions des objets, les uns à l'égard des autres ; c'eft en variant les angles que les voiles & le gouvernail font avec la quille, qu'on produit les différentes évolutions du navire, qu'on

change fa route, & qu'on accélère ou qu'on re-
tarde fon mouvement. C'eſt encore par la meſure des angles qu'on parvient à déterminer en
mer, en quel lieu on eſt.

Les inſtrumens qui ſervent à meſurer les angles,
ou à former des angles, tels qu'on le juge à propos, ſont en aſſez grand nombre. Nous allons faire
connoître les principaux.

22. L'inſtrument repréſenté par la *figure 8*, &
qu'on appelle *Rapporteur*, ſert à meſurer les angles ſur le papier, & à former ſur le papier les
angles dont on peut avoir beſoin. L'uſage en eſt
commode & fréquent. C'eſt un demi-cercle de
cuivre ou de corne, diviſé en 180°. Le centre de
cet inſtrument eſt marqué par une petite échan-
crure *C*. Quand on veut meſurer un angle tel que
B A C (*fig.* 4, 5, 6, &c.) on applique le centre
C ſur le ſommet *A* de l'angle qu'on veut meſurer,
& le rayon *C B* du même inſtrument, ſur l'un *A C*
des côtés de cet angle ; alors le côté *A B* prolongé,
s'il eſt néceſſaire, fait connoître par celle des diviſions de l'inſtrument, par laquelle il paſſe, de
combien de degrés eſt l'arc du rapporteur compris
entre les côtés de l'angle *B A C*, & par conféquent
(12) de combien de degrés eſt cet angle *B A C*.

Pour faire, avec le même inſtrument, un angle
d'un nombre déterminé de degrés, on applique le
rayon *C B* de l'inſtrument ſur la ligne qui doit

fervir de côté à l'angle qu'on veut former , & de manière que le centre *C* foit fur le point où cet angle doit avoir fon fommet ; puis cherchant fur les divifions de l'inftrument , le nombre de degrés en queftion , on marque fur le papier un point en cet endroit ; par ce point & par le fommet , on tire une ligne droite , qui fait alors avec la première , l'angle demandé.

2 3 . Pour mefurer les angles fur le terrein , on emploie l'inftrument repréfenté par la figure 9 , on le nomme *Graphomètre*. C'eft un demi-cercle divifé en 180°, & fur lequel on marque même les demi-degrés , felon la grandeur de fon diamètre. Le diamètre *BD* fait corps avec l'inftrument ; mais le diamètre *EC*, qu'on nomme *Alidade*, n'y eft affujetti que par le centre *A*, autour duquel il peut tourner & parcourir par fon extrémité *C* toutes les divifions de l'inftrument. Chacun de ces deux diamètres eft garni à fes deux extrémités , de pinnules , à travers lefquelles on regarde les objets. L'inftrument eft porté par un pied , & peut , fans rien changer à la pofition du pied , être incliné dans tous les fens , felon qu'on en a befoin.

Quand on veut mefurer l'angle que forment deux lignes droites tirées d'un point *A* où l'on eft , à deux autres objets *F* & *G*, on place le centre du graphomètre en *G*, & on difpofe l'inftrument de manière que regardant à travers les pinnules du diamètre fixe DAB, on apperçoive l'un F de ces deux objets, & qu'en même temps l'autre objet G, se trouve dans le prolongement du plan de l'instrument, ce qu'on fait en inclinant plus ou moins le graphomètre ; alors on fait mouvoir l'alidade EC, jusqu'à ce qu'on puisse appercevoir l'objet G à travers des pinnules E & C ; l'arc BC compris entre les deux diamètres, est alors la mesure de l'angle GAF.

On voit aussi, d'après ce que nous venons de dire, comment on peut former sur le terrein un angle d'un nombre déterminé de degrés. On fait le plus souvent sur la largeur, & à l'extrémité du diamètre mobile, des divisions qui selon la manière dont elles correspondent aux divisions mêmes de l'instrument, servent à connoître les parties de degré de 5 en 5 minutes, ou de 3 en 3.

Cet instrument est aussi, le plus souvent, garni d'une *boussole* ordinaire ou simple : on la voit dans la même figure 9.

L'aiguille aimantée qui en fait la pièce principale, est soutenue en son milieu sur un pivot sur lequel elle a toute la mobilité possible. Comme sa propriété est de rester constamment dans une même position, ou d'y revenir quand elle en a été écartée, (au moins dans un même lieu, & pendant un assez long intervalle de temps), on l'emploie uti-

lement fur ces fortes d'inftrumens, pour déterminer la pofition des objets à l'égard des points
cardinaux, ou à l'égard de la ligne nord & fud,
avec laquelle elle fait toujours le même angle dans
un même lieu. Sur le bord de la cavité qui renferme l'aiguille, on marque communément les
360° de la circonférence. Quand on tourne
l'inftrument, l'aiguille, par la propriété qu'elle a
de revenir dans une même fituation, marque par
la nouvelle divifion à laquelle elle répond, de
combien de degrés l'inftrument a tourné.

On emploie auffi la bouffole ordinaire fans le
graphomètre, mais c'eft feulement pour déterminer groffièrement les points de détails d'un plan
ou d'une carte, dont les points principaux ont
été fixés avec exactitude, de la manière que nous
expoferons par la fuite.

24. La *bouffole marine,* ou le *compas de mer,* ou
encore le *compas de variation* (*fig. 10*) , ne diffère
guère de la bouffole ordinaire que par une fuf-
penfion qui lui eft propre, & qui a pour objet de
faire que les parties de cette machine, qui fervent à la mefure des angles, ne participent à d'autres mouvemens du vaiffeau qu'à ceux qu'il peut
avoir pour tourner horizontalement. Lorfqu'elle
n'eft employée qu'à connoître la direction de la
quille du vaiffeau, on l'appelle *Compas de route.*
Elle eft renfermée dans une efpèce d'armoire qu'on

appelle *Habitacle*, & qui eſt ſituée dans le ſens de la largeur du vaiſſeau. L'aiguille n'eſt pas iſolée ſur ſon pivot, comme dans la bouſſole ordinaire, elle ſeroit trop ſujette à vaciller ; on la charge d'un morceau de talc taillé en rond, & collé entre deux morceaux de papier ; & on trace deſ-ſus, la roſe des vents, c'eſt-à-dire, qu'on en partage la circonférence en rhumbs de vent. On conçoit donc que ſi le vaiſſeau vient à tourner d'une certaine quantité, comme l'aiguille reſte toujours ou revient toujours à la même ſituation, elle ne répondra plus au même point de l'habi-tacle ; en obſervant donc quel eſt le rhumb de vent qui répond à celui qu'occupoit d'abord l'ai-guille, on connoîtra de combien le vaiſſeau a tourné. On pourra donc s'en ſervir pour ramener & retenir conſtamment le vaiſſeau dans une même direction.

Quand on emploie la bouſſole à *relever* des ob-jets, c'eſt-à-dire à reconnoître l'*air de vent* auquel ils répondent, on l'appelle *compas de variation :* ce nom lui vient d'un autre uſage dont ce n'eſt pas ici le lieu de parler. Alors on la garnit de deux pinnules *A* & *B* (*fig. 10*), par leſquelles on viſe aux objets dont on veut connoître la ſituation. En mer, il faut deux obſervateurs, l'un qui tourne & ajuſte le compas de variation de manière à apper-cevoir l'objet ; & pendant ce temps, l'autre ob-ſerve quelle eſt la poſition de l'aiguille à l'égard de

la ligne DE qui eſt un fil tendu à angles droits ſur
la ligne qu'on conçoit paſſer par A & B.

Des Perpendiculaires & des Obliques.

25. Nous avons dit (15) que la ligne $A B$
(*fig. 5*), qui ne penche ni vers $A C$, ni vers
$A D$, formoit avec ces deux parties, des angles
qu'on appelle *droits*.

Cette même ligne AB eſt auſſi ce qu'on appelle
une Perpendiculaire à la ligne AC ou DC, ou AD.

D'après cette définition, on doit regarder comme
vérités évidentes, les trois propoſitions ſuivantes.

26. 1°. *Quand une ligne* $A B$ (fig. 11) *eſt per-*
pendiculaire ſur une autre ligne $C D$, *celle-ci eſt auſſi*
perpendiculaire ſur la ligne $A B$.

Car lorſque $A B$ eſt perpendiculaire ſur $C D$,
les angles $A E C$, $A E D$ ſont égaux ; or $A E D$ eſt
égal à $B E C$ (20) ; donc $A E C$ eſt égal à $B E C$;
donc la ligne $C E$ ou $C D$ ne penche ni vers $A E$
ni vers $B E$; donc elle eſt perpendiculaire à $A B$.

27. 2°. *D'un même point* E *pris dans une ligne*
$C D$, *on ne peut élever qu'une ſeule perpendiculaire à*
cette ligne.

28. 3°. *Et d'un même point* A, *pris hors d'une li-*
gne $C D$, *on ne peut abaiſſer qu'une ſeule perpendicu-*
laire à cette ligne.

Car on conçoit qu'il n'y a qu'un ſeul cas où

une ligne passant par le point *E* ou par le point *A*, puisse ne pencher ni vers *ED*, ni vers *EC*.

29. *Les lignes qui partant du point* A, *s'écarte-ront également de la perpendiculaire, seront égales; & plus ces lignes s'écarteront de la perpendiculaire, plus elles seront longues, & par conséquent la perpen-diculaire est la plus courte de toutes.*

Supposons que *EG* soit égale à *EF*; si l'on renverse la *figure AEG* sur la *figure AEF*, la ligne *AE* restant commune à toutes les deux, il est clair qu'à cause de l'angle *AEG* égal à *AEF*, la ligne *EG* s'appliquera sur *EF*, & que le point *G* tombera sur le point *F*, puisque *EG* est sup-posée égale à *EF*; donc *AG* s'appliquera exacte-ment sur *AF*; donc ces deux lignes sont égales (*e*).

« Quant à la seconde partie de la proposition, il est évident que le point *C* de la ligne *CE* étant supposé plus loin de *AB*, que le point *F* de la même ligne *CE*, est nécessairement plus éloigné de tel point de *AB* qu'on voudra, que le point *F* ne peut l'être du même point; donc *AC* est plus grande que *AF*; donc aussi la perpendiculaire est la plus courte de toutes ».

30. Les lignes *AF, AC, AG*, sont dites *obli-ques* à l'égard de la perpendiculaire *AE* & de la ligne *CD*; & en général, une ligne est oblique à une autre, quand elle fait, avec cette autre, un angle ou aigu ou obtus.

3 1. Puifque (29) les obliques *A F*, *A G* font é ales lorfqu'elles s'éloignent également de la perpendiculaire, il faut en conclure, que *lorfqu'une ligne eft perpendiculaire fur le milieu* E *d'une autre ligne* F G, *chacun de fes points eft autant éloigné de l'extrémité* F *que de l'extrémité* G. Car il eft évident que ce qu'on a dit du point *A* s'applique également à tout autre point de la ligne *A E* ou *A B*.

3 2. Il n'eft pas moins évident qu'il *n'y a que les points de la perpendiculaire* A E *fur le milieu de* F G, *qui puiffent être également éloignés de* F *& de* G; car tout point qui fera à droite ou à gauche de la perpendiculaire eft évidemment plus près de l'un de ces points que de l'autre.

Donc, pour qu'une ligne foit perpendiculaire fur une autre, il fuffit qu'elle paffe par deux points dont chacun foit également éloigné de deux points pris dans cette autre.

3 3. Concluons de-là, 1°. que *pour élever une perpendiculaire fur le milieu d'une ligne* A B (*fig.* 12), il faut pofer une pointe du compas en *B*, & d'une ouverture plus grande que la moitié de *AB* tracer un arc *I K*; pofer enfuite la pointe du compas en *A*, & de la même ouverture, tracer un arc *L M* qui coupe le premier au point *C*, qui fera également éloigné de *A* & de *B*. On déterminera enfuite, de la même manière, un autre point *D*, foit au-deffous, foit au-deffus de *A B*, en pre-

nant la même ou une autre ouverture de compas.
Enfin on tirera par les deux points C & D la ligne
CD qui (32) fera perpendiculaire fur le milieu de
AB.

34. 2°. *Si d'un point* E, *pris hors de la ligne* AB
(fig. 13), *on veut mener une perpendiculaire à cette*
ligne, on placera la pointe du compas en E, &
d'une ouverture plus grande que la plus courte
diftance à la ligne AB, on tracera avec l'autre
pointe, deux petits arcs qui coupent AB aux
points C & D; puis de ces deux points comme
centres, & d'une ouverture de compas plus grande
que la moitié de CD, on tracera deux arcs qui fe
coupent en un point F, par lequel & par le point
E, on tirera la ligne EF, qui fera perpendiculaire
fur AB (32), puifqu'elle aura deux points E & F
également éloignés, chacun, des deux points C &
D de la ligne AB.

35. Si le point E par lequel on veut que la perpendiculaire paffe, étoit fur la ligne même AB, on
opéreroit encore de la même manière : *voyez fig. 14.*

Enfin, fi le point E étoit tellement placé, qu'on
ne pût marquer commodément qu'un des deux
points C ou D, on prolongeroit la ligne AB, &
on opéreroit encore de même : *voyez figures 15 &*
16. La figure 16 eft pour le cas où l'on veut élever une perpendiculaire à l'extrémité de la ligne
AB (*f*).

Des Parallèles.

3 6. Deux lignes droites , tracées fur un même plan , font dites *parallèles* , lorfqu'elles ne peuvent jamais fe rencontrer , à quelque diftance qu'on les imagine prolongées.

Deux lignes parallèles ne font donc point d'angle entr'elles.

Donc deux parallèles font par-tout également éloignées l'une de l'autre ; c'eft-à-dire ; que la perpendiculaire menée entr'elles, eft par-tout la même; car il eft évident que fi en quelqu'endroit elles fe trouvoient plus près qu'en un autre , elles feroient inclinées l'une à l'autre , & par conféquent elles pourroient enfin fe rencontrer.

D'après ces notions , il eft aifé d'établir les cinq propofitions fuivantes.

3 7. 1°. *Lorfque deux lignes parallèles* AB & CD (fig. 17) , *font coupées par une troifième ligne* E F, *qu'on appelle alors* (fécante), *les angles* B G E, D H E *ou* A G H, C H F *qu'elles forment d'un même côté , avec cette ligne , font égaux.* Car les lignes *AB* & *C D* n'ayant aucune inclinaifon entr'elles (36) doivent néceffairement être également inclinées d'un même côté , chacune à l'égard de toute ligne à laquelle on les comparera.

3 8. 2°. *Les angles* AGH, GHD *font égaux.* Car on vient de voir que *A G H* eft égal à *C H F;* or

CHF (20) est égal à GHD ; donc AGH est égal à GHD.

39. 3°. *Les angles* BGE, CHF *font égaux*. Car BGE est égal à AGH (20) ; or on a vu (37) que AGH est égal à CHF ; donc BGE est égal à CHF.

40. 4°. *Les angles* BGH, DHG *ou* AGH, CHG *font supplément l'un de l'autre ;* car BGH est supplément de BGE qui (37) est égal à DHG.

41. 5°. *Les angles* BGE, DHF, *ou* AGE, CHF *font supplément l'un de l'autre ;* car DHF a pour supplément DHG qui (37) est égal à BGE.

42. Chacune de ces cinq propriétés a toujours lieu, lorsque deux lignes parallèles font rencontrées par une troisième ; & réciproquement *toutes les fois que deux lignes droites auront dans leur rencontre avec une troisième, l'une quelconque de ces cinq propriétés, on doit conclure qu'elles font parallèles ;* cela fe démontre d'une manière abfolument femblable.

On a donné aux angles dont nous venons d'examiner les propriétés, des noms qui peuvent fervir à fixer ces propriétés dans la mémoire. Les angles BGE, FHC, fe nomment *alternes externes*, parce qu'ils font de différens côtés de la ligne EF, & qu'ils font tous deux hors des parallèles. Les angles AGH, GHD s'appellent *alternes internes*, parce qu'ils font de différens côtés de la ligne EF, & tous deux entre les parallèles. Les angles BGH, DHG s'appellent *internes d'un même côté*, parce qu'ils font entre les parallèles, & d'un même côté de la fécante EF. Enfin les angles BGE, DHF fe nomment *externes d'un même côté*, parce qu'ils font hors des parallèles & d'un même côté de la fécante.

43. Des propriétés que nous venons de démontrer, on peut conclure, 1°. *que fi deux angles* ABC, DEF (fig. 18), *tournés d'un même côté, ont leurs côtés parallèles, ils font égaux.* Car fi l'on imagine le côté DE prolongé jufqu'à ce qu'il rencontre BC en G, les angles ABC, DGC feront égaux (37), & par la même raifon l'angle DGC fera égal à l'angle DEF; donc ABC eft égal à DEF.

44. 2°. Que *pour mener par un point donné* C, *une ligne* CD (fig. 19), *parallèle à une ligne* AB; il faut, par le point C, tirer arbitrairement la ligne indéfinie CEF qui coupe AB en un point quelconque E; mener felon ce qui a été enfeigné (14) par le point C, la ligne CD qui faffe avec CE, l'angle ECD égal à l'angle FEB que celle-ci fait avec AB; la ligne CD tirée de cette manière fera parallèle à AB, (37). (g).

Au refte, chacune des cinq propriétés établies ci-deffus, peut fournir une manière de mener une parallèle.

45. Les perpendiculaires & les parallèles, dont nous venons de parler fucceffivement, font d'un

ufage très-fréquent dans toutes les parties pratiques des mathématiques. Les perpendiculaires font
néceffaires dans la mefure des furfaces, & des folidités ou capacités des corps ; elles reviennent à
chaque pas dans toutes les opérations de l'architecture navale. Comme l'angle droit eft facile à
conftruire, on fait, autant qu'on le peut, dépendre la conftruction des *figures*, plutôt des perpendiculaires que de toute autre ligne.

Les parallèles, outre leur grand ufage dans la
théorie, pour démontrer facilement un grand
nombre de propofitions, font la bafe de plufieurs
opérations utiles. On les emploie beaucoup dans
le pilotage, principalement pour marquer, fur les
cartes marines, la route qu'a tenue un vaiffeau
pendant fa navigation, ce qu'on appelle *pointer* ou
faire le point. Nous en dirons un mot par la fuite.

*Des lignes droites confidérées par rapport à
la circonférence du Cercle, & des circonférences de Cercle confidérées les unes à
l'égard des autres (h).*

46. « La courbure uniforme du cercle met en
droit de conclure, fans qu'il foit befoin d'en donner
une démonftration rigoureufe..........

» 1°. Que *une ligne droite ne peut rencontrer une
circonférence en plus de deux points.*

» 2°. Que *dans un même demi-cercle, la plus grande corde foutend toujours le plus grand arc, & réciproquement* ».

On appelle en général, *fécante* (*fig.* 20) toute ligne, comme *D E*, qui rencontre le cercle en deux points, & qui eft en partie au-dehors ; & on appelle *tangente*, celle qui ne fait que s'appliquer contre la circonférence : telle eft *A B*.

47. *Une tangente ne peut rencontrer la circonférence qu'en un feul point.* Car fi elle la rencontroit en deux points, elle entreroit dans le cercle, puifque de ces deux points il feroit poffible de tirer au centre deux rayons en lignes égales, entre lefquelles on peut toujours concevoir une perpendiculaire fur la ligne qui joint ces deux points ; & comme cette perpendiculaire (29) eft plus courte que chacun des deux rayons, on voit que la tangente auroit des points plus près du centre que ceux où elle rencontre le cercle, elle entreroit donc dans le cercle, ce qui eft contre la définition que nous venons d'en donner.

La tangente n'ayant qu'un point de commun avec le cercle, il s'enfuit que le rayon *C A* (*fig.* 21) qui va au point d'attouchement, eft la plus courte ligne qu'on puiffe tirer du centre à la tangente ; que par conféquent (29) il eft perpendiculaire à la tangente. Donc réciproquement *la tangente en un point quelconque A du cercle, eft perpendiculaire* à l'extrémité du rayon C A qui paſſe par ce point.

48. On voit donc *que pour mener une tangente en un point donné* A *ſur le cercle*, il faut tirer à ce point un rayon *C A*, & mener à ſon extrémité une perpendiculaire ſuivant la méthode donnée (35).

49. Donc *ſi pluſieurs cercles* (fig. 22) *ont leurs centres ſur la même ligne droite* C A, *& paſſent tous par le même point* A, *ils auront tous pour tangente commune la ligne* T G *perpendiculaire à* C A, *& ſe toucheront par conſéquent tous.*

50. Ainſi, *pour décrire un cercle d'une grandeur déterminée*, & *qui touche un cercle donné* B A D (fig. 23) *en un point donné* A, il faut, par le centre *C* & par le point *A*, tirer le rayon *C A* qu'on prolongera indéfiniment ; puis du point *A* vers *T* ou vers *V* (ſelon qu'on voudra que l'un des cercles embraſſe l'autre, ou ne l'embraſſe point) porter la grandeur du rayon du ſecond cercle ; après quoi du centre *T* ou *V*, & du rayon *T A* ou *V A*, on décrira la circonférence *E F*.

51. *La perpendiculaire élevée ſur le milieu d'une corde, paſſe toujours par le centre du cercle, & par le milieu de l'arc ſoutendu par cette corde* (fig. 24).

Car elle doit paſſer par tous les points également éloignés des extrémités *A* & *B* (32). Or, il eſt évident que le centre eſt également éloigné des deux extrémités, *A* & *B* qui font deux points de la circonférence ; donc elle passe par le centre.

Il n'est pas moins évident qu'elle doit passer par le milieu de l'arc ; car si E est le milieu de l'arc, les arcs égaux $A E$, $B E$ ayant des cordes égales (7), le point E est également éloigné de A & de B ; donc la perpendiculaire doit passer par le point E.

5 2. Le centre, le milieu de l'arc, & le milieu de la corde, étant tous trois sur une même ligne droite, toutes les fois qu'une ligne droite passera par deux de ces trois points, on pourra conclure qu'elle passe par le troisième.

Et comme on ne peut mener qu'une seule perpendiculaire sur le milieu de la corde, on doit encore conclure que si une perpendiculaire sur une corde, passe par l'un quelconque de ces trois points, elle passe nécessairement par les deux autres.

De ces propriétés on peut conclure,

5 3. 1°. *Le moyen de diviser un angle ou un arc en deux parties égales.*

Pour diviser l'angle $B A C$ (*fig. 25*) en deux parties égales, on décrira de son sommet A comme centre, & d'un rayon arbitraire, l'arc $D E$; puis des points D & E pris successivement pour centres, & d'un même rayon, on tracera deux arcs qui se coupent en un point G par lequel & par le point A on tirera $A G$ qui (32) étant perpendiculaire fur le milieu de la corde *D E*, divifera en deux parties égales l'arc *D I E* (51), & par conféquent auffi l'angle *B A C*, puifque les deux angles partiels *B A G*, *C A G* ont (12) pour mefure les deux arcs égaux *D I*, *E I*.

§ 4. 2°. *Le moyen de faire paffer une circonférence de cercle par trois points donnés qui ne foient pas en ligne droite.*

Soient *A*, *B*, *C* (*fig.* 26), ces trois points ; en tirant les lignes droites *A B*, *B C*, elles feront deux cordes du cercle qu'il s'agit de décrire.

Elevez une perpendiculaire (33) fur le milieu de *A B*; faites la même chofe fur le milieu *B C*; le point *I* où fe couperont ces deux perpendiculaires, fera le centre ; car ce centre doit être fur *D E* (51), & par la même raifon il doit être fur *F G*; il doit donc être à leur rencontre *I* qui eft le feul point commun qu'aient ces deux lignes.

§ 5. S'il étoit queftion de *retrouver le centre d'un cercle*, ou *d'un arc déjà décrit*, on voit donc qu'il n'y auroit qu'à marquer trois points à volonté fur cet arc, & opérer comme on vient de l'enfeigner (*i*).

§ 6. « Puifqu'on ne trouve qu'un feul point *I* qui fatisfaffe à la queftion, il faut en conclure que par trois points donnés on ne peut faire paffer qu'un feul cercle, & par conféquent que *deux cir-*

conférences de cercle ne peuvent se rencontrer en trois points sans se confondre ».

57. 3°. *Le moyen de faire passer par un point donné* B (fig. 27 & 28) *une circonférence de cercle, qui en touche une autre, dans un point donné* A.

Il faut, par le centre C de la circonférence donnée, & par le point *A* où l'on veut qu'elle soit touchée, tirer le rayon C *A* qu'on prolongera de part ou d'autre, selon qu'il sera nécessaire ; joindre le point *A* au point *B* par lequel on veut que passe la circonférence cherchée, & élever sur le milieu de *A B*, une perpendiculaire *M N* qui coupera *A C*, ou son prolongement, en *D*. Ce point *D* sera le centre, & *A D* ou *B D* sera le rayon du cercle demandé ; car puisque la circonférence qu'on veut décrire, doit passer par le point *A* & par le point *B*, son centre doit être sur *M N* (51) ; d'ailleurs, puisque cette même circonférence doit toucher en *A*, son centre doit être sur *C A* (49) ou sur son prolongement ; il est donc au point d'intersection de *C A* & de *M N*.

58. Si au lieu d'une circonférence c'étoit une ligne droite qu'il s'agît de faire toucher en un point donné *A* (*fig. 29*) par un cercle passant par un point donné *B*, l'opération seroit la même, avec cette seule différence, que la ligne *A C* seroit une perpendiculaire élevée au point *A* sur cette droite.

59. 4°. *Deux cordes parallèles* A B, C D (fig. 30), *interceptent entr'elles des arcs égaux* A C, B D.

Car la perpendiculaire *G I* qu'on abaisseroit du centre *G* sur *A B*, doit (51) diviser, en deux parties égales, chacun des deux arcs *A I B*, *C I D*, puisqu'elle sera en même temps perpendiculaire sur *A B*, & sur la parallèle *C D*; donc si des arcs égaux *A I*, *B I* on retranche les arcs égaux, *C I*, *D I*, les arcs restans *A C*, *B C* doivent être égaux (*k*).

« Concluons de - là que, quand une tangente *H K* est parallèle à une corde *A B*, le point d'attouchement *I* est précisément au milieu de l'arc *A I B* ».

60. Les propositions que nous avons établies (50, 57 & 58), ont leur application dans l'architecture navale ou la construction des navires ; il y est souvent question d'arcs qui doivent se toucher ou toucher des lignes droites, & passer par des points donnés. Ce que nous avons dit peut faciliter l'intelligence de quelques-unes des méthodes qu'on y prescrit. L'architecture civile fait aussi, assez souvent, usage d'arcs qui se touchent.

61. La dernière proposition que nous venons de démontrer peut, entre autres usages, servir à mener une parallèle à une ligne donnée.

Des Angles confidérés dans le cercle.

62. Nous avons vu ci-deffus (12), quelle eft, en général, la mefure des angles. Ce que nous nous propofons ici, n'eft point de donner une nouvelle manière de les mefurer, mais d'établir quelques propriétés qui peuvent nous être fort utiles par la fuite, tant pour exécuter certaines opérations, que pour faciliter quelques démons-trations (*l*).

63. « *Un angle* MAN (fig. 31 & 32), *qui a fon fommet à la circonférence, & qui eft formé par deux cordes, ou par une tangente & par une corde, a toujours pour mefure la moitié de l'arc* BFED *compris entre fes côtés.*

» Menez par le centre *C*, le diamètre *FH* pa-rallèle au côté *A M*, & le diamètre *GE* parallèle au côté *A N ;* l'angle *MAN* (43) eft égal à l'angle *F CE ;* il aura donc la même mefure que celui-ci qui a fon fommet au centre, c'eft-à-dire, qu'il aura pour mefure l'arc *FE ;* il ne s'agit donc que de faire voir que l'arc *FE* eft la moitié de l'arc *BFED.* Or, *B F* eft égal à *A H* (59) à caufe des parallèles *A M, H F ;* & à caufe des parallèles *A N* & *G E*, l'arc *E D* eft égal à *A G ;* donc *E D* plus *B F* valent *AG* plus *A H*, c'eft-à-dire, *G H ;* mais *G H*, comme mefure de l'angle *G CH*,

doit être égal à FE mesure de l'angle FCE qui
(20) est égal à GCH; donc BF plus DE valent
FE; donc FE est la moitié de $BFED$; donc
l'angle MAN a pour mesure la moitié de l'arc
$BFED$ qu'il comprend entre ses côtés.

» Cette démonstration suppose que le centre
soit entre les côtés de l'angle, ou sur l'un des
côtés; mais si le centre étoit hors des côtés,
comme il arrive pour l'angle MAL (*fig.* 32), il
n'en seroit pas moins vrai que cet angle auroit
pour mesure la moitié de l'arc BL compris entre
ses côtés. Car en imaginant la tangente AN, l'angle BAL vaut LAN moins MAN; il a donc
pour mesure la différence des mesures de ces deux
angles, c'est-à-dire, (puisque le centre est entre
leurs côtés) la moitié de LEA moins la moitié de BEA, ou la moitié de BL ».

64. Donc 1°. *tous les angles* BAE, BCE,
BDE (fig. 33), *qui ayant leur sommet à la circonférence, comprendront entre leurs côtés le même
arc, ou des arcs égaux, seront égaux.* Car ils auront chacun pour mesure la moitié du même arc
BE (63).

65. 2°. *Tout angle* BAC (fig. 34) *qui aura son
sommet à la circonférence, & dont les côtés passe-
ront par les extrémités d'un diamètre, sera droit ou
de* 90°; car il comprendra alors entre ses côtés la
demi-circonférence BOC qui est de 180°; &

comme il doit en avoir la moitié pour mesure (63), il sera donc de 90°.

66. La proposition qu'on vient de démontrer (65) peut, entre plusieurs autres usages, avoir les deux suivans.

67. 1°. *Pour élever une perpendiculaire à l'extrémité* B *d'une ligne* FB (*fig. 35*), lorsqu'on ne peut prolonger assez cette ligne, pour exécuter commodément ce qui a été enseigné (35); voici le procédé :

D'un point D pris à volonté hors de la ligne FB, & d'une ouverture égale à la distance DB, décrivez la circonférence $ABCH$ qui coupe FB en quelque point A ; par ce point & par le centre D, tirez le diamètre ADC; du point C où ce diamètre coupe la circonférence, menez au point B la ligne CB ; elle sera perpendiculaire à FB. Car l'angle CBA qu'elle forme avec FB, a son sommet à la circonférence, & ses côtés passent par les extrémités du diamètre AC; cet angle est donc droit (65) ; donc CB est perpendiculaire sur FB.

68. 2°. *Pour mener d'un point donné* E (fig. 36), *hors du cercle* ABD , *une tangente à la circonférence de ce cercle.* Joignez le centre C & le point E par la droite CE : décrivez sur CE comme diamètre la circonférence $CAED$; elle coupera la circonférence ABD en deux points A & D, pour

chacun defquels & par le point E, tirant les lignes DE & AE, vous aurez les deux tangentes qu'on peut mener du point E à la circonférence ABD.

Pour fe convaincre que ces lignes font tangentes, il n'y a qu'à tirer les rayons CD & CA; les deux angles CDE, CAE ont chacun leur fommet à la circonférence $ACDE$, & les deux côtés de chacun paffent par les extrémités du diamètre CE; donc (65) ces angles font droits; donc DE & AE font perpendiculaires à l'extrémité des rayons CD & CA; donc (47) ces lignes font tangentes en D & en A.

69. Si l'on prolonge le côté BA (*fig. 31*) indéfiniment vers I, on aura un angle NAI qui aura auffi fon fommet à la circonférence; cet angle qui n'eft point formé par deux cordes, mais feulement par une corde & par le prolongement d'une autre corde, n'aura point pour mefure la moitié de l'arc AD compris entre fes côtés, mais la moitié de la fomme des deux arcs AD & AB foutendus par le côté AD & par le côté AI prolongé; car DAI valant avec DAB, deux angles droits, ces deux angles doivent avoir enfemble pour mefure la moitié de la circonférence. Or, on vient de voir (63) que DAB avoit pour mefure la moitié de DB; donc DAI a pour mefure la moitié de AD & la moitié de AB.

70. *Un angle* BAC (fig. 37) *qui a son sommet entre le centre & la circonférence*, *a pour mesure la moitié de l'arc* BC *compris entre ses côtés*, *plus la moitié de l'arc* DE *compris entre ces mêmes côtés prolongés.*

Du point D où CA prolongé, rencontre la circonférence, tirez DF parallèle à AB ; l'angle BAC est égal à FDC (37), & aura par conséquent la même mesure que celui-ci, c'est-à-dire, la moitié de l'arc FBC (63), ou la moitié de BC plus la moitié de BF, ou (à cause que (59) BF est égal à DE) la moitié de BC plus la moitié de DE.

71. *Un angle* BAC (fig. 38) *qui a son sommet hors du cercle*, *a pour mesure la moitié de l'arc concave* BC *moins la moitié de l'arc convexe* ED *compris entre ses côtés.*

Du point D où CA rencontre la circonférence, tirez DF parallèle à AB.

L'angle BAC est égal à FDC (37) ; il aura donc même mesure que celui-ci, c'est-à-dire, la moitié de CF, ou la moitié de CB moins la moitié de FB, ou (à cause que BF est (59) égal à ED) la moitié de CB moins la moitié de ED.

72. On voit donc que quand les côtés d'un angle interceptent un arc de circonférence, si cet angle a pour mesure la moitié de l'arc compris entre ses côtés, il a nécessairement son sommet à

la circonférence ; car s'il l'avoit ailleurs, les propositions démontrées (70 & 71) feroient voir
qu'il n'a point la moitié de cet arc pour mesure.
Donc, de quelque façon qu'on pose un même
angle, si ses côtés (*fig. 33*) passent toujours par
les mêmes points *B* & *E* de la circonférence, son
sommet sera toujours sur quelque point de la
circonférence. Donc, si deux règles *A M*, *A N*
(*fig. 39*) fixement attachées l'une à l'autre, rou-
lent ensemble dans un même plan, en touchant
continuellement deux points fixes *B* & *C*, le sommet *A* décrira la circonférence d'un cercle qui
passera par les deux points *B* & *C*.

Ceci peut servir, 1°. *à décrire un cercle qui passe
par trois points donnés* B, A, C (fig. 39), *lorfqu'on ne peut approcher du centre.* Il faudra joindre
le point *A* aux deux points *B* & *C* par deux règles
A M, *A N* : fixer ces deux règles de manière
qu'elles ne puissent s'écarter l'une de l'autre ;
alors en faisant mouvoir l'angle *B A C* de manière
que les règles *A M*, *A N* touchent toujours les
points *B* & *C*, le sommet *A* décrira la circonférence demandée (*m*).

« 2°. *A décrire un arc de cercle d'un nombre de degrés proposé, & qui passe par deux points donnés*
B *&* C, ce qui peut être nécessaire dans la pratique.

» Pour cet effet on retranchera de 360° le

nombre des degrés que cet arc doit avoir, &
ayant pris la moitié du reste, on ouvrira les
deux règles, de manière qu'elles fassent un angle
égal à cette moitié. Fixant alors les deux règles
l'une à l'autre, & les faisant tourner autour de
deux pointes fixées en *B* & *C*, l'arc *B A C* que le
sommet décrira dans ce mouvement, sera du
nombre de degrés proposés.

» Il est facile de voir pourquoi on fait l'angle
B A C égal à la moitié du reste ; c'est qu'il a pour
mesure la moitié de *B C* qui est la différence entre
la circonférence entière & l'arc *B A C* ».

Des Lignes droites qui renferment un espace.

73. Le moindre nombre des lignes droites
qu'on puisse employer pour renfermer un espace,
est trois ; & alors cet espace se nomme *triangle*
rectiligne ou simplement *triangle*. *B A C* (*fig.* 40)
est un triangle, parce que c'est un espace renfermé
par trois lignes droites, ou plus exactement,
parce que c'est une figure qui n'a que trois angles.

Il est évident que dans tout triangle, la somme
de deux côtés, pris comme on le voudra, est toujours plus grande que le troisième. *AB* plus *B C*,
par exemple, valent plus que *A C*, parce que
A C étant la ligne droite qui va de *A* à *C*, est le

plus court chemin pour aller d'un de ces points à l'autre.

Un triangle dont les trois côtés font égaux, fe nomme triangle *équilatéral* (*fig. 41*).

Celui dont deux côtés feulement font égaux, fe nomme triangle *ifocèle*, (*fig. 42*).

Et celui dont les trois côtés font inégaux, fe nomme triangle *fcalène* (*fig. 40*).

74. *La fomme de trois angles de tout triangle rectiligne, vaut deux angles droits ou* 180°.

Prolongez indéfiniment le côté AC vers E (*fig. 40*), & concevez la ligne CD parallèle au côté AB.

L'angle BAC eft égal à l'angle DCE (37), puifque les lignes AB & CD font parallèles. L'angle ABC eft égal à l'angle BCD par la feconde propriété des parallèles (38); donc les deux angles BAC & ABC, valent enfemble autant que les deux angles BCD & DCE, c'eft-à-dire, autant que l'angle BCE; mais BCE eft fupplément (17 & 19) de BCA; donc les deux angles BAC & ABC forment enfemble le fupplément de BCA; donc ces trois angles valent enfemble 180°.

75. La démonstration que nous venons de donner, prouve donc en même temps que *l'angle extérieur* BCE *d'un triangle* ABC, *vaut la fomme des deux intérieurs* BAC & ABC *qui lui font oppofés.*

Concluons de ce qu'on vient de dire (74) ;

1°. *qu'un triangle rectiligne ne peut avoir qu'un seul angle qui soit droit :* & alors on l'appelle triangle *rectangle* (*fig.* 43).

2°. Qu'à plus forte raison *il ne peut avoir qu'un seul angle qui soit obtus ;* dans ce cas on l'appelle triangle *obtusangle* (*fig.* 44).

3°. Mais *il peut avoir tous ses angles aigus ;* & alors il est dit triangle *acutangle* (*fig.* 45).

4°. Que *connoissant deux angles , ou seulement la somme de deux angles d'un triangle ;* on connoît *le troisième angle ,* en retranchant de 180° la somme des deux angles connus.

5°. Que *lorsque deux angles d'un triangle sont égaux à deux angles d'un autre triangle , le troisième angle de chacun est né essairement égal ;* puisque les trois angles de chaque triangle valent 180°.

6°. Que *les deux angles aigus d'un triangle rectangle sont toujours complément* (21) *l'un de l'autre.* Car dès que l'un des angles du triangle est de 90°, il ne reste plus que 90° pour les deux autres ensemble.

76. Nous avons vu ci-dessus (54) qu'on pouvoit toujours faire passer une circonférence de cercle , par trois points qui ne sont pas en ligne droite ; concluons-en que.............

On peut toujours faire passer une circonférence de cercle , par les sommets des trois angles d'un trian-

gle. On appelle cela *circonscrire* un cercle à un triangle.

77. De-là il est aisé de conclure, 1°. que *si deux angles d'un triangle sont égaux, les côtés qui leur sont opposés seront aussi égaux ; & réciproquement si deux côtés d'un triangle sont égaux, les angles opposés à ces côtés seront égaux.*

Car en faisant passer une circonférence par les trois angles A, B, C (*fig. 46*), si les angles ABC, ACB sont égaux, les arcs ADC, AEB, dont les moitiés leur servent de mesure (65) seront nécessairement égaux ; donc (7) les cordes AC, AB seront égales. Et réciproquement si les côtés AC, AB sont égaux, les arcs ADC, AEB seront égaux ; donc les angles ABC, ACB, qui ont pour mesure la moitié de ces arcs, seront égaux.

Donc les trois angles d'un triangle équilatéral sont égaux, & valent, par conséquent, chacun le tiers de 180° ou 60°.

78. 2°. *Dans un même triangle* A B C (fig. 47), *le plus grand côté est opposé au plus grand angle, le plus petit côté au plus petit angle, & réciproquement.*

Car si l'angle ABC est plus grand que l'angle ACB, l'arc AC sera plus grand que l'arc AB, & par conséquent la corde AC plus grande que la corde AB. La réciproque se démontre de même.

De l'égalité des Triangles.

79. Il y a plusieurs propositions dont la démonstration est fondée sur l'égalité de certains
triangles qu'on y considère ; il est donc à propos
d'établir ici les caractères auxquels on peut reconnoître cette égalité. Ils sont au nombre de trois.

80. *Deux triangles sont égaux, quand ils ont un*
angle égal compris entre deux côtés égaux chacun à
chacun.

Que l'angle B du triangle $B A C$ (*fig. 48*) soit
égal à l'angle E du triangle $E D F$ (*fig. 49*) ; que
le côté $A B$ soit égal au côté $D E$; & le côté $B C$
égal au côté $E F$; voici comment on peut se convaincre que ces deux triangles sont égaux.

Concevez la figure $A B C$ appliquée sur la figure $D E F$, de manière que le côté $A B$ soit
exactement appliqué sur son égal $D E$; puisque
l'angle B est égal à l'angle E, le côté $B C$ tombera
sur $E F$; & le point C tombera sur le point F,
puisque $B C$ est supposé égal à $E F$. Le point A
étant sur D, & le point C sur F, il est donc
évident que $A C$ s'applique exactement sur $D F$,
& que par conséquent les deux triangles conviennent parfaitement.

Donc pour construire un triangle dont on connoîtroit deux côtés & l'angle compris, on tirera

(*fig.* 49) une ligne DE égale à l'un des côtés connus : fur cette ligne on fera (14) un angle DEF égal à l'angle connu, & ayant fait EF égal au fecond côté connu, on tirera DF, ce qui achèvera le triangle demandé.

81. *Deux triangles font égaux, quand ils ont un côté égal adjacent à deux angles égaux chacun à chacun.*

Que le côté AB (*fig.* 48) foit égal au côté DE (*fig.* 49), l'angle B égal à l'angle E, & l'angle A égal à l'angle D.

Concevez le côté AB appliqué exactement fur le côté DE ; BC fe couchera fur EF, puifque l'angle B eft égal à l'angle E ; pareillement, puifque l'angle A eft égal à l'angle D, le côté AC fe couchera fur DF ; donc AC & BC fe rencontreront au point F ; donc les deux triangles font égaux.

Donc pour conftruire un triangle, dont on connoîtroit un côté & les deux angles adjacens, on tirera (*fig.* 49) une ligne DE égale au côté connu ; aux extrémités de cette ligne, on fera (14) les angles E & D égaux aux deux angles connus ; alors les côtés EF, DF de ces angles, termineront, par leur rencontre, le triangle demandé.

82. La propofition (81) peut fervir à démontrer que *les parties* AC, BD (*fig.* 50) *de deux pa-*

rallèles, interceptées entre deux autres parallèles AB,
CD, font égales.

Abaiffez les deux perpendiculaires AE, BF;
les angles AEC, BFD font égaux, puifqu'ils
font droits; & à caufe des parallèles AC & BD,
AE & BF, l'angle EAC eft égal à l'angle FBD
(43). D'ailleurs AE eft égal à BF (36); donc les
deux triangles AEC, BFD font égaux, puifqu'ils ont un côté égal adjacent à deux angles
égaux chacun à chacun; donc AC eft égal à BD.

On démontrera de même que fi AC eft égal
& parallèle à BD, AB fera égal & parallèle à
CD; car outre le côté AC égal à BD, & l'angle
droit en E ainfi qu'en F, l'angle ACE fera égal
à BDE, puifque AC eft parallèle à BD (37);
donc (75) le troifième angle EAC fera égal au
troifième angle DBF; donc les deux triangles auront un côté égal adjacent à deux angles égaux
chacun à chacun; donc ils feront égaux; donc
AE eft égal à BF, & par conféquent les deux
lignes font parallèles. Or, de-là & de ce qu'on
vient de démontrer (82), il s'enfuit que AB eft
égal à CD.

83. *Deux triangles font égaux lorfqu'ils ont les
trois côtés égaux chacun à chacun.*

Que le côté AB (fig. 48) foit égal au côté DE
(fig. 49); le côté BC, égal au côté EF; & le
côté AC, égal au côté DF.

Concevez le côté *A B* exactement appliqué fur *D E*, & le plan *B A C* couché fur le plan de la figure *D E F*; je dis que le point *C* tombe fur le point *F*.

Décrivez des points *D* & *E* comme centre, & des rayons *D F* & *E F*, les deux arcs *I K* & *H G* qui fe coupent en *F*; il eft évident que le point *C* doit tomber fur quelque point de *I K*, puifque *A C* eft égal à *D F*; par une femblable raifon le point *C* doit tomber fur quelque point de *G H*, puifque *B C* eft égal à *E F*; il doit donc tomber fur le point *F* qui eft le feul point commun que ces deux arcs puiffent avoir d'un même côté de *D E*; donc les deux triangles conviennent parfaitement, & font par conféquent égaux.

Donc pour conftruire un triangle dont on connoîtroit les trois côtés, il faut (*fig.* 49) tirer une droite *D E* égale à l'un des côtés connus; du point *D* comme centre, & d'un rayon égal au fecond côté connu, décrire l'arc *I K*; pareillement du point *E* comme centre, & d'un rayon égal au troifième côté connu, décrire l'arc *G H* : enfin du point d'interfection *F*, tirer aux points *D* & *E*, les droites *F D* & *F E*.

Des Polygones.

84. Une figure de plusieurs côtés, s'appelle en général un *Polygone*.

Lorsqu'elle a trois côtés, on l'appelle
.... *Triangle* ou *Trilatère :*
lorsqu'elle en a 4... *Quadrilatère :*
        5... *Pentagone :*
        6... *Hexagone :*
        7... *Eptagone :*
        8... *Octogone :*
        9... *Ennéagone :*
      10... *Décagone.*
      11... *Endécagone :*
      12... *Dodécagone.*

Nous n'étendrons pas davantage la liste de ces noms, parce qu'une figure est aussi bien désignée en énonçant le nombre de ses côtés, qu'en employant ces différens noms, dont le grand nombre chargeroit assez inutilement la mémoire ; nous n'exposons ceux-ci que parce qu'ils se rencontrent plus fréquemment que les autres.

On appelle angle *saillant*, celui dont le sommet est hors de la figure ; la figure 51 a tous ses angles saillans.

L'angle *rentrant* est au contraire celui dont le

fommet entre dans la figure ; l'angle CLE (*fig.* 52)
eſt un angle rentrant (n^*).

On appelle *diagonale*, une ligne tirée d'un angle
à un autre, dans une figure quelconque. AD,
AC (*fig.* 51) font des diagonales.

85. *Tout polygone peut être partagé par des
diagonales menées d'un de fes angles, en autant de
triangles moins deux, qu'il a de côtés.*

L'infpection des figures 51 & 52, fuffit pour
faire fentir que cela eſt vrai généralement.

86. Donc *pour avoir la fomme de tous les angles intérieurs d'un polygone quelconque, il faut
prendre* 180° *autant de fois moins deux qu'il y a
de côtés.*

Car il eſt évident que la fomme des angles intérieurs des polygones $ABCDE$ (*fig.* 51) &
$ABCDEF$ (*fig.* 52) eſt la même que celle des
angles des triangles ABC, ACD, &c. Or la
fomme des trois angles de chacun de ces triangles
eſt de 180° ; il faut donc prendre 180° autant de
fois qu'il y a de triangles, c'eſt-à-dire (85) autant de fois moins deux qu'il y a de côtés.

REMARQUE. Dans la figure 52, l'angle CDE,
pour être compris dans la propofition précédente, doit être compté, non pas pour la partie
CDE extérieure au polygone, mais pour la
partie CDE compofée des angles ADE, ADC ;
c'eſt un angle de plus de 180°, & qu'on ne doit

GÉOMÉTRIE.   D

pas moins confidérer comme angle, que tout
autre angle au-deffous de 180°. Car un angle n'eft
en général (10) que la quantité dont une ligne a
tourné autour d'un point fixe, & foit qu'elle
tourne de plus ou de moins que 180°, la quantité
dont elle a tourné eft toujours un angle.

87. *Si l'on prolonge dans le même fens, tous
les côtés d'un polygone qui n'a point d'angles ren-
trans, la fomme de tous les angles extérieurs vaudra
360°, quelque nombre de côtés qu'ait le polygone :*
voyez (*fig. 51*).

Car chaque angle extérieur eft le fupplément
de l'angle intérieur qui lui eft contigu; ainfi les
angles, tant intérieurs qu'extérieurs, valent autant de fois 180° qu'il y a de côtés; mais (86)
les intérieurs ne diffèrent de cette fomme, que de
deux fois 180°, ou 360° : il refte donc 360° pour
les angles extérieurs.

88. On appelle polygone *régulier*, celui qui
a tous fes angles égaux, & tous fes côtés égaux :
voyez (*fig. 53*).

Il eft donc toujours facile de favoir combien
vaut chaque angle intérieur d'un polygone régulier; car ayant trouvé par la propofition enfeignée (86) combien valent enfemble tous les angles
intérieurs, il n'y aura qu'à divifer cette valeur
totale par le nombre des côtés; par exemple, fi
l'on demande combien vaut chaque angle inté-

rieur d'un pentagone régulier ; comme il y a 5 côtés , je prends 180°, 5 fois moins deux, c'est-à-dire, 3 fois ; ce qui donne 540° pour la valeur des 5 angles intérieurs ; donc puisqu'ils font tous égaux, chacun doit valoir la cinquième partie de 540°, c'est-à-dire, 108°, (*o*).

89. « De la définition du polygone régulier , il fuit qu'*on peut toujours faire paſſer une même circonférence de cercle , par tous les angles d'un polygone régulier.*

» Car il eſt prouvé (54) qu'on peut faire paſſer une circonférence de cercle par les trois points *A* , *B* , *C* (*fig. 53*) ; or je dis qu'elle paſſe auſſi par l'extrémité du coté *C D* ; en effet , il eſt facile de prouver que le point *D* où cette circonférence doit rencontrer le côté *C D* , eſt éloigné de *C* d'une quantité égale à *B C* ; car l'angle *A B C* étant égal à *B C D* , les arcs *A E C* , *B F D* , dont les moitiés fervent de meſure à ces angles (63) doivent être égaux ; retranchant de chacun l'arc commun *A F* , *E D* , les arcs reſtans *C D* & *A B* doivent être égaux; donc auſſi (7) les cordes *C D* & *A B* font égales; donc le point *D* où le côté *C D* eſt rencontré par la circonférence qui paſſe par *A* , *B* , *C* , eſt le même que le fommet de l'angle du polygone. On démontrera la même choſe des angles *E* & *F*.

90. » On voit donc que *pour circonſcrire un cercle à un polygone régulier* , *la queſtion ſe réduit à*

faire paſſer un cercle par les ſommets de trois de ſes angles, ce qui ſe fait de la manière enſeignée (54) ».

91. *Toutes les perpendiculaires abaiſſées du centre d'un polygone régulier ſur les côtés, ſont égales.* Car ces perpendiculaires *O H*, *O L*, devant tomber ſur le milieu de chaque côté (52), les lignes *A H* & *A L* ſeront égales. Or *A O* eſt commun aux deux triangles *O H A* & *O L A;* d'ailleurs, à cauſe des triangles *A B O*, *A O F*, qui ont tous leurs côtés égaux chacun à chacun, les angles *O A H*, *O A L* ſont égaux ; donc les deux triangles *O A H*, *O A L*, qui ont un angle égal compris entre deux côtés égaux chacun à chacun ſont égaux (80) ; donc *O H* eſt égal à *O L*.

Donc ſi d'un rayon égal à l'une de ces perpendiculaires, on décrit une circonférence, elle touchera tous les côtés. Cette circonférence eſt dite *inſcrite* au polygone.

Les perpendiculaires *O H*, *O L* s'appellent chacune l'*apothéme* du polygone.

92. Il eſt clair que ſi du centre du polygone régulier on tire des lignes à tous les angles, ces lignes comprendront entr'elles des angles égaux, puiſque ces angles auront pour meſure des arcs qui ſont ſoutendus par des cordes égales; donc *pour avoir l'angle au centre d'un polygone régulier, il faut diviſer 360° par le nombre des côtés.* Car ces angles égaux ont tous enſemble pour meſure

la circonférence entière. Par exemple, pour l'hexagone, chaque angle au centre sera la sixième partie de 360°, c'est-à-dire, sera de 60°.

93. Donc *le côté de l'hexagone est égal au rayon du cercle circonscrit.* Car en tirant les rayons $A O$ & $B O$, le triangle $A O B$ sera isocèle, & par conséquent (77) les deux angles $B A O$ & $A B O$ seront égaux; or comme l'angle $A O B$ est de 60°, les deux autres doivent valoir ensemble 120° (75); donc chacun d'eux est de 60°, les trois angles sont donc égaux, & par conséquent le triangle est équilatéral (77); donc $A B$ est égal au rayon $A O$.

94. Nous n'en dirons pas davantage sur les polygones réguliers, dont les autres propriétés sont d'ailleurs très-faciles à déduire de celles qu'on vient d'exposer; la seule chose que nous ajouterons, est l'usage de la dernière proposition pour la division de la circonférence, de 15 en 15 degrés.

On tirera deux diamètres $A B$, $D E$ (*fig. 54*) perpendiculaires l'un à l'autre, & ayant pris une ouverture de compas égale au rayon $C E$, on la portera successivement de E en F, & de A en G; le quart de circonférence $A E$ sera, par ce moyen, divisé en trois parties égales $A F$, $F G$, $G E$; car puisqu'on a pris le rayon pour l'ouverture du compas, il suit de ce qui vient d'être dit (93)

que l'arc EF est de 60°; or EA est de 90°; donc
AF est de 30°. Par la même raison AG est de
60°; & comme AE est de 90°, GE est donc de
30°; enfin, si de l'arc total AE de 90°, vous retranchez les arcs AF & GE qui valent ensemble
60°, l'arc restant FG sera de 30°. Ayant ainsi divisé le quart de circonférence en arcs de 30°, il
sera facile d'avoir l'arc de 15°, en divisant en
deux parties égales, chacun des arcs AF, FG,
& GE par la méthode donnée (53). On fera les
mêmes opérations sur chacun des trois autres
quarts AD, DB, & BE.

Si on vouloit conduire cette division jusqu'à
l'arc de 1°, il faudroit y aller par tâtonnement;
car il n'y a pas de méthode géométrique pour
cela. Il y a cependant une méthode géométrique
pour venir directement jusqu'à l'arc de 3°; mais
comme les propositions qui y conduisent ne peuvent nous être d'aucune autre utilité, nous n'en
parlerons point.

Remarquons seulement que ce que nous entendons ici par opérations géométriques, ce sont
celles dans lesquelles la chose dont il s'agit, peut
être exécutée par un nombre *déterminé* d'opérations faites avec la règle & le compas seuls.

Des Lignes proportionnelles.

95. Avant que d'entrer en matière fur ce qui regarde les lignes proportionnelles, nous placerons ici quelques propofitions fur les proportions, qui font une fuite immédiate de ce que nous avons enfeigné dans l'Arithmétique. Mais pour abréger le difcours, nous conviendrons pour l'avenir que lorfque deux quantités devront être ajoutées l'une à l'autre, nous indiquerons cette opération par ce figne +, qui équivaudra au mot *plus*; ainfi 4 + 3 fignifiera 4 plus 3, ou 4 ajouté à 3, ou 3 ajouté à 4. Pareillement pour marquer la fouftraction, nous nous fervirons de ce figne —, qui équivaudra au mot *moins*; ainfi 5 — 2 fignifiera 5 moins 2, ou qu'on doit retrancher 2 de 5. Comme il n'eft pas toujours queftion de faire réellement les opérations, mais de raifonner fur des circonftances de ces opérations, il eft fouvent plus utile de les repréfenter que d'en donner le réfultat.

Pour marquer la multiplication, nous nous fervirons de ce figne ×, qui équivaudra à ces mots *multiplié par*; ainfi 5 × 4, fignifiera 5 multiplié par 4.

Et pour marquer la divifion, nous ferons comme en Arithmétique; nous écrirons le dividende & le diviſeur en forme de fraction dont le dividende ſera numérateur, & le diviſeur dénominateur ; ainſi $\frac{12}{7}$ marquera 12 diviſé par 7.

Cela poſé, nous avons vu (*Arith. 185*) que dans toute proportion, la ſomme des antécédens eſt à la ſomme des conſéquens, comme un antécédent eſt à ſon conſéquent ; & qu'il en eſt de même de la différence des antécédens comparée à celle des conſéquens.

96. Nous pouvons donc conclure de-là, que *dans toute proportion la ſomme des antécédens eſt à la ſomme des conſéquens, comme la différence des antécédens eſt à la différence des conſéquens ;* car puiſque dans la proportion 48 : 16 :: 12 : 4, par exemple, on a (*Arith. 185*)

$$48 + 12 : 16 + 4 :: 12 : 4$$
$$\&\ldots 48 - 12 : 16 - 4 :: 12 : 4$$

il eſt évident (à cauſe du rapport commun de 12 : 4) qu'on peut conclure 48 + 12 : 16 + 4 :: 48 — 12 : 16 — 4. Le raiſonnement eſt le même pour toute autre proportion.

97. On peut donc, en mettant dans cette dernière proportion le troiſième terme à la place du ſecond, & le ſecond à la place du troiſième, ce qui eſt permis (*Arith. 182*), dire auſſi que *la ſomme des antécédens eſt à leur différence, comme la ſomme des conſéquens eſt à leur différence.*

98. Si dans la proportion 48 : 16 :: 12 : 4

on échange les places des deux moyens, ce qui donnera 48 : 12 :: 16 : 4, & qu'on applique à celle-ci la proposition qu'on vient de démontrer (96), on aura 48 + 16 : 12 + 4 :: 48 — 16 : 12 — 4 qui à l'égard de la proportion 48 : 16 :: 12 : 4, fournit cette proposition, *la somme des deux premiers termes d'une proportion est à la somme des deux derniers termes, comme la différence des deux premiers est à la différence des deux derniers;* ou (en mettant le troisième terme à la place du second, & le second à la place du troisième), *la somme des deux premiers termes est à leur différence, comme la somme des deux derniers est à leur différence.*

99. *Si un rapport est composé du produit de plusieurs autres rapports, on peut, à chacun des rapports composans, substituer un rapport exprimé par d'autres termes, pourvu que ces deux termes aient le même rapport que ceux auxquels on les substituera.*

Par exemple, dans le rapport de 6 × 10 : 2 × 5, on peut, au lieu des facteurs 6 & 2, substituer 3 & 1, ce qui donnera le rapport composé 3 × 10 : 1 × 5 qui est le même que le rapport 6 × 10 : 2 × 5. En effet, puisque 6 : 2 :: 3 : 1, on peut, sans changer cette proposition (*Arith.* 183), multiplier les antécédens par 10, & les conséquens par 5, & alors on aura 6 × 10 : 2 × 5 :: 3 × 10 : 1 × 5.

Il eft facile de voir que ce raifonnement s'applique à tout autre rapport.

100. Si deux, ou un plus grand nombre de proportions font telles que dans le premier rapport de l'une, l'antécédent fe trouve égal au conféquent de l'autre, on pourra, lorfqu'il s'agira de multiplier ces proportions par ordre, omettre les termes qui fe trouveront communs d'antécédent à conféquent ; par exemple, fi on a les deux proportions

$$6 : 4 :: 12 : 8$$
$$4 : 3 :: 20 : 15$$

on pourra conclure $6 : 3 :: 12 \times 20 : 8 \times 15$.

Car quand on admettroit le multiplicateur commun 4, le rapport de 6×4 à 4×3 qu'on auroit alors, ne différeroit pas du rapport de 6 à 3 (*Arith.* 170) que l'on a en omettant ce facteur.

De même fi on à $6 : 4 :: 12 : 8$
$$4 : 3 :: 20 : 15$$
$$3 : 7 :: 21 : 49$$

on en conclura $6 : 7 :: 12 \times 20 \times 21 : 8 \times 15 \times 49$.

La même chofe aura lieu pour les feconds rapports, & par la même raifon.

Cette obfervation eft utile pour trouver le rapport de deux quantités, lorfque ce rapport doit être compofé, parce qu'alors on compare chacune de ces quantités à d'autres quantités qu'on emploie comme auxiliaires , & qui ne doivent plus rester après la démonstration.

Nous allons maintenant transporter aux lignes les connoiſſances que nous avons tirées des nombres ſur les proportions. Mais pour rendre nos démonſtrations plus courtes & plus générales , nous ne donnerons aucune valeur particulière à ces lignes, ſinon dans quelques applications ; au reſte on peut toujours s'aider par des comparaiſons avec des nombres.

Les rapports que nous conſidérons ici ſont les rapports géométriques. Ainſi quand nous dirons une telle ligne eſt à une telle ligne , comme 5 eſt à 4, par exemple, on doit entendre que la première contient la ſeconde, autant que 5 contient 4 (*p*).

I O I. « *Si ſur un des côtés* A Z *d'un angle quelconque* Z A X (fig. 55), *on marque les parties égales* A B, B C, C D, D E, *&c. de telle grandeur & en tel nombre qu'on voudra ; & ſi après avoir tiré à volonté, par l'un* F *des points de diviſion , la ligne* F L *qui rencontre le côté* A X *en* L, *on mène par les autres points de diviſion , les lignes* B G, C H, D I, E K, *&c. parallèles à* F L; *je dis que les parties* A G, G H, H I, *&c. du côté* A X, *ſeront auſſi égales entre elles.*

» Menons par les points *G , H , I ,* &c. les lignes *G M , H N , I O ,* &c. parallèles à *A Z* ; les

triangles ABG, GMH, HNI, IOK, &c. feront
tous égaux entre eux; car 1°. les lignes GM, HN,
IO, &c. font chacune égales à AB, puifque
(82) elles font égales à BC, CD, DE, &c.
2°. les angles GMH, HNI, IOK, &c. font
tous égaux entre eux, puifqu'ils font tous égaux à
l'angle ABG (43); 3°. les angles MGH, NHI,
OIK, &c. font tous égaux entre eux, puifqu'ils
font tous égaux à l'angle BAG (43).

» Tous les triangles BAG, MGH, NHI,
&c. ont donc un côté égal adjacent à deux angles
égaux chacun à chacun; ils font donc tous égaux;
donc les côtés AG, GH, HI, &c. de ces triangles
font tous égaux entre eux; donc la ligne AX eft
en effet divifée en parties égales par les parallèles.

Il eft donc évident que fi AB eft telle partie
que ce foit de AG, BC fera une femblable partie
de GH; CD fera une femblable partie de HI;
fi, par exemple, AB eft les $\frac{2}{3}$ de AG, BC fera
les $\frac{2}{3}$ de GH, & ainfi de fuite.

» Il en fera de même de 2, 3, 4, &c. parties
de AF comparées à 2, 3, 4, &c. parties de AL;
donc une portion quelconque AD ou DF de la
ligne AF, eft même partie de la portion correfpondante AI ou IL de la ligne AL, que AB
l'eft de AG, c'eft-à-dire, que.....

$$AD : AI :: AB : AG$$
$$\& DF : IL :: AB : AG.$$

» On peut dire de même, que $AF : AL ::$
$AB : AG$;

» Donc (à caufe du rapport de $AB : AG$ commun à ces trois proportions) on peut dire que...... $AD : AI :: DF : IL$

    & $AD : AI :: AF : AL$.

102. » *Donc fi par un point* D (fig. 56) *pris à volonté fur un des côtés* A F *d'un triangle* A F L, *on mène une ligne* D I *parallèle au côté* F L ; *les deux côtés* A F, A L, *feront coupés proportionnellement,* c'eft-à-dire, qu'on aura toujours

    $AD : AI :: DF : IL$

    & $AD : AI :: AF : AL$;

ou bien, en échangeant les places des deux moyens (*Arith.* 182.),

    $AD : AI :: DF : IL$

    & $AD : AI :: AF : AL$

quel que foit d'ailleurs l'angle FAL.

» En effet, on peut toujours concevoir le côté AF coupé en tel nombre de parties égales qu'on voudra, & par conféquent en un nombre infini de parties égales : or, dans ce cas le point D ne pouvant manquer d'être un des points de divifion, le raifonnement de l'article précédent s'applique ici mot à mot.

103. » *Donc,* 1°. *Si d'un point* A *pris à volonté hors de la ligne* G L (fig. 57) *on tire à différens points de cette ligne, plufieurs lignes* A G, A H,

A I , A K , A L ; *toute parallèle* B F *à la ligne* G L , *coupera toutes ces lignes , en parties proportionnelles ;* c'eſt - à - dire , qu'on aura . . . .

$$AB:BG :: AC:CH :: AD:DI :: AE:EK :: AF:FL$$
$$\& AB:AG :: AC:AH :: AD:AI :: AE:AK :: AF:AL.$$

» Car en conſidérant ſucceſſivement les angles *G A H , G A I , G A K , G A L* , comme on fait l'angle *F A L* dans la figure 56 , on démontrera de la même manière que tous ces rapports ſont égaux.

104. » 2°. *La ligne* A D (fig. 56*) *qui diviſe en deux parties égales un angle* B A C *d'un triangle , coupe le côté oppoſé* BC *en deux parties* BD, DC, *proportionnelles aux côtés correſpondans* A B , A C ; *c'eſt - à - dire , de manière qu'on a* B D : D C :: A B : A C.

» Car ſi par le point *B* , on mène *B E* parallèle à *A D* , & qui rencontre *C A* prolongée en *E ;* les lignes *C E , C B* étant alors coupées proportion- nellement (102), on aura *B D : C D :: A E : A C.*

» Or, il eſt facile de voir que *A E* eſt égal à *A B ;* car à cauſe des parallèles *A D* & *B E ,* l'angle *E* eſt égal à l'angle *D A C* (37), & l'angle *E B A* eſt égal à ſon alterne *B A D* (38); donc puiſque *D A C* & *B A D* ſont égaux comme étant les moitiés de *B A C* , les angles *E* & *E B A* ſe- ront égaux; donc les côtés *A E* & *A B* ſont auſſi égaux ; donc la proportion $BD : CO :: AE : AC$, se change en celle-ci $BD : CD :: AB : AC (p^*)$.

105. » *Si on coupe les lignes* A F & A L (fig. 56) *proportionnellement aux points* D & I, *c'est-à-dire , de manière que* A F : A D :: A L : A I, *la ligne* D I *sera parallèle à* F L.

» Car la partie de AL que couperoit la parallèle menée du point D , doit (102) être contenue dans AL , autant que AD l'est dans AF ; or , par la supposition , AI est contenue dans AL précisément ce même nombre de fois ; donc cette partie ne peut être autre que AI.

106. » Donc *si on coupe proportionnellement aux points* B , C , D , E , F (fig. 57) , *les lignes* A G, A H, A I, A K, A L, *menées du point* A *à différens points de la ligne* G L, *la ligne* B C D E F *qui passera par tous ces points , sera une ligne droite parallèle à* G L.

107. » Les propositions enseignées, (*102 & suiv.*) font également vraies , lorsque la ligne *B F*, au lieu d'être entre le point *A* & la ligne *G L*, comme dans la figure 57 , tombe au-delà du point *A*, comme dans la figure 58. Car tout ce qui a été dit de la figure 55 , & qui sert de base aux propositions établies (*102 & suiv.*) auroit également lieu pour les parallèles qui couperoient *Z A* & *X A* prolongées dans la figure 55.

De la fimilitude des Triangles.

108. » On appelle côtés *homologues* de deux triangles, ou en général de deux figures femblables, ceux qui ont des pofitions femblables, chacun dans la figure à laquelle il appartient (*q*).

109. » *Deux triangles qui ont les angles égaux cha un à chacun, ont les côtés homologues proporionnels, & font par conféquent femblables.*

» Si les deux triangles ADI, AFL (*fig. 59 & 60*), font tels que l'angle A du premier foit égal à l'angle A du fecond, l'angle D égal à l'angle F, & l'angle I égal à l'angle L, je dis qu'on aura $AD : AF :: AI : AL :: DI : FL$.

» Car puifque l'angle A du premier eft égal à l'angle A du fecond, on peut appliquer ces deux triangles l'un fur l'autre de la manière repréfentée dans la figure 56 ; alors puifque l'angle D eft égal à l'angle F, les lignes DI & FL feront parallèles (42) ; donc felon ce qui a été dit (102), on aura $AD : AF :: AI : AL$.

» Tirons maintenant par le point I la droite IH parallèle à AF ; felon ce qui a été dit (102), on voit que $AI : AL :: FH : FL$, (ou à caufe que FH eft égal à DI (82) :: $DI : FL$; donc $AD : AF :: AI : AL :: DI : FL$.

Comme on peut échanger les places des moyens,

on peut dire aussi $AD : AI :: AF : AL$, &
$AI : DI :: AL : FL$.

110. » Puifque (74) lorfque deux angles
d'un triangle font égaux à deux angles d'un autre
triangle, le troifième angle eft néceffairement égal
au troifième angle; concluons-en que *deux trian-*
gles font femblables lorfqu'ils ont deux angles égaux
chacun à chacun.

111. » On a vu (43) que deux angles qui ont
les côtés parallèles, & qui font tournés d'un même
côté, font égaux; donc *deux triangles qui ont les cô-*
tés parallèles, ont les angles égaux chacun à chacun, &
ont, par conféquent, (109) *les côtés proportionnels.*

» Donc *auffi deux triangles qui ont les côtés per-*
pendiculaires chacun à chacun, ont auffi ces mêmes
côtés proportionnels ; car fi on fait faire un quart
de révolution à l'un de ces triangles, fes côtés
deviendront parallèles à ceux du fecond.

112. » *Si de l'angle droit* A *d'un triangle rec-*
tangle BAC (fig. 43), *on abaiffe une perpendicu-*
laire AD *fur le côté oppofé* BC (*qu'on appelle* hypothénufe), 1°. *les deux triangles* ADB, ADC
feront femblables entre eux & au triangle BAC.
2°. *La perpendiculaire* AD *fera moyenne proportion-*
nelle entre les deux parties BD & DC *de l'hypo-*
thénufe. 3°. *Chaque côté* AB *ou* AC *de l'angle droit,*
fera moyen proportionnel entre l'hypothénufe & le feg-
ment correfpondant BD *ou* DC.

GÉOMÉTRIE. E

» Car les deux triangles ADB, ADC, ont chacun un angle droit en D; comme le triangle BAC en a un en A; d'ailleurs ils ont de plus chacun un angle commun avec ce même triangle BAC, puifque l'angle B appartient tout-à-la-fois au triangle ADB & au triangle BAC; pareillement l'angle C appartient tout-à-la-fois au triangle ADC & au triangle BAC; donc (110) ces trois triangles font femblables. Donc (109) comparant les côtés homologues des deux triangles ADB & ADC, on aura

$$BD : AD :: AD : DC$$

comparant les côtés homologues des deux triangles ADB, BAC, on aura

$$BD : AB :: AB : BC$$

enfin, comparant les côtés homologues des triangles ADC & BAC, on aura

$$CD : AC :: AC : BC$$

où l'on voit que AD eft (*Arith.* 174) moyenne proportionnelle entre BD & DC; AB moyenne proportionnelle entre BD & CB; & enfin AC moyenne proportionnelle entre CD & BC.

113. » *Deux triangles qui ont un angle égal compris entre deux côtés proportionnels, ont auffi les deux autres angles égaux, & font, par conféquent, femblables.*

» Si les deux triangles ADI, AFL (*fig.* 59 & 60), font tels que l'angle A du premier foit égal à l'angle A du second, & qu'en même temps les côtés qui comprennent ces angles, soient tels qu'on ait $AD : AF :: AI : AL$; je dis qu'ils seront semblables, c'est-à-dire, qu'ils auront les autres angles égaux chacun à chacun, & leurs troisièmes côtés DI & FL en même rapport que AD & AF, ou que AI & AL.

» Car on peut appliquer l'angle A du triangle ADI sur l'angle A du triangle AFL, de la manière représentée par la figure 56. Or, puisqu'on suppose que $AD : AF :: AI : AL$, les deux droites AF & AL sont donc coupées proportionnellement aux points D & I; donc DI est parallèle à FL (105); donc (37) l'angle AFL est égal à l'angle ADI, & l'angle ALF égal à l'angle AID.

» De-là & de ce qui a été dit (109), il suit que $DI : FL :: AD : AF :: AI : AL$.

114. » *Deux triangles qui ont leurs trois côtés homologues proportionnels, ont les angles égaux chacun à chacun, et sont, par conséquent, semblables.*

» Si on suppose (*fig.* 61 & 62) que $DE : AB :: EF : BC :: DF : AC$; je dis que l'angle D est égal à l'angle A, l'angle E égal à l'angle B, & l'angle F égal à l'angle C.

» Imaginons qu'on ait construit sur DE, un triangle DGE, dont l'angle DEG soit égal à l'angle B, & l'angle GDE à l'angle A; le trian-

gle DEG fera femblable au triangle ABC (110);
donc (109) $DE : AB :: GE : BC :: DG : AC$;
mais par la fuppofition on a $DE : AB :: EF :$
$BC :: DF : AC$; donc à caufe du rapport commun de $DE : AB$, on aura ces deux proportions :

$$GE : BC :: EF : BC$$
$$\&\ DG : AC :: DF : AC.$$

» Donc puifque les deux conféquens font égaux
entre eux dans chacune de ces deux proportions,
les antécédens feront auffi égaux entre eux; donc
GE eft égal à EF, & DG égal à DF. Le triangle DEG a donc fes trois côtés égaux à ceux du
triangle DEF; il eft donc (83) égal à ce triangle
DEF; or on vient de voir que le triangle DEG
eft femblable à ABC; donc DEF eft auffi femblable à ABC.

115. » Nous avons prouvé ci-deffus (111)
que quand la ligne DI (*fig. 56*), eft parallèle au
côté FL, les deux triangles ADI, AFL font
femblables; comme cette vérité a lieu, de quelque grandeur que puiffe être l'angle A, on doit
donc conclure (*fig. 57*) que les triangles AGH,
AHI, AIK, AKL, font femblables aux triangles ABC, ACD, ADE, AEF chacun à
chacun, & que par conféquent, (109) $KL :$
$EF :: AK : AE :: KI : DE :: AI : AD ::$
$IH : CD :: AH : AC :: GH : BC$; donc, en ne

tirant de cette suite de rapports, que ceux qui renferment des parties des lignes GL & BF, on aura $KL : EF :: KI : DE :: IH : CD :: GH : BC$; c'est-à-dire, que *si d'un point* A, *on tire à différens points d'une ligne droite* GL, *plusieurs autres lignes droites ; ces lignes couperont toute parallèle à* GL, *de la même manière qu'elles coupent* GL, *c'est-à-dire, en parties qui auront entre elles les mêmes rapports que les parties correspondantes de* GL. ».

116. Les principes que nous venons d'exposer, font la base de toutes les parties des Mathématiques théoriques ou pratiques. Comme il importe de se rendre ces principes familiers, nous insisterons un peu sur leur usage, tant par cette vue, que parce que cela nous fournira l'occasion d'expliquer plusieurs pratiques utiles.

117. La proposition enseignée (101) fournit un moyen bien naturel de diviser une ligne donnée en parties égales, ou en parties qui aient entre elles des rapports donnés. Supposons que AR (*fig. 55*) soit une ligne qu'on veut diviser en deux parties qui aient entre elles un rapport donné, par exemple, celui de 7 à 3, on tirera par le point A, & sous tel angle qu'on voudra, une ligne indéfinie AZ, & ayant pris arbitrairement une ouverture de compas AB, on la portera dix fois le long de AZ ; je suppose que Q soit l'extrémité de la dernière partie ; on joindra

les extrémités Q & R de la ligne AQ, & de la ligne donnée AR ; alors fi par le point D, extrémité de la troifième divifion, on tire DI parallèle à QR ; la ligne AR fera divifée en deux parties RI & AI qui feront entre elles :: 7 : 3, car (101 & 102) elles font entre elles :: DQ : AD que l'on a faites de 7 & de 3 parties.

On voit par-là que fi l'on vouloit divifer la ligne AR en un plus grand nombre de parties, par exemple, en 5 parties qui fuffent entre elles comme les nombres 7, 5, 4, 3, 2 : on ajouteroit tous ces nombres entre eux, ce qui donneroit 21 ; on porteroit 21 ouvertures de compas fur la ligne AZ, & on tireroit des parallèles à la ligne QR par les extrémités de la 7e, 5e, 4e, 3e, 2e divifion.

118. Si les rapports étoient donnés en lignes, on mettroit toutes ces lignes bout à bout fur la ligne AZ.

On voit donc ce qu'il y auroit à faire, fi l'on vouloit divifer la ligne AR en parties égales.

Mais quand les parties de la ligne qu'on doit divifer, doivent être petites, ou quand cette ligne elle-même eft petite, le plus léger défaut dans les parallèles influe beaucoup fur l'égalité ou l'inégalité des parties, c'eft pourquoi il ne fera pas inutile d'expofer la méthode fuivante.

119. fg (*fig.* 63) eft la ligne qu'il s'agit

de divifer en parties égales, en 6, par exemple :
on tirera une ligne indéfinie BC, fur laquelle on
portera fix fois de fuite une même ouverture de
compas arbitraire : foit BC la ligne qui comprend
ces fix parties ; on décrira fur BC un triangle équilatéral BAC, en décrivant des deux points B &
C comme centres, & de l'intervalle BC comme
rayon, deux arcs, qui fe coupent en A. Sur les
côtés AB, AC, on prendra les parties AF, AG
égales chacune à fg; & ayant tiré FG, cette
ligne fera égale à fg; on mènera du point A à
tous les points de divifion de BC, des lignes
droites, qui couperont FG de la même manière
que BC eft coupée.

Car les lignes AF, AG étant égales entre elles,
& les lignes AB, AC auffi égales entre elles, on a
$AB : AF :: AC : AG$; donc AB, AC font
coupées proportionnellement en F & G; donc
FG eft parallèle à BC, & par conféquent (111)
le triangle FAG eft femblable à ABC; donc FAG
eft équilatéral ; donc FG eft égal à AF; & par
conféquent à fg; de plus FG étant parallèle à
BC, ces deux lignes (115) doivent être coupées
proportionnellement par les lignes menées du point
A à la droite BC.

Ce que nous venons d'expofer peut fervir à
former & à divifer l'échelle qui doit fervir lorfqu'on veut réduire une figure, du grand au pe-

tit ; mais l'échelle la plus commode dans un grand nombre d'opérations eſt celle qu'on appelle échelle de *dixmes :* voici comment elle ſe conſtruit. Aux extrémités *A* & *B* de la ligne *A B* (*fig.* 64) qu'on veut diviſer en 100 parties , on élève les perpendiculaires *A C* , *B D* , ſur chacune deſquelles on porte dix ouvertures de compas égales entre elles , mais de grandeur arbitraire ; ayant tiré *C D* , on diviſe *A B* en dix parties , & on porte ces parties ſur *C D* , après quoi on tire des tranſverſales comme on le voit dans la figure ; & par les points de diviſion correſpondans de *C A* & de *B D* , on tire des lignes droites qui ſont autant de parallèles à *A B* ; alors on eſt dans le même cas que ſi l'on avoit diviſé *A B* en 100 parties : ſi l'on veut , par exemple , avoir 47 parties dont *A B* en contient 100 , je prends ſur la ligne qui paſſe au n°. 7 , la partie 7 *H* depuis *C A* juſqu'à la tranſverſale qui paſſe par le n°. 40 , & ainſi pour tout autre nombre.

En effet , à cauſe des triangles ſemblables *C* 7 *v* , *C A x* , il eſt évident que 7 *v* contient 7 parties dont *A x* en contiendroit 10 ; donc puiſque *v H* contient 4 intervalles égaux à *A x* , la ligne entière 7 *H* vaut 47 parties dont *A x* en contiendroit 10 , c'eſt-à-dire , 47 parties , dont *A B* en contiendroit 100.

I 2 O. La propoſition démontrée (102) peut

fervir à *trouver une quatrième proportionnelle à trois lignes données* a b , c d , e f (*fig. 56*) , c'eſt-à-dire , une ligne qui foit le quatrième terme d'une proportion dont les trois premiers feroient *ab , cd , ef.* Pour cet effet , après avoir tiré deux droites indéfinies *A F , A L* , qui faffent entre elles tel angle qu'on voudra , on portera *a b* de *A* en *D* , & *c d* de *A* en *F ;* on portera pareillement *e f* de *A* en *I ;* & ayant joint les deux points *D* & *I* par la droite *D I* , on mènera par le point *F* la ligne *F L* parallèle à *D I* qui déterminera *A L* pour la quatrième proportionnelle cherchée.

On peut auffi , en vertu de la propofition enfeignée (109) , s'y prendre de cette autre manière. Prendre fur une ligne indéfinie *AF* (*fig. 56*) , les deux parties *A D , A F* égales à *a b , c d* refpectivement ; & ayant tiré *D I* égale à *e f* , & fous tel angle qu'on voudra , on tirera par le point *A* & le point *I* , la droite *AIL* que l'on coupera par une ligne *FL* parallèle à *D I ;* cette parallèle fera le quatrième terme cherché.

Quand les deux termes moyens d'une proportion font égaux , le quatrième terme s'appelle alors *troifième proportionnel,* parce qu'il n'y a que trois quantités différentes dans la proportion. Ainfi quand on demande une troifième proportionnelle à deux lignes données , il faut entendre qu'on demande le quatrième terme d'une propor-

tion dans laquelle la feconde des deux lignes données fait l'office des deux moyens, l'opération eft
la même que celle qu'on vient d'enfeigner (*q*).

I 2 I. Les propofitions enfeignées (109, 113
& 114) peuvent fervir à réfoudre ce problême
général : *Etant données trois des fix chofes* (angles
& côtés) *qui entrent dans un triangle, trouver les
trois autres, pourvu que parmi les trois chofes connues il y ait un côté.*

Nous allons en donner quelques exemples.

Suppofons qu'étant au point *B* (*fig. 65*) dans
la campagne, on veut favoir quelle diftance il y
a de ce point *B* à un objet *A* dont on ne peut approcher.

On plantera un piquet à une certaine diftance
B C que l'on mefurera, & qu'on fera à-peu-près
égale à *B A* eftimée groffièrement. Puis avec le
graphomètre que nous avons décrit (23) on mefurera les angles *A B C*, *A C B* que font avec la
ligne *B C* les deux lignes qu'on imaginera aller de
fes extrémités au point *A*. Cela pofé, on tirera
fur le papier une ligne *b c* (*fig. 66*) qu'on fera
d'autant de parties d'une échelle que l'on conftruira arbitrairement, d'autant de parties, dis-je,
qu'on a trouvé de pieds dans *C B*, fi l'on a mefuré en pieds ; & avec le rapporteur décrit (22),
on fera au point *b*, un angle qui ait autant de
degrés qu'on en a trouvé à l'angle *B* ; & au point

e un angle qui ait autant de degrés qu'on en a trouvé à l'angle *C ;* alors les deux lignes *a b , a c* fe rencontreront en un point *a* qui repréfentera le point *A ;* en forte que fi vous mefurez *a b* fur votre échelle, le nombre de parties que vous lui trouverez, fera le nombre de pieds que contient *A B.* Car les deux angles *b* & *c* ayant été faits égaux aux deux angles *B* & *C ,* le triangle *b a c* eft femblable au triangle *B A C* (110) , & par conféquent leurs côtés font proportionnels.

C'eft ainfi qu'on peut mefurer la diftance d'une ifle à une côte , lorfque l'on peut obferver cette ifle de deux points de cette côte , dont la diftance feroit connue.

122. Par la propofition démontrée (114) on peut fe difpenfer de mefurer les angles , dans le cas dont nous venons de parler. En effet, il fuffit , après avoir planté un piquet en un point *E* (*fig. 65*) qui foit fur l'alignement des points *A* & *B* , & un autre en un point *F* qui foit fur l'alignement des deux points *A* & *C* , il fuffit, dis-je, de mefurer les lignes *B C , B E , C E , B F* & *C F ;* alors on fera un triangle *b e c* (*fig. 66*) dont les côtés *b c , b e , c e* aient autant de parties d'une même échelle, que *B C , B E , C E* ont de pieds; on fera de même fur *b c* un autre triangle *b c f* dont les côtés *b f , c f* aient autant de parties de l'échelle, que *B F* & *C F* ont de pieds; alors pro-

longeant les côtés be & cf, ils fe rencontreront
en un point a, qui repréfentera le point A; en
forte que mefurant ba fur l'échelle, on jugera par
le nombre de parties qu'on trouvera, combien de
pieds doit avoir AB.

En effet, le triangle bec ayant les côtés proportionnels à ceux du triangle BEC, ces deux
triangles doivent avoir les angles égaux; donc
l'angle EBC ou ABC eft égal à l'angle ebc ou
abc: la même raifon prouve que l'angle FCB ou
ACB eft égal à l'angle fcb ou acb; donc les
deux triangles ACB & acb font femblables.

On voit en même temps que par cette conftruction on peut déterminer les angles ABC &
ACB, en mefurant avec le rapporteur les angles
abc & acb fur le papier.

Au refte, quoique ces expédiens & beaucoup
d'autres qu'on peut facilement imaginer d'après
eux, puiffent être fouvent utiles, nous ne nous
y arrêterons pas plus long-temps, parce que la
Trigonométrie que nous enfeignerons par la fuite,
nous fournira des moyens plus expéditifs & plus
fufceptibles de précifion; car, quoique les opérations que nous venons de décrire foient rigoureufement exactes dans la théorie, elles ne donnent cependant qu'une exactitude affez bornée
dans la pratique, parce que les erreurs qu'on peut
commettre dans la figure abc, toutes petites

qu'elles puiffent être, peuvent influer fenfiblement fur les conclufions qu'on en tire pour la
figure *A B C* qui eft toujours incomparablement
plus grande.

Des Lignes proportionnelles confidérées dans le Cercle.

123. Deux lignes font dites coupées en raifon *inverfe* ou *réciproque*, lorfque pour former
une proportion avec les parties de ces lignes, les
deux parties de l'une fe trouvent être les extrêmes, & les deux parties de l'autre, les moyens
de la proportion.

Et deux lignes font dites réciproquement proportionnelles à leurs parties, lorfqu'une de ces lignes & fa partie forment les extrêmes, tandis que
l'autre ligne & fa partie forment les moyens.

124. *Deux cordes* A C & B D (fig. 67) *qui
fe coupent dans le cercle, en quelque point* E *que ce
foit, & fous quelque angle que ce foit, fe coupent
toujours en raifon réciproque*, c'eft-à-dire, que
A E : B E :: D E : C E.

Car fi l'on tire les cordes *A B*, *C D*, on forme
deux triangles *B E A*, *C E D* qu'il eft aifé de démontrer être femblables, puifqu'outre l'angle
B E A égal à *C E D* (20), l'angle *A B E* ou *A B D*
eft égal à l'angle *D C E* ou *D C A*; car ces deux

angles ont leur fommet à la circonférence, & s'appuient fur le même arc AD (63). Donc les triangles BEA & CED font femblables (110); donc ils ont leurs côtés homologues proportionnels, c'eft-à-dire, que $AE : BE :: DE : CE$, où l'on voit que les parties de la corde AC font les extrêmes, et les parties de la corde BD font les moyens.

125. Puifque la propofition qu'on vient de démontrer a lieu, quelque part que foit le point E, & fous quelque angle que fe coupent les deux cordes AC & BD, elle a donc lieu auffi lorfque les deux cordes (*fig. 68*) font perpendiculaires l'une à l'autre, & que l'une des deux, AC, par exemple, paffe par le centre; or, dans ce cas la corde BD étant coupée en deux parties égales (51), les deux termes moyens de la proportion $AE : BE :: DE : CE$ deviennent égaux, & la proportion fe change en cette autre $AE : BE :: BE : CE$; donc *toute perpendiculaire* BE *abaiffée d'un point* B *de la circonférence fur le diamètre, eft moyenne proportionnelle entre les deux parties* AE, CE *de ce diamètre.*

126. Cette propofition a plufieurs applications utiles. Nous n'en expoferons qu'une pour le préfent. C'eft pour *trouver une moyenne proportionnelle entre deux lignes données,* a e , e c (*fig. 70*).

On tirera une droite indéfinie AC fur laquelle

on placera bout à bout deux lignes AE, EC égales aux lignes ae, ec; & ayant décrit fur la totalité AC comme diamètre, le demi-cercle ABC, on élèvera au point de jonction E, la perpendiculaire EB fur AC; cette perpendiculaire fera la moyenne proportionnelle demandée.

127. *Deux fécantes* AB, AC (fig. 69), *qui partant d'un même point* A *hors du cercle, vont fe terminer à la partie concave de la circonférence, font toujours réciproquement proportionnelles à leurs parties extérieures* AD, AE, *à quelque endroit que foit le point* A *hors du cercle, & quelque angle que faffent entre elles ces deux fécantes.*

Concevez les cordes CD & BE, vous aurez deux triangles ADC, AEB, dans lefquels 1°. l'angle A eft commun : 2°. l'angle B eft égal à l'angle C, parce que l'un & l'autre ont leur fommet à la circonférence, & embraffent le même arc DE (63); donc (110) ces deux triangles font femblables, & ont par conféquent les côtés proportionnels; donc $AB : AC :: AE : AD$, où l'on voit que la fécante AB & fa partie extérieure AD forment les extrêmes, tandis que la fécante AC & fa partie extérieure AE forment les moyens.

128. Puifque cette propofition eft vraie, quel que foit l'angle BAC, fi l'on conçoit que le côté AB demeurant fixe, le côté AC tourné au-

tour du point *A* pour s'écarter de *A B*, les deux points de fection *E* & *C* s'approcheront continuellement l'un de l'autre, jufqu'à ce qu'enfin la droite *A C* tombant fur la tangente *A F*, ces deux points fe confondront, & *A C*, *A E* deviendront chacune égale à *A F*; en forte que la proportion *A B* : *A C* :: *A E* : *A D* deviendra *A B* : *A F* :: *A F* : *A C*; donc

129. *Si d'un point* A, *pris hors du cercle*, *on mène une fécante quelconque* A B & *une tangente* A F, *cette tangente fera moyenne proportionnelle entre la fécante* A B & *la partie extérieure* A D *de cette même fécante* (r).

130. Cette propofition peut, entre autres ufages, fervir à *couper une ligne en moyenne & extrême raifon*. On dit qu'une ligne *A B* (*fig. 71*) eft coupée en moyenne & extrême raifon, lorfqu'elle eft coupée en deux parties *A C*, *B C*, telle que l'une *B C* de ces parties eft moyenne proportionnelle entre la ligne entière *A B* & l'autre partie *A C*, c'eft-à-dire, telles que l'on ait

$$A C : B C :: B C : A B.$$

Voici comment on y parvient. On élève à l'une *A* des extrémités, une perdendiculaire *A D* égale à la moitié de *A B* : du point *D* comme centre, & d'un rayon égal à *A D*, on décrit une circonférence qui coupe en *E* la ligne *B D* qui joint les deux points *B* & *D*. Enfin, on porte *B E* de *B* en

C, & la ligne AB eſt coupée en moyenne & extrême raiſon au point C.

En effet, la ligne AB étant perpendiculaire ſur AD, eſt tangente (48); & puiſque BF eſt ſécante, on a (129) $BF : AB :: AB : BE$ ou BC. Donc (*Arith.* 185) $BF - AB : AB - BC :: AB : BC$; or AB eſt égal à FE, puiſque AB eſt double de AD; donc $BF - AB$ eſt égal à BE ou BC; & comme $AB - BC$ eſt à AC, on a donc $BC : AC :: AB : BC$, ou (*Arith.* 181) $AC : BC :: BC : AB$ (r).

Des Figures ſemblables.

1 3 1. Deux figures d'un même nombre de côtés, ſont dites *ſemblables*, lorſqu'elles ont les angles homologues égaux, & les côtés homologues proportionnels.

Les deux figures $ABCDE$, $abcde$, (*fig.* 72 & 73) ſont ſemblables ſi l'angle A eſt égal à l'angle a; l'angle B, à l'angle b; l'angle C, égal à l'angle c, & ainſi de ſuite; & ſi en même temps le côté AB contient le côté ab, autant que BC contient bc, autant que CD contient cd, & ainſi de ſuite.

Ces deux conditions ſont néceſſaires à la fois dans les figures de plus de trois côtés. Il n'y a que dans les triangles où l'une de ces conditions ſuffiſe, parce qu'elle entraîne néceſſairement l'autre (109 & 114).

132. *Si de deux angles homologues* A & a, *de deux polygones ſemblables, on mène des diago-* *nales* A C, A D, a c, ad *aux autres angles, les deux* *polygones ſeront partagés en un même nombre de* *triangles ſemblables chacun à chacun.*

Car l'angle *B* eſt (par la ſuppoſition) égal à l'angle *b* & le côté *A B* : *a b* :: *B C* : *b c*; donc les deux triangles *A B C*, *a b c* qui ont un angle égal compris entre deux côtés proportionnels, ſont ſemblables (113) ; donc l'angle *B C A* eſt égal à l'angle *b c a*, & *A C* : *a c* :: *B C* : *b c*.

Si des angles égaux *B C D*, *b c d*, on ôte les angles égaux *B C A*, *b c a*, les angles reſtans *A C D*, *a c d* feront égaux. Or, *B C* : *b c* :: *C D* : *c d* ; donc, puiſqu'on vient de prouver que *B C* : *b c* :: *A C* : *a c*, on aura *C D* : *c d* :: *A C* : *a c* ; donc les deux triangles *A C D*, *a c d* ſont auſſi ſembla- bles, puiſqu'ils ont un angle égal compris entre deux côtés proportionnels. On prouvera la même choſe, & de la même manière, pour les triangles *A D E* & *a d e*, & pour tous les autres triangles qui ſuivroient, ſi ces polygones avoient un plus grand nombre de côtés.

133. *Si deux polygones* ABCDE, abcde *ſont compoſés d'un même nombre de triangles ſem-*

blables chacun à chacun, & femblablement difpofés, ils feront femblables.

Car les angles B & E font égaux aux angles b & e, dès que les triangles font femblables ; & par cette même raifon, les angles partiels BCA, ACD, CDA, ADE font égaux aux angles partiels bca, acd, cda, ade; donc les angles totaux BCD, CDE font égaux aux angles totaux bcd, cde, chacun à chacun. D'ailleurs la fimilitude des triangles fournit cette fuite de rapports égaux $AB : ab :: BC : bc :: AC : ac :: CD : cd :: AD : ad :: DE : de :: AE : ae$; ne tirant de cette fuite que les rapports qui renferment les côtés des deux polygones, on a $AB : ab :: BC : bc :: CD : cd :: DE : de :: AE : ae$. Donc ces polygones ont aufli les côtés homologues proportionnels ; donc ils font femblables.

Donc pour conftruire une figure femblable à une figure propofée $ABCDE$ (*fig. 72*), & qui ait pour côté homologue à AB, une ligne donnée ; on portera cette ligne donnée fur AB, de A en f ; par le point f, on tirera fg parallèle à BC, & qui rencontre AC en g ; par le point g, on menera gh parallèle à CD, & qui rencontre AD en h ; enfin par le point h, on tirera hi parallèle à DE, & l'on aura le polygone $Afghi$ femblable à $ABCDE$.

134. *Les contours de deux figures femblables*

font entre eux comme les côtés homologues de ces fi-
gures, c'eft-à-dire, que la fomme des côtés de la figure
A B C D E contient la fomme des côté de la figure
a b c d e, autant que le côté *A B* contient le côté *a b.*

Car dans la fuite des rapports égaux *A B : a b ::*
B C : b c :: C D : c d :: D E : d e :: A E : a e, la
fomme des antécédens eft (*Arith. 186*) à la
fomme des conféquens, comme un antécédent eft
à fon conféquent :: *A B : a b ;* or il eft évident
que çes fommes font les contours des deux figures.

I 3 5. Si l'on conçoit la circonférence
A B C D E F G H (*fig. 74*), divifée en tel nombre de parties égales qu'on voudra ; & fi ayant
tiré du centre *I,* aux points de divifion, des
rayons *I A, I B,* &c. on décrit d'un autre rayon
I a, la circonférence *a b c d e f g h,* rencontrée par
ces rayons aux points *a, b, c, d,* &c. il eft évident que fi, dans chaque circonférence, on joint
les points de divifion par des cordes, on formera
deux polygones femblables ; car les triangles *A B I,*
a b I, &c. font femblables, puifqu'ils ont un angle
commun en *I* compris entre deux côtés proportionnels ; car *I A* étant égal à *I B,* & *I a* égal à
I b, on a évidemment *A I : B I :: a I : b I,* &
la même chofe fe démontre de même pour les
autres triangles. De-là & de ce qui vient d'être
dit (134), on conclura donc que le contour

$ABCDEFGH$ eſt au contour $abcdefgh$ ::
$AB : ab$, ou (à cauſe des triangles ſemblables
ABI, abI) :: $AI : aI$. Comme cette ſimilitude ne
dépend point du nombre des côtés de ces deux
polygones, elle aura donc encore lieu lorſque le
nombre des côtés de chacun ſera multiplié à l'infini : or dans ce cas on conçoit qu'il n'y a plus
aucune différence entre la circonférence & le polygone inſcrit ; donc les circonférences mêmes
$ABCDEFGH$, $abcdefgh$ feront entre elles ::
$AI : aI$, c'eſt-à-dire, comme leurs rayons, &
par conſéquent auſſi comme leurs diamètres.

136. Concluons donc, 1°. qu'on *peut regar-*
der la circonférence du cercle comme un polygone ré-
gulier d'une infinité de côtés.

2°. *Les cercles font des figures ſemblables.*

3°. *Les circonférences des cercles font entre elles*
comme leurs rayons, ou comme leurs diamètres (s).

137. « En général, ſi dans deux polygones
ſemblables, on tire deux lignes également inclinées à l'égard de deux côtés homologues, & terminées à des points ſemblablement placés à l'égard
de ces côtés, ces lignes, qu'on appelle *lignes ho-*
mologues, feront entre elles dans le rapport de
deux côtés homologues quelconques ; car dès
qu'elles font des angles égaux avec deux côtés homologues, elles feront auſſi des angles égaux avec
deux autres côtés homologues quelconques, puiſ-

que les angles de deux polygones femblables font égaux chacun à chacun ; or fi dans ce cas elles n'étoient pas dans le même rapport que deux côtés homologues, il eft facile de fentir que les points où elles fe terminent, ne pourroient pas être femblablement placés comme on le fuppofe ».

138. C'eft fur les principes que nous venons de pofer, concernant les figures femblables, que porte, en grande partie, l'art de lever les plans. Nous difons en grande partie, parce que lorfque l'efpace dont il s'agit de former le plan, eft d'une très-grande étendue, comme l'Europe, la France, &c. l'art d'en fixer les points principaux tient à d'autres connoiffances, dont ce n'eft point encore ici le lieu de parler. Mais pour les détails d'un pays, d'une côte, d'une rade, &c. on peut les déterminer, & les préfenter enfuite fur un plan de la manière que nous allons décrire. Obfervons auparavant que nous fuppofons ici que tous les angles qu'il va être queftion de mefurer, font tous dans un même plan horizontal, ou à-peu-près. S'ils n'y étoient point, il faudroit, avant de former le plan, les y réduire ; nous en donnerons les moyens dans la Trigonométrie.

Suppofons donc que A, B, C, D, E, F, G, H, I, K (*fig. 75*), foient plufieurs objets remarquables dont on veut repréfenter les pofitions refpectives fur un plan.

On deffinera groffièrement fur un papier ces objets dans la pofition qu'on leur juge à l'œil ; pour cet effet, on fe tranfportera aux différens lieux où il fera néceffaire pour prendre une con-noiffance légère de tous ces objets. Ce premier deffin qu'on appelle un *croquis*, fervira à marquer les différentes mefures qu'on prendra dans le cours des opérations.

On mefurera une bafe AB, dont la longueur ne foit pas moindre que la dixième ou la neu-vième partie de la diftance des deux objets les plus éloignés qu'on puiffe voir de fes extrémités, & qui foit telle en même temps, que de ces mêmes extrémités, on puiffe appercevoir le plus grand nombre d'objets que faire fe pourra ; alors avec un inftrument propre à mefurer les angles, avec le graphomètre, par exemple, on mefurera au point A les angles EAB, FAB, GAB, CAB, DAB, que font au point A avec la ligne AB les lignes qu'on imaginera menées de ce point aux objets E, F, G, C, D que je fuppofe pouvoir être apperçus des extrémités A & B de la bafe. On mefurera de même au point B, les angles EBA, FBA, GBA, CBA, DBA, que font en ce point avec la ligne AB, les lignes qu'on imaginera menées de ce même point B, aux mêmes objets que ci-deffus. S'il y a des objets, comme H, I, qu'on n'ait pas pu voir des deux extrémités *A* & *B*, on se transportera en deux des lieux *E* & *F* qu'on vient d'observer, & d'où l'on puisse voir ces deux points *H* & *I*; alors regardant *E F* comme une base, on mesurera les angles *H E F*, *I E F*, *H F E*, *I F E*, que font avec cette nouvelle base les lignes qui iroient de ses extrémités aux deux objets *H* & *I*; enfin s'il y a quelqu'autre objet, comme *K*, qu'on n'ait pu voir ni des extrémités de *A B*, ni de celles de *E F*, on prendra encore pour base quelque autre ligne comme *F G* qui joint deux des points observés, & on mesurera de même à ses extrémités les angles *K F G*, *K G F*.

Toutes ces opérations faites, & après avoir déterminé & construit l'échelle du plan qu'on se propose de faire, on tirera sur ce plan une ligne *a b* qu'on fera d'autant de parties de l'échelle, que l'on a trouvé de toises ou de pieds dans *A B*, selon qu'on aura mesuré en toises ou en pieds. On fera ensuite au point *a*, avec le rapporteur, un angle *b a e*, d'autant de degrés & minutes qu'on en a trouvé pour *B A E*, & au point *b* un angle *e b a* d'autant de degrés & minutes qu'on en a trouvé à l'angle *E B A*; les deux lignes *a e*, *b e*, qui formeront ces angles avec *a b*, se couperont en un point *e* qui représentera sur la carte la position de l'objet *E* sur le terrain; car, par cette construction, le triangle *a b e* sera semblable au triangle ABE, puifqu'on a fait deux angles de celui-là égaux à deux angles de celui-ci (110). On fe conduira précifément de la même manière pour déterminer les points f, g, d, c qui doivent repréfenter les points ou objets F, G, D, C. Pour avoir enfuite les points h, i & k, on tirera les lignes ef & fg que l'on confidérera comme bafes; & on déterminera la pofition des points h & i à l'égard de ef, & du point k à l'égard de fg, de la même manière qu'on a déterminé celles des autres points à l'égard de ab. Bien entendu que toutes les lignes qu'on tirera dans ces différentes opérations, feront tracées au crayon feulement, parce qu'elles n'ont d'autre ufage que de déterminer les points c, d, e, &c. Lorfqu'ils font une fois trouvés, on efface tout le refte.

Je ne m'arrête pas à démontrer en détail que les points c, d, e, f, g, h, i, k font placés entre eux de la même manière que les objets C, D, E, F, G, &c. le font entre eux; il fuffit d'obferver que les points c, d, e, f, g font (par la conftruction) placés à l'égard de ab, comme les points C, D, F, G le font à l'égard de AB, puifque les triangles cab, dab, eab, &c. ont été faits femblables aux triangles CAB, DAB, EAB, & difpofés de la même manière; ainfi la difficulté, s'il y en a, ne peut tomber que fur les points h, i & k; or (par la conftruction) les points h & i font placés à l'égard de ef, comme

les points *H* & *I* le font à l'égard de *E F* ; donc
puifque ces deux dernières lignes font placées de
la même manière à l'égard des lignes *a b* & *A B*,
les points *h* & *i* feront auffi placés à l'égard de *a b*
de la même manière que *H* & *I* le font à l'égard
de *A B*. Ainfi les diftances refpectives des points
a, *e*, *f*, *g*, &c. mefurées fur l'échelle du plan,
feront connoître les diftances des objets *A*, *E*,
F, *G*, &c.

On voit affez, fans qu'il foit néceffaire d'y in-
fifter, que cette même méthode peut fervir à vérifier des points que l'on foupçonneroit douteux
fur une carte, ainfi qu'à y ajouter des points qu'on
auroit omis.

On peut auffi employer la bouffole à déterminer la pofition des objets *E*, *F*, *G*, &c. & l'on
l'y emploie même affez fouvent ; mais alors on
obferve au point *A*, non pas les angles *E A B*,
F A B, mais les angles que les lignes *A E*, *A F*, &c.
& la bafe même *A B*, font avec la direction de
l'aiguille aimantée ; on fait la même chofe au
point *B* ; & pour marquer les objets fur la carte,
on tire par le point *a* une ligne qui repréfente la
direction de l'aiguille aimantée, & on mène les
lignes *a b*, *a c*, *a f*, &c. de manière qu'elles faffent avec celle-là les angles qu'on a obfervés au
point *A* ; fixant enfuite la grandeur qu'on veut
donner à *a b*, on fe conduit à l'égard du point *b*

de la manière qu'on a fait à l'égard du point a.
Quant aux autres points H & I qui n'étoient point
visibles de A & B, on les détermine à l'égard de
EF, de la même manière qu'on a déterminé les
autres à l'égard de AB; enfin on marque ces
points en h & i en les déterminant à l'égard de ef,
de la même manière que les autres points e, f,
&c. ont été déterminés à l'égard de ab. Au reste,
on ne doit, autant qu'on le peut, lever ainsi à
la boussole que les petits détails, comme les détours d'un chemin, les sinuosités d'une rivière,
&c. Quand les points principaux ont été déterminés avec exactitude, on peut prendre ces détails
avec une attention moins scrupuleuse, parce que
les objets qu'on relève alors, étant peu distans
entre eux, l'erreur qu'on peut commettre fur les
angles ne peut pas être d'une grande conféquence.

Lorsque quelques circonstances déterminent à
marquer fur la carte déjà construite quelque nouveau point, il n'est pas indispensable d'observer
ce point de deux autres points connus : on le détermine souvent au contraire en observant de ce
point deux autres points connus; par exemple,
fuppofons que le point H foit un point d'une rade
où l'on a mesuré la profondeur à la fonde, &
qu'on veut marquer cette fonde fur la carte; on
observera du point H les angles EHM, FHM,
que font avec la direction LM de l'aiguille ai-

mantée, les deux lignes EH, FH, qui vont à deux objets connus E, F; puis, pour marquer le point H fur la carte, on tirera à part (*fig. 77*), une ligne lm qui marque la direction de l'aiguille aimantée, & en un point n de cette ligne, on fera les angles onm, pnm, égaux aux angles EHM, FHM; enfin par le point f on mènera fh parallèle à pn, & par le point e, la ligne eh parallèle à no; ces deux lignes fe rencontreront au point cherché h.

Cette même méthode fert auffi à fe reconnoître en mer à la vue de deux terres. Au refte, la rofe des vents, qui eft marquée fur les cartes marines, fournit des expédiens pour abréger quelques-unes de ces opérations; nous ne pouvons entrer dans ces détails qui appartiennent immédiatement au pilotage : il nous fuffit d'expofer les principes fur lefquels ces différentes pratiques font fondées.

Obfervons cependant qu'on ne doit déterminer les fondes de cette manière, que quand les circonftances ne permettent pas de faire autrement; car quelque exercé qu'on puiffe être à fe fervir du compas de variation, on ne parvient jamais à relever du point H en mer les objets E, F avec une précifion fur laquelle on puiffe autant compter, que fur le relèvement qu'on feroit d'un objet H, tel que feroit une chaloupe, une bouée, &c. en obfervant des points E & F à terre. Les fondes font affez importantes pour qu'on doive, autant qu'on le peut, employer, pour les déterminer, la méthode la plus fufceptible d'exactitude.

Il y a encore une autre manière de lever un plan, qui eft d'autant plus commode, qu'elle exige peu d'appareil, & qu'en même temps qu'on obferve les différens points dont on veut avoir les pofitions, on les trace fur le plan fans les perdre de vue. L'inftrument qu'on emploie à cet effet, eft repréfenté par la figure 78. *A B C D* eft une planche de 15 à 16 pouces de long, & à peuprès de pareille largeur, portée fur un pied comme le graphomètre. Sur cette planche, on étend une feuille de papier qu'on arrête par le moyen d'un chaffis qui entoure la planche. *L M* eft une règle garnie de pinnules à fes deux extrémités.

Lorfqu'on veut faire ufage de cet inftrument, qu'on appelle *planchette*, pour tracer le plan d'une campagne, on prend une bafe *a m*, comme dans les opérations ci-deffus, & pofant le pied de l'inftrument en *a*, on fait planter un piquet en *m*. On applique la règle *L M* fur le papier, & on la dirige de manière à voir le piquet *m* à travers des deux pinnules; alors on tire le long de la règle une ligne *E F*, à laquelle on donne autant de parties de l'échelle du plan, qu'on aura trouvé de pieds entre le point *E*, d'où l'on obferve

d'abord, & le point *f*, d'où l'on obfervera a la
feconde ftation. On fait enfuite tourner la règle
autour du point *E*, jufqu'à ce qu'on rencontre,
en regardant à travers des pinnules, quelqu'un
des objets *I*, *H*, *G*; & à mefure qu'on en rencontre un, on tire le long de la règle une ligne indéfinie. Ayant ainfi parcouru tous les objets qu'on
peut voir lorfqu'on eft en *a*, on tranfporte l'inftrument en *m*, & on laiffe un piquet en *a*. Alors
on fait au point *f* les mêmes opérations à l'égard
des objets *I*, *H*, *G*, qu'on a faites à l'autre ftation. Les lignes *f I*, *f H*, *f G*, qui dans ce fecond
cas vont, ou font imaginées aller à ces objets,
rencontrent les premières aux points *g*, *h*, *i*, qui
font la repréfentation des objets *G*, *H*, *I*.

C'eft encore fur la théorie des figures femblables qu'eft fondée la méthode de faire *le point*,
c'eft-à-dire, de repréfenter fur une carte la route
qu'a tenue un vaiffeau pendant fa navigation, ou
pendant une partie de fa navigation.

Suppofons qu'un vaiffeau parti d'un lieu connu,
ait d'abord couru 28 lieues au fud-eft, puis 20
lieues au fud, & enfin 26 lieues au fud-oueft; on
veut déterminer fur la carte la route qu'a tenue le
vaiffeau & le lieu de l'arrivée.

On cherche d'abord fur la carte le point du départ; je fuppofe que ce foit le point *d* (*fig. 79*).
On cherche pareillement parmi les divifions de la

rofe des vents marquée fur la carte, quelle eft la
ligne qui va au fud-eft ; je fuppofe que ce foit ici
la ligne *CF* ; on tire par le point *d* la ligne *d e* parallèle à *CF*, & on donne à *de* autant de parties
de l'échelle de la carte, que l'on a couru de lieues
au fud-eft. Par le point *e* on tire pareillement une
ligne *e b* parallèle à la ligne *C E* qui eft dirigée au
fud ; & on fait *e b* d'autant de parties de l'échelle,
qu'on a couru de lieues au fud ; enfin par le point
b, on mène *b a* parallèle à *CD* qui va au fud-
oueft ; & ayant fait *b a* d'autant de parties de
l'échelle qu'on a couru de lieues au fud-oueft ,
le point *a* eft le point d'arrivée, & la trace *d e b a*
repréfente la route qu'a tenue le vaiffeau. En effet ,
les lignes *d e*, *e b*, *b a* font entre elles les mêmes
angles qu'ont faits entre elles fucceffivement les
différentes parties de la route du vaiffeau ; d'ailleurs les parties *c d*, *e b*, *b a*, ont entre elles les
mêmes rapports que les efpaces que le vaiffeau a
réellement décrits ; donc la figure *d e b a* eft (131)
abfolument femblable à la route qu'a tenue le vaiffeau ; enfin le point *d* eft fitué fur la carte comme
le point de départ l'eft à l'égard de la terre (*) ;

(*) Cette expreffion n'eft pas rigoureufement exacte, fans
doute ; mais ce n'eft point ici le lieu d'en fixer le fens rigou-
reux. Les points d'une carte, fur-tout d'une carte réduite, ne
font pas fitués entre eux comme les points de la terre qu'ils

donc *d e b a* eſt non-feulement femblable à la route
du vaiſſeau, mais encore fituée à l'égard des différens points de la carte, comme la route du vaiſ-
feau l'a été à l'égard des différens points de la
terre.

I Iᵉ S E C T I O N.

Des Surfaces.

I 3 9. N O U S voici arrivés à la feconde des trois
fortes d'étendue que nous avons diſtinguées, c'eſt-
à-dire, à l'étendue en longueur & largeur.

Nous ne confidérerons dans cette Section que
les *furfaces* ou *fuperficies planes ;* nous nous bornerons même à celle des figures rectilignes, & du
cercle.

La mefure des furfaces fe réduit à celle des triangles ou des quadrilatères.

On diſtingue les quadrilatères en *Quadrilatère*
fimplement dit, *Trapèze* & *Parallélogramme.*

La figure de quatre côtés, qu'on appelle fimplement *Quadrilatère*, eſt celle parmi les côtés de

repréſentent ; mais il fuffit ici qu'ils aient le même ufage.
Nous reviendrons ailleurs fur cet objet.

laquelle il ne s'en trouve aucun qui soit parallèle à un autre. *Voyez figure 80.*

Le *trapèze* est un quadrilatère, dont deux côtés seulement sont parallèles (*fig. 81*).

Le *Parallélogramme* est un quadrilatère dont les côtés opposés sont parallèles (*fig. 82, 83, 84, 85, 86, 86**). On distingue quatre sortes de parallélogrammes : le *rhomboïde*, le *rhombe*, le *rectangle* & le *quarré*.

Le *rhomboïde*, est le parallélogramme dont les côtés contigus, & les angles sont inégaux (*fig. 82*).

Le *rhombe*, autrement dit *lozange*, est celui dont les côtés sont égaux, & les angles inégaux (*fig. 83*).

Le *rectangle*, est celui dont les angles sont égaux, & les côtés contigus inégaux (*fig. 84*).

Le *quarré*, est celui dont les côtés & les angles sont égaux (*fig. 85*).

Quand les angles d'un quadrilatère sont égaux, ils sont nécessairement droits, parce que les quatre angles de tout quadrilatère valent ensemble quatre angles droits (86).

La perpendiculaire $E F$ (*fig. 82*), menée entre les deux côtés opposés d'un parallélogramme, s'appelle la *hauteur* de ce parallélogramme ; & le côté $B C$ sur lequel tombe cette perpendiculaire, s'appelle la *base*.

La hauteur d'un triangle $A B C$ (*fig. 87, 88 & 89*), est la perpendiculaire $A D$ abaissée d'un angle A

de ce triangle fur le côté oppofé BC, prolongé s'il eft néceffaire ; & ce côté BC fe nomme alors la *bafe*.

140. *Un triangle rectiligne quelconque* ABC (fig. 89) *eft toujours la moitié d'un parallélogramme de même bafe & de même hauteur que lui.*

Car on peut toujours concevoir tirée, par le fommet de l'angle C, une ligne CE parallèle au côté BA, & par le fommet de l'angle A, une ligne AE parallèle au côté BC ; ce qui forme avec les côtés AB & BC, un parallélogramme $ABCE$ de même bafe & de même hauteur que le triangle ABC ; cela pofé, il eft aifé de voir que les deux triangles ABC, CEA font égaux ; car le côté AC leur eft commun ; d'ailleurs les angles BAC, ACE font égaux à caufe des parallèles (38) ; & par la même raifon, les angles BCA & CAE font égaux : ces deux triangles ayant un côté égal adjacent à deux angles égaux chacun à chacun, font donc égaux ; donc le triangle ABC eft la moitié du parallélogramme $ABCE$.

141. *Les parallélogrammes* ABCD, EBCF (fig. 86 & 86*) *de même bafe & de même hauteur, font égaux en furface.*

Les deux parallélogrammes $ABCD$, $EBCF$ (*fig. 86*) ont une partie commune $EBCD$; ainfi leur égalité ne dépend que de l'égalité des triangles ABE, DCF ; or il eft aifé de prouver que ces deux triangles font égaux ; car AB eft égale à CD, ces lignes étant des parallèles comprifes entre parallèles (82) ; & par la même raifon, BE eft égale à CF ; d'ailleurs (43) l'angle ABE eft égal à l'angle DCF ; ces deux triangles ont donc un angle égal compris entre deux côtés égaux chacun à chacun ; ils font donc égaux : donc auffi le parallélogramme $ABCD$ & le parallélogramme $EBCF$ font égaux.

Dans la figure 86*, on démontrera de la même manière que les deux triangles ABE, DCF font égaux ; donc retranchant de chacun le triangle DIE, les deux trapèzes reftans $ABID$, $EICF$ feront égaux ; enfin ajoutant à chacun de ces trapèzes le triangle BIC, le parallélogramme $ABCD$ & le parallélogramme $EBCF$ qui en réfulteront, feront égaux.

142. On peut donc dire auffi que *les triangles de même bafe & de même hauteur, ou de bafes égales & de hauteurs égales font égaux*, puifqu'ils font moitié de parallélogrammes de même bafe & de même hauteur qu'eux (140).

143. De cette dernière propofition on peut conclure que *tout polygone peut être transformé en un triangle de même furface*. Par exemple, foit $ABCDE$ (*fig. 91*) un pentagone ; fi l'on tire la diagonale EC qui joigne les extrémités des deux côtés contigus ED, DC, & qu'après avoir mené

DF parallèle à EC, & qui rencontre en F, le côté AE prolongé, on tire CF, on aura un quadrilatère $ABCF$ égal en surface au pentagone $ABCDE$; car les deux triangles ECD, ECF ont pour base commune EC; & étant de plus compris entre mêmes parallèles EC, DF, ils font de même hauteur; donc ils font égaux ; donc fi l'on ajoute à chacun le quadrilatère $EABC$, on aura le pentagone $ABCDE$ égal au quadrilatère $ABCF$.

Or de même qu'on vient de réduire le pentagone à un quadrilatère, on réduira de même le quadrilatère à un triangle ; donc, &c. (*t*).

De la mefure des Surfaces.

I44. *Mefurer une furface*, c'eft déterminer combien de fois cette furface contient une autre furface connue.

Les mefures qu'on emploie font ordinairement des quarrés ; quelquefois auffi ce font des parallélogrammes rectangles : ainfi, mefurer la furface $ABCD$ (*fig. 90*), c'eft déterminer combien elle contient de quarrés tels que $abcd$, ou de rectangles tels que $abcd$; fi le côté ab du quarré $abcd$ eft d'un pied, c'eft déterminer combien la furface $ABCD$ contient de pieds quarrés ; fi le côté ab du rectangle $abcd$ étant d'un pied, le côté bc eft

de 3 pieds, c'eſt déterminer combien la ſurface
A B C D contient de rectangles de 3 pieds de long
ſur un pied de large.

Pour meſurer en parties quarrées la ſurface du
rectangle A B C D, il faut chercher combien de
fois le côté A B contient le côté a b du quarré
a b c d qui doit ſervir d'unité ou de meſure ; chercher de même combien de fois le côté B C contient
a b ; & alors multipliant ces deux nombres l'un par
l'autre, on aura le nombre de quarrés tels que
a b c d que la ſurface A B C D peut renfermer. Par
exemple, ſi A B contient a b 4 fois ; & ſi B C
contient a b 7 fois, je multiplie 7 par 4, & le
produit 28 marque que le rectangle A B C D contient 28 quarrés tels que a b c d.

Car ſi par les points de diviſion E, F, G, on
mène des parallèles à B C, on aura quatre rectangles égaux, dont chacun pourra contenir autant de quarrés, tels que a b c d, qu'il y a de
parties égales a b dans le côté B C; donc il faut
répéter les quarrés contenus dans l'un de ces rectangles autant de fois qu'il y a de rectangles,
c'eſt-à-dire, autant de fois que le côté A B contient a b ; & comme le nombre des quarrés contenus dans chaque rectangle eſt le même que le
nombre des parties de B C, il eſt donc évident qu'en
multipliant le nombre des parties B C, par le
nombre des parties égales de A B, on a le nombre

de quarrés tels que *a b c d*, que le rectangle *ABCD* peut renfermer.

Quoique nous ayons fuppofé dans le raifonnement que nous venons de faire, que les côtés *A B* & *B C* contenoient un nombre exact de mefures *a b*, ce raifonnement ne s'étend pas moins au cas où la mefure *a b* n'y feroit pas contenue exactement. Par exemple, fi *B C* ne contenoit que fix mefures & $\frac{1}{2}$, chaque rectangle ne contiendroit que 6 quarrés & $\frac{1}{2}$; & fi le côté *A B* ne contenoit que trois mefures & $\frac{1}{3}$, il n'y auroit que 3 rectangles & $\frac{1}{3}$, chacun de fix quarrés & $\frac{1}{2}$; il faudroit donc multiplier $6\frac{1}{2}$ par $3\frac{1}{3}$, c'eft-à-dire, le nombre des mefures de *B C* par le nombre des mefures de *A B* (*u*).

I 4 5 . Puifque (141) le parallélogramme rectangle *A B C D* (*fig. 86 & 86**) eft égal au parallélogramme *E B C F* de même bafe & de même hauteur, il s'enfuit donc que pour avoir la furface de celui-ci, il faudra multiplier le nombre des parties de fa bafe *B C* par le nombre des parties de fa hauteur *A B;* on peut donc dire en général que...

Pour avoir le nombre de mefures quarrées contenues dans la furface d'un parallélogramme quelconque A B C D (fig. 82) , *il faut mefurer la bafe* B C, & *la hauteur* E F, *avec une même mefure; & multiplier le nombre des mefures de la bafe par le nombre des mefures de la hauteur.*

On voit donc par ce qui a été dit (140), que lorfqu'on veut évaluer la furface *ABCD* (*fig. 90*), on ne fait autre chofe que répéter la furface *GBCH* ou le nombre de quarrés qu'elle contient, autant de fois que fon côté *GB* eft contenu dans le coté *AB* ; ainfi le multiplicande eft réellement une furface, & le multiplicateur eft un nombre abftrait qui ne fait que marquer combien de fois on doit répéter ce multiplicande.

On dit cependant très-communément que *pour avoir la furface d'un parallélogramme, il faut multiplier fa bafe par fa hauteur ;* mais on doit regarder cela comme une expreffion abrégée dans laquelle on fous-entend le *nombre* des quarrés correfpondans aux parties de la bafe, & le *nombre* des parties de la hauteur. En un mot, on ne peut pas dire qu'on multiplie une ligne par une ligne. Multiplier, c'eft prendre un certain nombre de fois ; de forte que quand on multiplie une ligne, on ne peut jamais avoir qu'une ligne, & quand on multiplie une furface, on ne peut jamais avoir qu'une furface. Une furface ne peut avoir d'autres élémens que des furfaces ; & quoiqu'on dife fouvent que le parallélogramme *ABCD* (*fig. 82*) peut être confidéré comme compofé d'autant de lignes égales & parallèles à *BC*, qu'il y a de points dans la hauteur *EF*, on doit fous-entendre que ces lignes ont une largeur infiniment petite ; (car plufieurs lignes fans largeur ne peuvent pas compofer une furface) ; & alors chacune de ces lignes eft une furface qui , étant répétée autant de fois que fa hauteur eft dans la hauteur EF, donne la fur-face $ABCD$.

Nous adopterons néanmoins cette expreffion , *multiplier une ligne par une ligne ;* mais on ne doit pas perdre de vue , que ce n'eft que comme manière abrégée de parler. Ainfi nous dirons que le produit de deux lignes exprime une furface, quoique dans le vrai on dût dire, le *nombre* des parties d'une ligne multiplié par le nombre des parties d'une autre ligne, exprime le nombre des parties quarrées contenues dans le parallélogramme qui auroit une de ces lignes pour hauteur, & l'autre ligne pour bafe.

Pour marquer la furface du parallélogramme $ABCD$ (*fig. 82*), nous écrirons $CB \times EF$; dans la figure 84, nous écrirons $BA \times BC$, & dans la figure 85 où les deux côtés AB & BC font égaux , au lieu de $AB \times BC$ ou $AB \times AB$, nous écrirons $\overline{AB}^2$; de forte que $\overline{AB}^2$ fignifiera la ligne AB multipliée par elle-même , ou la fur-face du quarré fait fur la ligne AB ; de même pour marquer que la ligne AB eft élevée au cube, nous écrirons $\overline{AB}^3$ qui équivaudra à $AB \times AB \times AB$ ou $\overline{AB}^2 \times AB$.

146. Il fuit de ce que nous venons de dire, que pour que deux parallélogrammes foient égaux en furface, il fuffit que le produit de la bafe de l'un multipliée par la hauteur, foit égal au produit de la bafe du fecond, multipliée par la hauteur. *Donc lorfque deux parallélogrammes font égaux en furface, ils ont leurs bafes réciproquement proportionnelles à leurs hauteurs,* c'eft-à-dire, que la bafe & la hauteur de l'un peuvent être confidérées comme les extrêmes d'une proportion, dont la bafe & la hauteur de l'autre formeront les moyens ; car en les confidérant ainfi, le produit des extrêmes eft égal au produit des moyens ; or dans ce cas il y a néceffairement proportion (*Arith.* 180).

Au refte, on peut voir cette vérité immédiatement, en faifant attention que fi la bafe de l'un eft plus petite, par exemple, que celle de l'autre, il faut que fa hauteur foit plus grande à proportion pour former le même produit.

147. Puifqu'un triangle eft la moitié d'un parallélogramme de même bafe & de même hauteur (140), il fuit de ce qui vient d'être dit (145), que *pour avoir la furface d'un triangle, il faut multiplier la bafe par la hauteur, & prendre la moitié du produit.*

Ainfi, fi la hauteur *A D* (*fig. 87*) eft de 34 pieds, & la bafe *B C* de 52, la furface contiendra

884 pieds quarrés ; c'eſt la moitié du produit de
52 par 34.

Il eſt inutile, je penſe, d'inſiſter pour faire ſen-
tir qu'on aura le même produit en multipliant la
baſe par la moitié de la hauteur, ou la hauteur
par la moitié de la baſe.

148. Donc, 1°. *pour avoir la ſurface du tra-*
pèze, il faut ajouter enſemble les deux côtés parallèles, prendre la moitié de la ſomme, & la
multiplier par la perpendiculaire menée entre ces
deux parallèles ; car ſi l'on tire la diagonale BD
(*fig. 81*), on a deux triangles ABD, BDC
dont la hauteur commune eſt EF. Pour avoir la
ſurface du triangle ABD, il faudroit donc multiplier la moitié de AD par EF, & pour le
triangle BDC, il faudroit multiplier la moitié de
BC auſſi par EF ; donc la ſurface du trapèze
vaut la moitié de AD multipliée par EF, plus la
moitié de BC multipliée par EF, c'eſt-à-dire,
la moitié de la ſomme AD plus BC, multipliée
par EF.

Si par le milieu G de la ligne AB, on tire GH
parallèle à BC, cette ligne GH ſera la moitié de
la ſomme des deux lignes AD & BC. Car, ſoit I
le point où GH coupe la diagonale BD, les
triangles BAD, BGI, ſemblables à cauſe des
parallèles AD & GI font connoître (109) que
GI eſt moitié de AD, puiſque BG eſt moitié

de AB. Or GH étant parallèle à BC & à AD, DC (102) eſt coupé de la même manière que AB; on prouvera donc de même que IH eſt moitié de BC, en conſidérant les triangles ſemblables BDC & IDH.

Donc, & en vertu de ce qui a été dit ci-deſſus, on peut dire *que la ſurface d'un trapèze* $ABCD$, *eſt égale au produit de ſa hauteur* EF *par la ligne* GH *menée à diſtances égales des deux baſes oppoſées.*

149. 2°. *Pour avoir la ſurface d'un polygone quelconque*, il faut le partager en triangles par des lignes menées d'un même point à chacun de ſes angles, & calculer ſéparément la ſurface de chacun de ces triangles; en réuniſſant tous ces produits, on aura la ſurface totale du polygone. Mais pour avoir le moindre nombre de triangles qu'il ſoit poſſible, il conviendra de faire partir toutes ces lignes de l'un des angles; *voyez figure* 92.

150. *Si le polygone étoit régulier* (*fig.* 53), comme tous les côtés ſont égaux, & que toutes les perpendiculaires, menées du centre, ſont égales, en le concevant compoſé de triangles qui ont leur ſommet au centre, on auroit la ſurface en multipliant un des côtés par la moitié de la perpendiculaire, & multipliant ce produit par le nombre des côtés; ou, ce qui revient au même,

en multipliant le contour par la moitié de la perpendiculaire.

1 5 1. Puisqu'on peut (136) confidérer le cercle comme un polygone régulier d'une infinité de côtés, il faut donc conclure *que pour avoir la furface d'un cercle, il faut multiplier la circonférence par la moitié du rayon.*

Car la perpendiculaire menée fur un des côtés ne diffère pas du rayon, lorfque le nombre des côtés eft infini.

1 5 2. Puifque les circonférences des cercles font entre elles comme les rayons ou comme les diamètres (136), il eft vifible que fi l'on connoiffoit la circonférence d'un cercle d'un diamètre connu, on feroit bientôt en état de déterminer la circonférence de tout autre cercle dont on connoîtroit le diamètre, puifqu'il ne s'agiroit que de calculer le quatrième terme de cette propofition : *le diamètre de la circonférence connue, eft à cette même circonférence, comme le diamètre de la circonférence cherchée, eft à cette feconde circonférence.*

On ne connoît point exactement le rapport du diamètre à la circonférence ; mais on en a des valeurs affez approchées pour qu'un rapport plus exact puiffe être regardé comme abfolument inutile dans la pratique.

Archimède a trouvé qu'un cercle qui auroit 7 pieds de diamètre, auroit 22 pieds de circonférence, à très-peu de chofe près. Ainfi, fi l'on demande quelle fera la circonférence d'un cercle qui auroit 20 pieds de diamètre, il faut chercher (*Arith. 179*) le quatrième terme de la proportion, dont les trois premiers font

$$7 : 22 :: 20 :$$

Ce quatrième terme qui eft $62\frac{6}{7}$, eft à très-peu de chofe près, la longueur de la circonférence d'un cercle de 20 pieds de diamètre. Je dis à très-peu de chofe près ; car il faudroit que le cercle n'eût pas moins de 800 pieds de diamètre, pour que la circonférence déterminée, d'après le rapport de 7 à 22, fût fautive d'un pied. Au refte, en employant le rapport de 7 à 22, on peut fe difpenfer de faire la proportion ; il fuffit de tripler le diamètre, & d'ajouter au produit la feptième partie de ce même diamètre, parce que $3\frac{1}{7}$ eft le nombre de fois que 22 contient 7.

Adrien Métius a donné un rapport beaucoup plus approché ; c'eft celui de 113 à 355. Ce rapport eft tel, qu'il faudroit que le diamètre d'un cercle fût de 3000000 de pieds au moins, pour qu'on fît, en fe fervant de ce rapport, une erreur d'un pied fur la circonférence (*). Enfin, fi l'on veut

_____

(*) Pour retenir aifément ce rapport, il faut faire attention que les nombres qui le compofent fe trouvent, en partageant en deux parties égales, les trois premiers nombres

avoir la circonférence avec encore plus de précifion, il n'y a qu'à employer le rapport de 1 à
3,14159265358897932, qui paffe de beaucoup les
limites des befoins ordinaires, & dont on peut
fupprimer plus ou moins de chiffres fur la droite,
felon qu'on a moins ou plus befoin d'exactitude.
Comme ce rapport a pour premier terme l'unité,
il eft affez commode en ce que, pour trouver la
circonférence d'un cercle propofé, l'opération fe
réduit à multiplier le nombre 3,1415926, &c.
par le diamètre de ce cercle.

Il eft donc facile actuellement de trouver la
furface d'un cercle propofé, du moins auffi exactement que peuvent l'exiger les befoins les plus
étendus de la pratique.

Si l'on demande de combien de pieds quarrés
eft la furface d'un cercle qui auroit 20 pieds de
diamètre, je calcule fa circonférence comme ci-
deffus ; & ayant trouvé qu'elle eft de 62 pieds &
$\frac{6}{7}$, je multiplie 62 $\frac{6}{7}$, par 5 qui eft la moitié du
rayon (151), & j'ai 314 $\frac{2}{7}$ pieds quarrés pour la
furface de ce cercle.

153. On appelle *fecteur de cercle*, la furface
comprife entre deux rayons *I A*, *I B* (*fig. 74*),

---

impairs 1, 3, 5, écrits deux fois de fuite en cette manière
113,355.

& l'arc AVB; & on appelle *fegment* la furface comprife entre l'arc AVB & fa corde AB.

Puifque le cercle peut être confidéré comme un polygone régulier d'une infinité de côtés, un fecteur de cercle peut donc être confidéré comme une portion de polygone régulier, & fa furface comme compofée d'une infinité de triangles qui ont tous leur fommet au centre, & pour hauteur le rayon. Donc *pour avoir la furface d'un fecteur de cercle*, il faut multiplier l'arc qui lui fert de bafe par la moitié du rayon.

A l'égard du fegment, il eft évident que pour en avoir la furface, il faut retrancher la furface du triangle IAB, de celle du fecteur $IAVB$.

Il eft évident que, dans un même cercle, les longueurs des arcs font proportionnelles à leurs nombres de degrés; que par conféquent, quand on connoît la longueur de la circonférence, on peut avoir celle d'un arc de tel nombre de degrés qu'on voudra, en faifant cette proportion : 360° *font au nombre de degrés de l'arc dont on cherche la longueur, comme la longueur de la circonférence eft à celle de ce même arc.*

S'il s'agit de trouver la furface d'un fecteur dont on connoît le nombre de degrés & le rayon, on cherchera, par la proportion qu'on vient de donner, la longueur de l'arc qui eft la bafe de ce fecteur, & on la multipliera par la moitié du

rayon. Par exemple, si l'on demande quelle est la
surface du secteur de $32° 40'$ dans un cercle qui a
20 pieds de diamètre, on trouvera, comme ci-
dessus (151), que la circonférence est de $62 \frac{6}{7}$
pieds ; cherchant le quatrième terme d'une proportion dont les trois premiers sont $360° : 32°$
$40' :: 62 \frac{6}{7} :$ ce quatrième terme qu'on trouvera
de $5 \frac{19}{27}$, sera la longueur de l'arc de $32° 40'$, laquelle étant multipliée par 5, moitié du rayon,
donne $28 \frac{14}{27}$ pour la surface du secteur de $32°$
$40'$.

Il est aisé, d'après cela, d'avoir la surface du
segment, en déterminant (*fig. 74*) le côté AB &
la hauteur IZ du triangle IAB, par une opération fondée sur les mêmes principes que celle que
nous avons enseignée (121) ; mais la Trigonométrie, que nous verrons par la suite, nous donnera des moyens encore plus expéditifs & plus
susceptibles d'exactitude.

154. Quoique ce que nous avons dit (149),
suffise pour mesurer toute espèce de figure rectiligne, néanmoins il est à propos que nous expo-
sions ici une autre méthode qui est plus simple
dans la pratique. Elle consiste (*fig. 93*) à tirer dans
la figure une ligne AG; abaisser de chacun des
angles, des perpendiculaires $BM, LC, DK,$
$EI, FH,$ sur cette ligne AG; mesurer chacune
de ces lignes, ainsi que les intervalles $AN, NO,$

OP, PQ, QR, RG ; alors la figure eſt partagée en pluſieurs parties, dont les deux extrêmes, tout au plus, font des triangles, & les autres font des trapèzes ; les premiers ſe meſurent en multipliant la hauteur par la moitié de la baſe (147) ; à l'égard des trapèzes, chacun ſe meſure en multipliant la moitié de la ſomme des deux côtés parallèles, par la diſtance perpendiculaire de ces mêmes côtés (148).

Lorſque la figure eſt une ligne courbe, on la meſurera avec une exactitude ſuffiſante pour la pratique, en partageant la ligne AT (*fig. 94*) qu'on tirera ſuivant ſa plus grande longueur, en un aſſez grand nombre de parties pour que les arcs interceptés AB, BC, CD, &c. puiſſent être regardés comme des lignes droites ; & pour rendre le calcul le plus ſimple qu'il ſoit poſſible, on fera les parties AO, OP, &c. égales entre elles ; alors pour avoir la ſurface, on ajoutera enſemble toutes les lignes BN, CM, DL, EK, FI, & la moitié ſeulement de la dernière GH, ſi la courbe eſt terminée par une droite GH perpendiculaire à AT : on multipliera le tout par l'un des intervalles AO, & le produit ſera la ſurface cherchée ; c'eſt une ſuite immédiate de ce qui a été dit (148) ; car pour avoir la ſurface ABN, il faut multiplier AO par la moitié de BN ; pour avoir celle de $BCMN$, il faut multiplier OP ou AO, par la moitié de BN & de CM; pour avoir celle de $CDLM$, il faut multiplier AO par la moitié de CM & de DL, & ainfi de fuite; donc, en réuniffant ces produits, on voit que AO fera multiplié par 2 moitiés de BN, plus 2 moitiés de CM, plus 2 moitiés de DL, plus 2 moitiés de EK, plus 2 moitiés de FI, plus enfin une moitié feulement de GH, c'eft-à-dire, que AO doit être multiplié par la totalité des lignes BN, CM, DL, EK, FI, plus la moitié de la dernière.

S'il s'agiffoit de l'efpace $BNHG$ terminé par les deux lignes BN, GH, on prendroit non pas BN entière, mais fa moitié feulement.

La règle que nous venons d'expofer pour mefurer les furfaces planes terminées par des courbes, peut être employée fort utilement dans diverfes recherches relatives aux navires. On a fouvent befoin, dans ces recherches, de connoître la furface de quelques coupes horizontales du navire; nous aurons occafion d'en faire ufage par la fuite.

Du Toifé des Surfaces.

155. Ce qu'on entend par toifé des furfaces, c'eft la méthode de faire les multiplications néceffaires pour évaluer les furfaces, lorfqu'on a mefuré les dimenfions en toifes & parties de toife.

Il y a deux manières d'évaluer les furfaces en toifes quarrées, & parties de la toife quarrée.

Dans la première on compte par toifes quarrées, pieds quarrés, pouces quarrés, lignes quarrées, &c.

La toife quarrée contient 36 pieds quarrés, parce que c'eft un rectangle qui a 6 pieds de long fur 6 pieds de large. Le pied quarré contient 144 pouces quarrés, parce que c'eft un rectangle qui a 12 pouces de long fur 12 pouces de large. Par une raifon femblable, on voit que le pouce quarré vaut 144 lignes quarrées, &c.

Ainfi, pour évaluer une furface en toifes quarrées, & parties quarrées de la toife quarrée, il n'y a autre chofe à faire qu'à réduire les deux dimenfions qu'on doit multiplier chacune à la plus petite efpèce (en lignes, fi la plus petite efpèce eft des lignes) ; & après avoir fait la multiplication, on réduira le produit en pouces quarrés, enfuite en pieds quarrés, & enfin en toifes quarrées, en divifant fucceffivement par 144, 144 & 36. Par exemple, pour trouver la furface d'un rectangle qui auroit $2^T 3^P 5^p$ de long, & $0^T 4^P 6^p$ de large, je réduis ces deux dimenfions en pouces, & j'ai 185^p à multiplier par 54^p, ce qui me donne 9990 pouces quarrés, & s'écrit ainfi 9990^{pp}. Pour les réduire en pieds quarrés, je divife par 144 ; j'ai 69^{pp} pieds quarrés & 54^{pp} de refte, c'eft-à-dire, 69^{PP} 54^{PP}; pour réduire les 69^{PP} en toifes quarrées, je divife par 36 ; j'ai une toife quarrée ou 1^{TT} pour quotient, & 33^{PP} de refte ; en forte que la furface cherchée eft de 1^{TT} 33^{PP} 54^{PP}.

Dans la feconde manière d'évaluer les furfaces en toifes quarrées, & parties de la toife quarrée ; on conçoit la toife quarrée, compofée de fix rectangles qui ont tous une toife de haut & un pied de bafe, & que pour cette raifon on nomme *Toifes-pieds* : on fubdivife chaque toife-pied en 12 parties ou rectangles qui ont chacun une toife de haut & un pouce de bafe, & qu'on appelle *Toifes-pouces* : on fubdivife chacune de celles-ci en 12 parties qui ont chacune une toife de haut & une ligne de bafe, & qu'on appelle *Toifes-lignes* ; en un mot, on fe repréfente la toife quarrée divifée & fubdivifée continuellement en rectangles, qui ont conftamment une toife de haut fur un pied, ou un pouce, ou une ligne, ou un point de bafe. Les fubdivifions qui paffent le point, fe marquent comme les fecondes, tierces, quartes, &c. pour les degrés, excepté qu'on fait précéder la marque par un T, figne de la toife ; ainfi les marques fucceffives & les valeurs des fubdivifions de la toife quarrée, font telles qu'on les voit dans la table fuivante.

Table des Subdivisions de la Toise quarrée en Rectangles d'une Toise de haut, & caractères qui représentent ces parties.

La Toise-quarrée vaut 6 Toises-pieds, ou............... 6^{TP}
La Toise-pied vaut 12 Toises-pouces, ou............... 12^{TP}
La Toise-pouce... 12^{Tl}
La Toise-ligne.. 12^{Tpt}
La Toise-point... $12^{T'}$
La T′ ou Toise-prime... $12^{T''}$
La T″ ou Toise-seconde..................................... $12^{T'''}$
La Toise-tierce... 12^{Tiv}
      & ainsi de suite.

Quand on aura donc à multiplier les parties de deux lignes pour évaluer une surface, il faut concevoir que les toises du multiplicande font des toises quarrées ; les pieds, des toises-pieds ; les pouces, des toises-pouces, & ainsi de suite. A l'égard du multiplicateur, il représentera toujours combien de fois on doit prendre le multiplicande. Par exemple, si ayant à mesurer la surface du rectangle *A B C D* (*fig. 95*), je trouve le côté *A D* de $4^T \ 3^P \ 6^P$, & le côté *A B* de $2^T \ 3^P$; je vois que si *A E* représente une toise, la surface *A B C D* est composée de deux rectangles qui ont chacun une toise de haut sur $4^T \ 4^P \ 6^P$ de long, & d'un rectangle qui a 3^P ou une demi-toise de haut, sur

4^T 3^P 6^P de long, & qui par conséquent est la moitié de l'un des deux autres ; de sorte que je vois qu'il s'agit de répéter 2 fois $\frac{1}{2}$ un rectangle de 1^T de haut sur 4^T 3^P 6^P de long, c'est-à-dire de répéter 2 fois $\frac{1}{2}$ la quantité de 4^{TT} 4^{TP} 6^{TP}. Ceci prouve ce que nous avons dit dans la note du n°. 47 de l'Arithmétique, sur la nature des unités du produit & de ses facteurs dans la multiplication géométrique.

On voit en même temps qu'il n'y a ici aucune nouvelle règle à apprendre pour faire ces sortes de multiplications qui font évidemment les mêmes que celles que nous avons données en Arithmétique sous le nom de *Multiplication des Nombres complexes*. Ainsi, pour nous borner à un exemple, si l'on me demande quelle est la surface d'un rectangle qui auroit 52^T 4^P 5^P de long, & 44^T 4^P 8^P de large, je fais l'opération comme il suit :

$$52^T \quad 4^P \quad 5^P$$
$$44^T \quad 4^P \quad 8^p$$

208^{TT}	0^{TP}	0^{Pp}	0^{Tl}	0^{Tpt}
208				
22				
7	2			
2	2	8		
0	3	8		
26	2	2	6	
8	4	8	10	
2	5	6	11	4
2	5	6	11	4

$$2361^{TT} \quad 2^{TP} \quad 5^{Tp} \quad 2^{Tl} \quad 8^{Tpt}$$

C'eſt-à-dire, je multiplie 52 par 44, puis les 4^P du multiplicande, par 44, en prenant pour 3^P la moitié de 44, & pour 1^P le tiers de ce que j'aurai eu pour 3^P; enſuite je multiplie 5^P par 44, en prenant pour 4^P le $\frac{1}{5}$ de ce que j'ai eu pour 1^P; & pour 1^P je prends le quart de ce que j'ai eu pour 4^P.

Pour multiplier enſuite, par les 4^P qui ſe trouvent dans le multiplicateur, je prends pour 3^P la moitié du multiplicande total, & pour 1^P, le tiers de ce que j'ai eu pour 3^P. Enfin, pour multiplier par 8^P, je prends le tiers de ce que j'ai eu pour

1^P, & je l'écris deux fois ; réunissant tous ces produits particuliers , j'ai $2361^{TT}\ 2^{TP}\ 5^{Tp}\ 2^{Tl}\ 8^{Tpt}$ pour produit total. Ainsi on voit que nous avons été fondés à dire dans l'Arithmétique , que les règles que nous donnions pour les nombres complexes , renfermoient le toisé , & qu'il n'y avoit autre chose à exposer , que la nature des unités du produit & des facteurs.

Quand on a ainsi évalué une surface en toises-quarrées , toises-pieds , toises-pouces , &c. il est fort aisé d'en trouver la valeur en toises quarrées , pieds quarrés , pouces quarrés , &c. Il faut écrire alternativement les deux nombres de 6 & $\frac{1}{2}$ sous les parties de la toise , à commencer des toises-pieds , comme on le voit ci-dessous ; multiplier chaque partie par le nombre inférieur qui lui répond , & porter les produits des deux nombres consécutifs 6 & $\frac{1}{2}$ dans une même colonne ; lorsqu'en multipliant par $\frac{1}{2}$ il restera 1 , écrivez 72 sous ce multiplicateur $\frac{1}{2}$, pour commencer une seconde colonne. Ainsi , pour réduire en toises-quarrées , pieds-quarrés , pouces-quarrés , &c. les parties du produit que nous avons trouvé ci-dessus , j'écris :

$$2361^{TT} \quad 2^{TP} \quad 5^{Tp} \quad 2^{Tl} \quad 8^{Tpt}$$
$$6 \quad \tfrac{1}{2} \quad 6 \quad \tfrac{1}{2}$$

$$2361^{TT} \quad 12^{PP} \quad 72^{PP}$$
$$2 \quad 12$$
$$4$$

$$2361^{TT} \quad 14^{PP} \quad 88^{Pp}$$

Et je multiplie les toifes-pieds par 6, parce que la toife-pied vaut 6 pieds quarrés, ayant 6 pieds de haut fur un pied de bafe. Je multiplie les toifes-pouces par $\frac{1}{2}$, & je porte les deux entiers que me donne cette multiplication au rang des pieds quarrés, parce que la toife-pouce étant la 12e partie de la toife-pied, doit valoir la 12e partie de 6 pieds quarrés, c'eft à-dire, un demi-pied quarré ; donc les 5 toifes-pouces valent 2 pieds quarrés & demi ; & comme le demi-pied quarré vaut 72 pouces quarrés, au lieu du demi, j'écris 72 ; enfuite pour réduire les toifes-lignes, je les multiplie par 6, parce que la toife-ligne étant la douzième partie de la toife-pouce, doit valoir la douzième partie de 72 pouces-quarrés, c'eft-à-dire, 6 pouces quarrés ; un raifonnement femblable prouve qu'on doit multiplier enfuite par $\frac{1}{2}$, puis par 6, &c. ainfi que nous venons de le dire.

Donc, réciproquement, fi l'on veut réduire en

toifes-pieds, toifes-pouces, &c. des parties quarrées de la toife quarrée, l'opération fe réduira,
1°. à prendre le fixième du nombre des pieds
quarrés, ce qui donnera des toifes-pieds. 2°. On
doublera le refte, s'il y en a, & on y ajoutera
une unité fi le nombre des pouces quarrés, eft ou
excède 72 ; & l'on aura les toifes - pouces.
3°. Ayant retranché 72 du nombre des pouces
quarrés, lorfque ce nombre fera ou excédera 72,
on divifera le refte par 6, & l'on aura les toifes-
lignes. 4°. On doublera le refte, & on y ajoutera
une unité fi le nombre des lignes quarrées excède
72, & on aura le nombre des toifes-points. On
voit par-là comment on doit continuer pour
avoir les parties fuivantes lorfqu'il doit y en
avoir. Ainfi fi l'on propofoit de réduire 52^{TT}
25^{P} 87^{PP} 92^{ll}, en toifes-pieds, toifes - pouces,
&c. je diviferois 25 par 6, & j'aurois 4^{TP}, & 1
de refte ; je double cet 1, & j'y ajoute 1, parce
que le nombre des pouces quarrés excède 72 ; j'ai
donc 3^{TP}. Je retranche 72 de 87, & je divife
le refte 15 par 6 ; j'ai 2^{Tl}, & 3 de refte. Je
double ce refte, & j'y ajoute une unité, parce
que le nombre des lignes quarrées excède 72 ; j'ai
7^{Tpts}. Je retranche 72 de 92, & je divife le refte
20 par 6 ; j'ai $3^{T'}$ & 2 de refte ; je double ce refte,
& j'ai $4^{T''}$; en forte que j'ai en total 52^{TT} 4^{TP}
3^{Tp} 2^{Tl} 7^{Tpts} $3^{T'}$ $4^{T''}$.

156. Puisque pour avoir la surface d'un parallélogramme, il faut multiplier le nombre des parties de la base par le nombre des parties de la hauteur, il s'ensuit (*Arith.* 74) que si connoissant la surface & le nombre des parties de la hauteur ou de la base, on veut avoir la base ou la hauteur, il faudra diviser le nombre qui exprime la surface par le nombre qui exprime celle des deux dimensions qui sera connue. Mais il faut bien observer que ce n'est point une surface que l'on divise alors par une ligne ; la division d'une surface par une ligne n'est pas moins chimérique que la multiplication d'une ligne par une ligne. Ce que l'on fait véritablement alors, on divise une surface par une surface.

En effet, selon ce que nous avons dit (155) lorsqu'on évalue la surface du rectangle *A B C D* (*fig.* 95), on répète la surface du rectangle *E D* de même base, & qui a pour hauteur l'unité ou la mesure principale *A E* ; on répète, dis-je, cette surface autant de fois que sa hauteur *A E* est comprise dans la hauteur *A B* ; ainsi, quand on veut connoître le nombre de parties de *A B*, ou le nombre des unités *A E* qu'il contient, il faut chercher combien de fois la surface *A B C D* contient celle du rectangle *E D*. Donc, si la surface *ABCD* étant exprimée par 361^{TT} 2^{TP} 5^{Tp} 2^{Tl} 8^{Tpts}, la base *A D* est de 4^T 3^P 6^P ; pour avoir la hauteur AB, il faut concevoir que l'on a $361^{TT} 2^{TP}$, &c. à diviser non par $4^T 3^P 6^P$, mais par $4^{TT} 3^{TP} 6^{TP}$; & comme la toise est alors facteur commun du dividende & du diviseur, il est évident que le quotient sera le même que si l'un & l'autre exprimoient des toises & parties de toises linéaires ; donc l'opération se réduit à diviser $361^T 2^P$, &c. par $4^T 3^P$, &c. C'est-à-dire, que l'on considérera le dividende & le diviseur, comme exprimant des toises linéaires, & par conséquent comme étant de même espèce ; & comme l'état de la question fait voir que le quotient doit être aussi de cette même espèce, c'est-à-dire, exprimer des toises & parties de toises linéaires, il s'ensuit que la division doit se faire alors précisément selon la règle donnée (*Arith. 126 & 128*).

Si la surface étoit donnée en toises quarrées & parties quarrées de la toise quarrée, alors pour plus de simplicité, on réduiroit ces parties en toises-pieds, toises-pouces, &c. par ce qui vient d'être dit (155) ; après quoi on opéreroit comme dans le cas précédent. Par exemple, si l'on demande la hauteur d'un parallélogramme ou d'un rectangle qui auroit $2^T 5^P$ de base, & 120^{TT} $29^{PP} 54^{PP}$ de surface ; on réduira (155) cette surface à $120^{TT} 4^{TP} 10^{Tp} 6^{TI}$; & la question d'après ce qui précède, sera réduite à diviser $120^T 4^P$ $10^P 9^I$, par $2^T 5^P$, ce qui, en suivant la règle donnée (*Arith. 126 & 128*) , donne $42^T \, 3^P \, 10^u$ $1^l \frac{15}{17}$.

De la comparaison des Surfaces.

157. *Les surfaces des parallélogrammes sont entre elles en général comme les produits des bases par les hauteurs.*

C'est-à-dire , que la surface d'un parallélogramme contient celle d'un autre parallélogramme, autant que le produit de la base du premier par sa hauteur contient le produit de la base du second par sa hauteur.

Cela est évident , puisque tout parallélogramme est égal au produit de la base par sa hauteur.

De-là il est aisé de conclure que lorsque deux parallélogrammes ont même hauteur, ils sont entre eux comme leurs bases ; & que lorsqu'ils ont même base , ils sont entre eux comme leurs hauteurs ; car le rapport des produits ne changera point , si l'on omet dans chacun le facteur qui leur est commun (*Arith. 170*). (*x*).

158. Puisque les triangles sont (140) moitié de parallélogrammes de même base & de même hauteur , il faut donc conclure que *les triangles de même hauteur sont entre eux comme leurs bases ; & les triangles de même base sont entre eux comme leurs hauteurs.*

159. *Les surfaces des parallélogrammes ou des triangles semblables, sont entre elles comme les quarrés de leurs côtés homologues.*

Car les surfaces des deux parallélogrammes $ABCD$ & $abcd$ (*fig. 96 & 97*), sont entre elles (157) comme les produits des bases par leurs hauteurs, c'est-à-dire, que $ABCD : abcd :: BC \times AE : bc \times ae$. Mais si les parallélogrammes $ABCD$, $abcd$ sont semblables, & si AB & ab sont deux côtés homologues, les triangles AEB, aeb, seront semblables, parce qu'outre l'angle droit en E & en e, ils doivent avoir de plus l'angle B égal à l'angle b ; on aura donc (108) $AE : ae :: AB : ab$, ou $:: BC : bc$ à cause des parallélogrammes semblables ; on peut donc (99) dans les produits $BC \times AE$ & $bc \times ae$, substituer le rapport de $BC : bc$ à celui de $AE : ae$; & alors le rapport de ces produits sera celui de $\overline{BC}^2 : \overline{bc}^2$; donc $ABCD : abcd :: \overline{BC}^2 :$

$\overline{bc}^2$; & comme on peut prendre indifféremment pour base tel côté qu'on voudra, on voit donc qu'en général les surfaces des parallélogrammes semblables, sont entre elles comme les quarrés de leurs côtés homologues.

160. A l'égard des triangles semblables, il est évident qu'ils ont la même propriété, puisqu'ils

font moitiés de parallélogrammes de même bafe &
de même hauteur.

161. En général, *les furfaces de deux figures*
femblables quelconques , font entre elles comme les
quarrés des côtés , ou des lignes homologues de ces
figures.

Car les furfaces de deux figures femblables peuvent toujours être regardées comme compofées
d'un même nombre de triangles femblables chacun à chacun ; alors la furface de chaque triangle
de la première figure fera à celle du triangle correfpondant dans la feconde, comme le quarré d'un
côté du premier eft au quarré du côté homologue
du fecond (160) ; donc puifque tous les côtés homologues étant en même rapport, leurs quarrés
doivent être auffi tous en même rapport (*Arith.*
191) , chaque triangle du premier polygone fera
au triangle correfpondant du fecond, comme le
quarré d'un côté quelconque du premier polygone eft au quarré du côté homologue du fecond ;
donc (*Arith. 186*) la fomme de tous les triangles
du premier fera à la fomme de tous les triangles
du fecond, ou la furface du premier à la furface
du fecond auffi dans ce même rapport.

162. *Les furfaces des cercles font donc entre*
elles comme les quarrés de leurs rayons ou de leurs
diamètres.

Car les cercles font des figures femblables (136),

dont les rayons & les diamètres font des lignes homologues.

On doit dire la même chofe des fecteurs & des fegmens de même nombre de degrés.

On voit donc qu'il n'en eft pas des furfaces des figures femblables comme de leurs contours ; les contours fuivent le rapport fimple des côtés (134), c'eft-à-dire, que de deux figures femblables, fi un côté de l'une eft double, ou triple, ou quadruple, &c. d'un côté homologue de l'autre, le contour de la première fera auffi double ou triple, ou quadruple du contour de la feconde; mais il n'en eft pas ainfi des furfaces ; celle de la première figure feroit alors quatre fois, 9 fois, 16 fois, &c. auffi grande que celle de la feconde.

On peut rendre cette vérité fenfible par les figures 98 & 99, où l'on voit (*fig. 98*) que le parallélogramme *A B C D*, dont le côté *A B* eft double du côté *A G* du parallélogramme femblable *A G I E*, contient quatre parallélogrammes parfaitement égaux à celui-ci ; & dans la figure 99, le triangle *A D F* dont le côté *A D* eft double du côté *A B* du triangle femblable *A B C*, contient quatre triangles égaux à celui-ci ; pareillement le triangle *A G K* dont le côté *A G* eft triple de *A B*, contient 9 triangles égaux à *A B C*. Il en feroit de même des cercles ; un cercle qui auroit un rayon double, ou triple, ou quadruple, &c.

de celui d'un autre cercle, auroit 4 fois, ou 9 fois, ou 16 fois, &c. autant de furface que celui-ci.

On voit par-là que deux navires qui feroient parfaitement femblables, auroient des voilures dont les furfaces feroient entre elles comme les quarrés des hauteurs des mâts, c'est-à-dire, comme nous le verrons par la fuite, comme les quarrés des longueurs des navires ou de leurs largeurs ; & par conféquent, on peut dire que deux navires femblables, & qui préfentent leurs voiles au vent de la même manière, reçoivent des quantités de vent qui font comme les quarrés des longueurs de ces navires. Il n'en faut pas conclure pour cela que leurs vîteffes feront dans ce rapport. Nous verrons en mécanique ce qui doit en être.

Au refte, nous n'examinerons pas ici fi les navires femblables doivent avoir des voilures femblables ; c'eft un examen qui appartient auffi à la mécanique.

163. Si l'on vouloit donc conftruire une figure femblable à une autre, & dont la furface fût à celle de celle-ci dans un rapport donné, par exemple, dans le rapport de 3 à 2, il ne faudroit pas faire les côtés homologues dans le rapport de 3 à 2, car alors les furfaces feroient comme 9 à 4 ; mais il faudroit faire ces côtés de telle grandeur que leurs quarrés fuffent entre eux ::

3 : 2 , c'eſt-à-dire, en ſuppoſant que le côté AB
de la figure X (*fig. 100*) ſoit de 50^p , par exemple,
il faudroit , pour trouver le côté homologue ab
de la figure cherchée x (*fig. 101*) calculer le quatrième terme d'une proportion , dont les trois
premiers feroient 3 : 2 :: $\overline{50}^2$ ou 50 $\times$ 50 eſt à
un quatrième terme ; ce quatrième terme qui eſt
1666 $\frac{2}{3}$ feroit le quarré du côté ab ; c'eſt pourquoi tirant la racine quarrée (*Arith. 145*) de
1666 $\frac{2}{3}$, on trouveroit 40^p, 824, c'eſt-à-dire ,
40^p 9^p 10^l à-peu-près pour le côté ab. Quand
on a un côté de la figure x , il eſt aiſé de conſtruire cette figure, ſelon ce qui a été dit (133). (*y*).

164. « *Si ſur les trois côtés* AB, BC, AC,
d'un triangle rectangle ABC (fig. 102) *on conſtruit
trois quarrés* $BEFA$, $BGHC$, $AILC$, *celui qui
occupera l'hypothénuſe , vaut toujours la ſomme des
deux autres.*

» Abaiſſons de l'angle droit B ſur l'hypothénuſe AC, la perpendiculaire BD ; les deux triangles BDA, BDC feront chacun ſemblable au
triangle ABC(112) , & par conſéquent les ſurfaces de ces trois triangles , feront entre elles
comme les quarrés de leurs côtés homologues ;
on a donc cette ſuite de rapports égaux ABD :

$$\overline{AB}^2 :: BDC : \overline{BC}^2 :: ABC : \overline{AC}^2 \text{ ou } ABD :$$
$$ABEF :: BDC : BGHC :: ABC : AILC ;$$

donc (*Arith.* 186) $ABD + BDC : ABEF +$
$BGHC :: ABC : AILC$. Or, il eſt évident
que ABC vaut les deux parties $ABD + BDC$;
donc $AILC$ vaut $ABEF + BGHC$; ce qu'on
peut encore exprimer en cette manière $\overline{AC}^2$ vaut
$\overline{AB}^2 + \overline{BC}^2$ ».

165. Puiſque le quarré de l'hypothénuſe
vaut la ſomme des quarrés des deux côtés de
l'angle droit, concluons donc que le *quarré d'un*
des côtés de l'angle droit, vaut le quarré de l'hypo-
thénuſe, moins le quarré de l'autre côté; c'eſt-à-dire,
que $\overline{BC}^2$ vaut $\overline{AC}^2 - \overline{AB}^2$, & $\overline{AB}^2$ vaut $\overline{AC}^2 -$
$\overline{BC}^2$.

166. Donc *lorſqu'on connoît deux côtés d'un*
triangle rectangle, on peut toujours calculer le troi-
ſième (z). Suppoſons, par exemple, que le côté
AB ſoit de 12 pieds, le côté BC de 25; on demande l'hypothénuſe AC. J'ajoute 144, qui eſt
le quarré du côté AB, avec 625 qui eſt le quarré
du côté BC; la ſomme 769 eſt égale au quarré
de l'hypothénuſe AC; donc ſi je tire la racine
quarrée de 769, j'aurai l'hypothénuſe AC; cette
racine eſt 27, 73 à moins d'un centième près;
donc le côté AC eſt de 27, 73 pieds, c'eſt-à-dire,
de 27^P 8^p 9^l.

Si au contraire on donnoit l'hypothénuſe &

un des côtés, on trouveroit le fecond côté par ce qui vient d'être dit (165). Par exemple, fi l'hypothénufe AC étoit de 54 pieds, & le côté BC de 42, & qu'on demandât de combien eft le côté AB; alors de 2916 qui eft le quarré de l'hypothénufe 54, je retrancherois 1764 qui eft le quarré du côté BC; le refte 1152 feroit donc la valeur du quarré du côté AB; tirant la racine quarrée de 1152, cette racine qui eft de 33,94 feroit la valeur de AB, c'eft-à-dire, que AB feroit de 33$^\text{p}$, 94 ou 33$^\text{p}$ 11$^\text{p}$ 3$^\text{l}$ à-peu-près.

Cette propofition eft d'une très-grande utilité; nous aurons plus d'une occafion de nous en convaincre par la fuite.

167. Puifque le quarré de l'hypothénufe vaut la fomme des quarrés des deux côtés de l'angle droit, il s'enfuit que fi le triangle rectangle eft ifocèle, comme il arrive, par exemple, dans un quarré lorfqu'on tire la diagonale AC (*fig. 103*), alors le quarré de l'hypothénufe fera double du quarré d'un de fes côtés : donc la furface d'un quarré eft à celle du quarré fait fur la diagonale comme 1 eft à 2; donc (*Arith. 192*) le côté d'un quarré eft à fa diagonale, comme 1 eft à la racine quarrée de 2; & comme cette racine ne peut être exprimée exactement en nombres, il s'enfuit qu'on ne peut avoir exactement en nombres le rapport du côté d'un quarré à fa diagonale, c'eft-à-dire,

que la diagonale eſt *incommenſurable*, ou n'a aucune commune meſure avec ſon côté. (*aa*).

168. Dans la démonſtration du n°. 164, on a vu que la ſimilitude des triangles ABC, ADB, CDB donne $ABC : \overline{AC}^2 :: ADB : \overline{AB}^2 :: BDC : \overline{BC}^2$, ou bien $ABC : ADB : BDC :: \overline{AC}^2 : \overline{AB}^2 : \overline{BC}^2$; mais les triangles ABC, ADB, BDC étant tous trois de même hauteur, font entre eux comme leurs baſes (158); donc $ABC : ADB : BDC :: AC : AD : DC$, donc auſſi $\overline{AC}^2 : \overline{AB}^2 : \overline{BC}^2 :: AC : AD : DC$; donc *le quarré fait ſur l'hypothénuſe, eſt à chacun des quarrés faits ſur les deux autres côtés, comme l'hypothénuſe eſt à chacun des ſegmens correſpondans à ces côtés.*

169. De-là on peut conclure le moyen de faire par lignes, ce que nous avons enſeigné à faire par nombres (163), c'eſt-à-dire, de conſtruire une figure *x* ſemblable à une figure propoſée *X* (*fig.* 100 & 101), & dont la ſurface ſoit à celle de celle-ci dans un rapport donné.

On tirera (*fig.* 104) une ligne indéfinie *DE*, ſur laquelle on prendra les deux parties *DP* & *PE*, telles que *DP* ſoit à *PE* comme la ſurface de la figure donnée *X* (*fig.* 100) doit être à celle de la figure cherchée *x* (*fig.* 101), c'eſt-à-dire,

:: 3 : 2, fi l'on veut que x foit les $\frac{2}{3}$ de X. Sur DE (*fig. 104*) comme diamètre, on décrira le demi-cercle DBE, & ayant élevé au point P la perpendiculaire PB, on mènera, du point B où elle rencontre la circonférence aux deux extrémités D & E les cordes DB, BE. Sur DB on prendra BA égal à un côté AB de la figure X, & ayant mené AC parallèle à DE, on aura BC pour le côté homologue de la figure cherchée x, qu'on conftruira enfuite comme il a été dit (133). En voici la raifon : la furface de la figure X doit être à celle de la figure x, comme le quarré du côté AB eft au quarré du côté cherché ab, c'eft-à-dire, :: $\overline{AB}^2 : \overline{ab}^2$; or, on veut que ces deux furfaces foient auffi l'une à l'autre :: 3 : 2; il faut donc que $\overline{AB}^2 : \overline{ab}^2$ :: 3 : 2. Or, (*fig. 104*) $AB : BC :: BD : BE$, & par conféquent (*Arith.* 191) $\overline{AB}^2 : \overline{BC}^2 :: \overline{BD}^2 : \overline{BE}^2$; mais comme le triangle DBE eft rectangle, on a (168) $\overline{BD}^2 : \overline{BE}^2 :: DP : PE$, c'eft-à-dire, :: 3 : 2; donc $\overline{AB}^2 : \overline{BC}^2$ :: 3 : 2; donc auffi $\overline{AB}^2 : \overline{BC}^2 :: \overline{AB}^2 : \overline{ab}^n$; donc ab doit être égal à BC.

170. Il fuit encore de ce qu'on vient de dire (168), que *les quarrés des cordes* AC, AD, &c.

menées par l'extrémité d'un diamètre A B (fig. 105) , *font entre eux comme les parties* A P , A O *que coupent fur ce diamètre les perpendiculaires abaiffées des extrémités de ces cordes.*

Car en tirant les cordes BC & BD , on aura (168) dans le triangle rectangle ABC ;

$$\overline{AB}^2 : \overline{AC}^2 :: AB : AP,$$

& dans le triangle rectangle ADB ,

$$\overline{AD}^2 : \overline{AB}^2 :: AO : AB$$

donc (100) $\overline{AD}^2 : \overline{AC}^2 :: AO : AP.$

Des Plans.

171. Après avoir établi la mefure & les rapports des furfaces planes , il ne nous refte plus pour pouvoir paffer aux folides qu'à confidérer les propriétés des lignes droites dans leurs différentes pofitions à l'égard des plans , & celles des plans dans leurs différentes pofitions les uns à l'égard des autres ; c'eft ce dont nous allons nous occuper actuellement.

Nous ne fuppofons aux plans dont il va être queftion aucune grandeur ni aucune figure déterminée ; nous les fuppofons étendus indéfiniment dans tous les fens ; ce n'eft que pour aider l'imagination que nous leur donnons les figures par lefquelles nous les repréfentons ici.

172. *Une ligne droite ne peut être en partie dans un plan , & en partie élevée ou abaiffée à fon égard.*

Car le plan (5) eft une furface à laquelle une ligne droite s'applique exactement.

173. *Il en eft de même d'un plan à l'égard d'un autre plan.*

Car une ligne droite qu'on tireroit dans la partie plane commune à ces deux plans , pouvant être prolongée indéfiniment dans l'un & dans l'autre , fe trouveroit en partie dans l'un de ces plans , & en partie élevée ou abaiffée à fon égard , ce qui ne peut être (172).

174. *Deux lignes* A B, CD (fig. 106); *qui fe coupent , font dans un même plan.*

Car il eft évident qu'on peut faire paffer un plan par l'une *A B* de ces lignes , & par un point pris arbitrairement dans la feconde; & comme le point d'interfection *E* , en tant qu'appartenant à *A B* , eft dans ce même plan , la ligne *CD* a donc deux points dans ce plan : elle y eft donc toute entière.

175. *La rencontre ou l'interfection de deux plans , ne peut être qu'une ligne droite.*

Il eft évident qu'elle doit être une ligne , puifqu'aucun des deux plans n'a d'épaiffeur : de plus , elle doit être une ligne droite; car une ligne droite qu'on tireroit par deux points de cette interfection, eft néceffairement toute entière dans chacun des deux plans ; elle eft donc l'interfection même.

176. *On peut donc faire paffer par une même ligne droite une infinité de plans différens.*

177. Nous difons qu'*une ligne eft perpendiculaire à un plan*, quand elle ne penche d'aucun côté de ce plan.

178. *Une perpendiculaire* A B *à un plan* G E (fig. 107) *eft donc perpendiculaire à toutes les lignes* B C, B C, B C, *&c. qu'on peut mener par fon pied dans ce plan ;* car s'il y en avoit une à laquelle elle ne fût pas perpendiculaire, elle inclineroit vers cette ligne, & par conféquent vers le plan.

179. *La ligne* A B (fig. 108) *étant perpendiculaire au plan* G E, *fi par fon pied* B *on tire une ligne* B C *dans le plan* G E, *& qu'on conçoive que le plan* ABC *tourne autour de* AB ; *je dis que, dans ce mouvement, la ligne* BC *ne fortira point du plan* GE.

Imaginons le plan *A B C* arrivé dans une pofition quelconque *A B D* ; fi la ligne *B C*, qui alors eft en *B D*, n'étoit point dans le plan *G E*, le plan *A B D* rencontreroit donc le plan *G E* dans une ligne droite *B F*, à laquelle *A B* feroit perpendiculaire (178) ; *B F* feroit donc auffi perpendiculaire fur *A B* ; & comme *B D* eft fuppofée perpendiculaire fur *A B* au même point *B*, il s'enfuivroit donc qu'au même point B & dans un même plan $A B D$, on pourroit élever deux perpendiculaires à $A B$, ce qui (27) eft impoffible; donc $B F$ ne peut être différente de $B D$; donc $B C$ ne peut, dans fon mouvement autour de $A B$, fortir du plan $G E$.

180. *Donc, pour qu'une ligne droite* A B (fig. 108) *foit perpendiculaire à un plan* G E, *il fuffit qu'elle foit perpendiculaire à deux lignes* B C, B D *qui fe rencontrent à fon pied dans ce plan.*

Car fi l'on conçoit que le plan de l'angle droit $A B C$, tourne autour de $A B$, la ligne $B C$ tracera (179) un plan auquel $A B$ fera perpendiculaire; or je dis que ce plan ne peut être autre que le plan $G E$ des deux lignes $B C$ & $B D$; car l'angle $A B D$ étant droit, ainfi que l'angle $A B C$, la ligne $B C$, en tournant autour de $A B$, aura néceffairement la ligne $B D$ pour une de fes positions; donc $B D$ eft dans le plan tracé par $B C$; donc $A B$ eft perpendiculaire au plan $C B D$.

181. *Si d'un point* A *d'une droite* A I *oblique à un plan* G E (fig. 109), *on abaiffe une perpendiculaire* A B *fur ce plan, & qu'ayant joint les points* B & I *de la perpendiculaire & de l'oblique, par une droite* B I, *on mène à cette dernière une perpendiculaire* C D *dans le plan* G E; *je dis que* A I *fera auffi perpendiculaire à* C D.

Prenons, à commencer du point I, les parties

égales IC, ID, & tirons les lignes BC & BD; ces deux dernières lignes feront égales entre elles (29); donc les deux triangles ABC, ABD feront égaux; car outre l'angle ABC égal à l'angle ABD, comme étant chacun droit, le côté AB eft commun; & BC eft égal à BD felon ce qu'on vient de prouver: ils ont donc un angle égal compris entre deux côtés égaux chacun à chacun; ils font donc égaux; donc AD eft égal à AC; la ligne AI a donc deux points A & I également éloignés du point C & du point D; elle eft donc perpendiculaire fur CD (32).

182. *Un plan* eft dit *perpendiculaire à un autre plan*, quand il ne penche ni d'un côté ni de l'autre de ce dernier.

183. Donc, *par une même ligne* CD (fig. 110) *prife dans un plan* GE, *on ne peut conduire plus d'un plan perpendiculaire à ce plan* GE.

184. *Un plan* CK *eft perpendiculaire à un autre plan* GE, *quand il paffe par une droite* AB *perpendiculaire à celui-ci;* car il eft évident qu'il ne peut incliner d'aucun côté du plan GE.

185. *Si par un point* A *pris dans le plan* CK *perpendiculaire au plan* GE, *on mène une perpendiculaire* AB *à la commune fection* CD, *cette ligne fera auffi perpendiculaire au plan* GE.

Car fi elle ne l'étoit pas, on pourroit par le point B où elle tombe, élever une perpendiculaire au plan GE, & conduire par cette perpendiculaire & par la commune section CD, un plan qui (184) seroit perpendiculaire au plan GE ; on pourroit donc, par une même ligne CD, prise dans le plan GE, mener deux plans perpendiculaires à celui-ci ; ce qui est impossible (183) : donc AB est perpendiculaire au plan GE.

186. Donc *le plan* CK *étant perpendiculaire au plan* GE, *la perpendiculaire* AB *qu'on élèvera sur le plan* GE *par un point* B *de la section commune, sera nécessairement dans le plan* CK.

De cette proposition il suit que *deux perpendiculaires* BA, LM *à un même plan* GE, *sont parallèles.*

Car si l'on joint leurs pieds B & L par une ligne BL, & que par cette ligne & par AB on conduise un plan CK, ce plan sera perpendiculaire au plan GE (184) ; & puisque LM est alors une perpendiculaire au plan GE, menée par un point L du plan CK, elle sera donc dans le plan CK (186) ; or, puisque les deux lignes AB, LM sont toutes deux dans un même plan & perpendiculaires à la même ligne BL, elles sont parallèles (36 & 37).

187. Donc, *si deux droites* AB, CD (fig. 112) *sont parallèles chacune à une troisième* HF, *elles seront aussi parallèles entre elles ;* car les lignes AB, HF étant parallèles, peuvent être toutes

deux perpendiculaires à un même plan GE ; par la même raifon CD & HF peuvent être perpendiculaires au même plan GE ; donc AB & CD étant perpendiculaires à un même plan , feront parallèles.

188. *Si deux plans* CK, NL (fig. 111) *font perpendiculaires à un troifième* GE, *leur commune fection* AB *fera auffi perpendiculaire au plan* GE.

Car la perpendiculaire qu'on élèveroit par le point B fur le plan GE, doit être dans chacun de ces deux plans (186) ; elle ne peut donc être autre que l'interfection commune.

189. On appelle *angle-plan*, l'ouverture de deux plans GF, GE (*fig. 113*) qui fe rencontrent : cet angle s'appelle auffi l'*inclinaifon* de l'un de ces plans à l'égard de l'autre.

L'angle-plan formé par les deux plans GF, GE, n'eft autre chofe que la quantité dont le plan GF auroit dû tourner autour de AG pour venir dans fa fituation actuelle, s'il avoit été d'abord couché fur le plan GE.

190. De-là il eft aifé de voir que fi par un point B pris dans la commune fection AG, on mène dans le plan GE la perpendiculaire BD à AG, & dans le plan GF la perpendiculaire BC à la même ligne AG, l'angle formé par les deux plans eft la même chofe que l'angle formé par les deux lignes BD & BC; car il eft facile de voir

que pendant le mouvement du plan GF, la ligne
BC s'écarte de la ligne BD fur laquelle elle étoit
couchée au commencement du mouvement,
s'écarte, dis-je, de BD, précifément felon la
même loi, felon laquelle le plan GF s'écarte du
plan GE.

191. Donc *un angle-plan a même mefure que
l'angle rectiligne compris entre deux lignes tirées dans
chacun des deux plans qui le forment, perpendiculairement à la commune fection, & d'un même point de
cette ligne.*

De-là il eft fi aifé de conclure les propofitions
fuivantes : nous nous contenterons de les énoncer.

192. *Un plan qui tombe fur un autre plan,
forme deux angles, qui, pris enfemble, valent
180°.*

193. *Les angles formés par tant de plans qu'on
voudra, qui paffent tous par une même droite, valent 360°.*

194. *Deux plans qui fe coupent, font les angles oppofés au fommet, égaux.*

195. On appelle *plans parallèles* ceux qui ne
peuvent jamais fe rencontrer à quelque diftance
qu'on les imagine prolongés.

196. *Les plans parallèles font donc par-tout
également éloignés.*

197. *Si deux plans parallèles font coupés par
un troifième plan* (fig. 114), *les interfections* A B,

CD *seront deux droites parallèles* ; car comme elles font dans un même plan *A B CD* , elles ne pourroient manquer de se rencontrer si elles n'étoient pas parallèles , & alors il est évident que les plans se rencontreroient aussi.

198. *Deux plans parallèles , coupés par un troisième , ont les mêmes propriétés dans les angles qu'ils forment avec ce troisième , que deux lignes droites parallèles à l'égard d'une troisième droite qui les coupe.* C'est une suite de ce qui a été dit (191).

Propriétés des Lignes droites coupées par des plans parallèles.

199. *Si d'un point* I *pris hors du plan* GE (fig. 115) *on tire à différens points* K , L , M *de ce plan , des droites* I K , I L , I M , *& qu'on coupe ces droites par un plan* g e *parallèle au plan* G E , *je dis ,* 1°. *que ces droites seront coupées proportionnellement ;* 2°. *que la figure* k l m *sera semblable à la figure* K L M.

Ne suppofons d'abord que trois points *K, L, M.* Puifque les droites *k l* , *l m* , *m k* font les interfections des plans *I K L , I L M , I K M* avec le plan *g e* , elles font parallèles aux droites *K L , L M , M K* , interfections des mêmes plans avec le plan *G E* (197); donc les triangles *I K L , I L M ,*

IMK, font femblables aux triangles Ikl, Ilm, Imk, chacun à chacun ; donc $IK : Ik :: KL : kl :: IL : Il :: LM : Lm :: IM : Im :: MK : mk$; or, 1°. fi de cette fuite de rapports égaux on tire feulement ceux qui renferment les droites qui partent du point I, on aura $IK : Ik :: IL : Il :: IM : Im$; donc les droites IK, IL, IM font coupées proportionnellement.

2°. Si de la même première fuite de rapports égaux on tire ceux qui renferment les lignes comprifes dans les deux plans parallèles, on aura $KL : kl :: LM : lm :: KM : km$; donc les deux triangles KLM, klm font femblables, puifqu'ils ont les côtés proportionnels.

Suppofons maintenant tel nombre de points A, B, C, D, F, &c. qu'on voudra, on démontrera précifément de la même manière que les droites IA, IB, IC, &c. font coupées proportionnellement ; & fi l'on imagine les diagonales AC, AD, &c. ac, ad, &c. menées des deux angles correfpondans A & a, on démontrera auffi de la même manière que les triangles ABC, ACD, &c. font femblables aux triangles abc, acd, &c. chacun à chacun ; donc les deux polygones $ABCDF$, $abcdf$ étant compofés d'un même nombre de triangles femblables chacun à chacun, & femblablement difpofés, font femblables (133).

200. Puisque les deux figures KLM, klm font semblables, concluons-en que l'angle KLM est égal à l'angle klm, & par conséquent, *si deux droites* KL, LM, *qui comprennent un angle* KLM, *sont parallèles à deux droites* kl, lm, *qui comprennent un angle* klm, *l'angle* KLM *sera égal à l'angle* klm, *lors même que ces deux angles ne seront pas dans un même plan :* nous avons donné cette même proposition (43); mais nous supposions que les deux angles étoient dans un même plan.

201. Il suit encore de ce que les deux figures $ABCDF$ & $abcdf$ sont semblables, & de ce que les deux figures KLM, klm sont semblables; il suit, dis-je, que *les surfaces des deux sections* $abcdf$, klm *sont entre elles comme celles des deux figures* $ABCDF$, KLM.

Car $ABCDF : abcdf :: \overline{AB}^2 : \overline{ab}^2$ (161).

Mais les triangles semblables IAB, Iab donnent $AB : ab :: IA : Ia$.

Et par conséquent (*Arith.* 191) $\overline{AB}^2 : \overline{ab}^2 ::$

$\overline{IA}^2 : \overline{Ia}^2$ ou (199) $:: \overline{IM}^2 : \overline{IM}^2$, ou (à cause des triangles semblables IML, Iml) $:: \overline{LM}^2 : \overline{lm}^2$; & par conséquent (161) $:: KLM : klm$; donc $ABCDF : abcdf :: KLM : klm$, ou (*Arith.* 182) $ABCDF : KLM :: abcdf : klm$.

202. Cette démonstration fait voir en même

temps que les furfaces $ABCDF$, $abcdf$ font entre elles comme les quarrés de deux droites IA & Ia tirées du point I à deux points correfpondans de ces deux figures, & par conféquent (199) comme les quarrés des hauteurs ou perpendiculaires IP, Ip menées du point I fur les plans GE & ge.

Concluons donc, 1°. que fi les deux furfaces $ABCDF$, KLM étoient égales, les deux furfaces $abcdf$, klm feroient auffi égales.

2°. Que tout ce que nous venons de dire, auroit encore lieu fi le point I, au lieu d'être commun aux droites IA, IB, IC, &c. & aux droites IM, IL, &c. étoit différent pour chaque figure, pourvu qu'il fût à même hauteur au-deffus du plan ge.

IIIe SECTION.

Des Solides.

203. Nous avons nommé *Solide*, ou *Volume*, ou *Corps* (1), tout ce qui a les trois dimenfions, *Longueur*, *Largeur* & *Profondeur*.

Nous allons nous occuper de la mefure & des rapports des folides.

Nous confidérerons les folides terminés par des furfaces planes : & de ceux qui font renfermés par des furfaces courbes, nous ne confidérerons que le *cylindre*, le *cône* & la *fphère*.

Les folides terminés par des furfaces planes, fe diftinguent en général par le nombre & la figure des plans qui les renferment ; ces plans doivent être au moins au nombre de quatre.

204. Un folide, dont deux faces oppofées font deux plans égaux & parallèles, & dont toutes les autres faces font des parallélogrammes, s'appelle en général un *Prifme. Voyez figures* 116, 117, 118, 119.

On peut donc regarder le prifme comme engendré par le mouvement d'un plan *B D F* qui glif-

2

feroit parallèlement à lui-même le long d'une ligne droite *A B* (*fig. 116*).

Les deux plans parallèles fe nomment les *bafes* du prifme, & la perpendiculaire *L M* menée d'un point de l'une des bafes, fur l'autre bafe, fe nomme la *hauteur*.

De l'idée que nous venons de donner du prifme, il fuit qu'à quelque endroit qu'on coupe un prifme par un plan parallèle à fa bafe, la fection fera toujours un plan parfaitement égal à la bafe.

Les lignes telles que *B A*, qui font les rencontres de deux parallélogrammes confécutifs, font nommées les *arrêtes du prifme*.

Le prifme eft *droit*, lorfque fes arrêtes font perpendiculaires à la bafe; alors elles font toutes égales à la hauteur. *Voyez figures 117 & 119.*

Au contraire le prifme eft *oblique*, lorfque fes arrêtes inclinent fur la bafe.

Les prifmes fe diftinguent par le nombre des côtés de leur bafe; fi la bafe eft un triangle, le prifme eft dit *prifme triangulaire* (*fig. 116*) : fi la bafe eft un quadrilatère, on l'appelle *prifme quadrangulaire* (*fig. 117*), & ainfi de fuite.

Parmi les prifmes quadrangulaires, on diftingue plus particulièrement le *parallélipipède* & le *cube*.

Le *parallélipipède* eft un prifme quadrangulaire

dont les bafes , & par conféquent toutes les faces
font des parallélogrammes ; & lorfque le parallélogramme qui fert de bafe eft un rectangle , &
qu'en même temps le prifme eft droit , on l'appelle *parallélipipède* rectangle. *Voyez figure* 117.

Le parallélipipède rectangle prend le nom de
cube , lorfque la bafe eft un quarré , & que l'arrête *A B* (*fig.* 119) eft égale au côté de ce quarré.

Le cube eft donc un folide compris fous fix
quarrés égaux. C'eft avec ce folide qu'on mefure
tous les autres , comme nous le verrons dans
peu.

205. Le *cylindre* eft le folide compris entre
deux cercles égaux & parallèles , & la furface que
traceroit une ligne *A B* (*fig.* 120 & 121) , qui
glifferoit parallèlement à elle-même le long des
deux circonférences. Le cylindre eft *droit* quand
la ligne *C F* (*fig.* 120) , qui joint les centres des
deux bafes oppofées , eft perpendiculaire à ces
cercles : cette ligne *C F* s'appelle l'*axe* du cylindre ;
et le cylindre eft *oblique* , quand cette même ligne
C F incline fur la bafe.

On peut confidérer le cylindre droit comme
engendré par le mouvement du parallélogramme
rectangle *F C D E* tournant autour de fon côté
C F.

206. La *pyramide* eft un folide compris fous
plufieurs plans , dont l'un , qu'on appelle la *bafe* ,

eſt un polygone quelconque, & les autres, qui font tous des triangles, ont pour baſe les côtés de ce polygone, & ont tous leurs ſommets réunis en un même point, qu'on appelle le *ſommet* de la pyramide. *Voyez figures* 122, 123, 124.

La perpendiculaire *A M* menée du ſommet ſur le plan qui ſert de baſe, s'appelle la *hauteur* de la pyramide.

Les pyramides ſe diſtinguent par le nombre des côtés de leurs baſes; en ſorte que celle qui a pour baſe un triangle eſt appelée *pyramide triangulaire*; celle qui a pour baſe un quadrilatère, *pyramide quadrangulaire*, & ainſi de ſuite.

La pyramide eſt dite *régulière*, lorſque le polygone qui lui ſert de baſe eſt régulier, & qu'en même temps la perpendiculaire *A M* (*fig.* 124), menée du ſommet, paſſe par le centre de ce polygone.

La perpendiculaire *A G* menée du ſommet *A* ſur l'un *D E* des côtés de la baſe, s'appelle *apothème*.

Il eſt clair que tous les triangles qui aboutiſſent au point *A*, ſont égaux & iſocèles; car ils ont tous des baſes égales, & les arrêtes *A B*, *A C*, *A D*, &c. ſont toutes égales, puiſque ce ſont toutes des obliques également éloignées de la perpendiculaire *A M* (29).

Il n'eſt pas moins évident que tous les apo-thêmes ſont égaux.

207. Le *cône* (*fig. 125 & 126*) eſt le ſolide renfermé par le plan circulaire *B G D H* qu'on ap-pelle la baſe du cône, & par la ſurface que trace-roit une ligne *A B* tournant autour du point fixe *A*, & raſant toujours la circonférence *B G D H*.

Le point *A* s'appelle le *ſommet* du cône.

La perpendiculaire menée du ſommet ſur le plan de la baſe, ſe nomme la *hauteur* du cône : & le cône eſt *droit* ou *oblique*, ſelon que cette perpendiculaire paſſe (*fig. 125*), ou ne paſſe point (*fig. 126*) par le centre de la baſe.

On peut concevoir le cône droit comme en-gendré par le mouvement du triangle rectangle *A C D* (*fig. 125*), tournant autour du côté *A C*.

208. La *ſphère* eſt un ſolide terminé de tou-tes parts par une ſurface dont tous les points ſont également éloignés d'un même point.

On peut conſidérer la ſphère comme le ſolide qu'engendreroit le demi-cercle *A B D* (*fig. 128*), tournant autour du diamètre *A D* (*bb*).

« Il eſt évident que toute *coupe*, ou toute *ſec-tion* de la ſphère par un plan eſt un cercle. Si ce plan paſſe par le centre, la ſection s'appelle *grand cercle* de la ſphère ; & on appelle au contraire *petit cercle* toute ſection de la ſphère, par un plan qui ne paſſe point par le centre ».

Le *feƈteur fphérique* eſt le folide qu'engendreroit le feƈteur circulaire *B C A* tournant autour du rayon *A C*. La furface que décriroit l'arc *A B* dans ce mouvement, s'appelle *calotte fphérique*.

Le *fegment fphérique* eſt le folide qu'engendreroit le demi-fegment circulaire *A F B*, tournant autour de la partie *A F* du rayon.

Des Solides femblables.

209. Les *folides femblables* font ceux qui font compofés d'un même nombre de faces femblables chacune à chacune, & femblablement difpofées dans les deux folides.

210. *Les arrêtes homologues & les fommets des angles folides homologues, font donc des lignes & des points femblablement placés dans les deux fo-lides ;* car les arrêtes homologues, & les fommets des angles folides homologues, font des lignes & des points femblablement placés à l'égard des faces auxquelles ils appartiennent, puifque ces faces font fuppofées femblables ; or ces faces font femblablement difpofées dans les deux folides ; donc, &c.

211. Donc *les triangles qui joignent un angle folide & les extrémités d'une arrête homologue dans chaque folide, font deux figures femblables, & fem-blablement difpofées dans les deux folides ;* car les

extrémités des arrêtes homologues font elles-
mêmes les fommets d'angles folides homologues ,
qui font (210) femblablement placés à l'égard des
folides.

212. *Les diagonales qui joignent deux angles
folides homologues , font donc entre elles comme les
arrêtes homologues de ces folides ;* car elles font les
côtés des triangles femblables dont on vient de
parler , & qui ont pour un de leurs côtés des arrêtes homologues.

Donc deux folides femblables peuvent être partagés en un même nombre de pyramides femblables chacune à chacune par des plans conduits par
des angles homologues , & par deux arrêtes homologues. Car les faces de ces pyramidss feront
compofées de triangles femblables , & femblablement difpofés dans les deux folides (211) ; & les
bafes de ces mêmes pyramides feront auffi femblables , puifqu'elles font des faces homologues
des deux folides ; donc (209) ces pyramides feront femblables.

213. *Si de deux angles homologues on abaiffe
des perpendiculaires fur deux faces homologues , ces
perpendiculaires feront entre elles dans le rapport de
deux arrêtes homologues quelconques.*

Car les deux angles homologues étant femblablement difpofés à l'égard de deux faces homologues (210) , doivent néceffairement être à des

diſtances de ces faces, qui ſoient entre elles dans le rapport des dimenſions homologues des deux ſolides.

De la Meſure des Surfaces des Solides.

2 1 4. Les ſurfaces des priſmes & des pyra- mides étant compoſées de parallélogrammes, de triangles & de polygones rectilignes, nous pour- rions nous diſpenſer de rien dire ici ſur la manière dont on doit s'y prendre pour les meſurer, puiſ- que nous avons donné (145, 147 & 149) les moyens de meſurer les parties dont elles ſont compoſées. Mais on peut tirer de ce que nous avons dit à ce ſujet quelques conféquences, qui non-ſeulement ſerviront à ſimplifier les opérations qu'exigent ces meſures, mais nous feront encore utiles pour évaluer les ſurfaces des cylindres, des cônes & même de la ſphère.

2 1 5. *La ſurface d'un priſme quelconque (en n'y comprenant pas les deux baſes) eſt égale au pro- duit de l'une des arrêtes de ce priſme par le contour d'une ſection* b d f h k *(fig. 118), faite par un plan auquel cette arrête ſeroit perpendiculaire.*

Car puiſque l'arrête *A B* eſt ſuppoſée perpen- diculaire au plan *b d f h k*, les autres arrêtes qui ſont toutes parallèles à celle-là, feront auſſi per- pendiculaires au plan *b d f h k ;* donc réciproquement les droites bd, df, fh, hk, &c. feront perpendiculaires chacune fur l'arrête qu'elle coupe; en confidérant donc les arrêtes comme les bafes des parallélogrammes qui enveloppent le prifme, les lignes bd, df, fh en feront les hauteurs. Il faudra donc, pour avoir la furface du prifme, multiplier l'arrête AB, par la perpendiculaire bd; l'arrête CD, par la perpendiculaire df, & ainfi de fuite, & ajouter tous ces produits; mais comme toutes les arrêtes font égales, il eft évident qu'il revient au même d'en multiplier une feule AB, par la fomme de toutes les hauteurs, c'eft-à-dire, par le contour $bdfhk$.

216. Quand le prifme eft droit, la fection $bdfhk$ ne diffère pas de la bafe $BDFHK$, & l'arrête AB eft alors la hauteur du prifme; donc *la furface d'un prifme droit (en n'y comprenant point les deux bafes) eft égale au produit du contour de la bafe multipliée par la hauteur.*

217. Nous avons vu ci-deffus (136) qu'on pouvoit confidérer le cercle comme un polygone régulier d'une infinité de côtés; donc le cylindre peut être confidéré comme un prifme dont le nombre des parallélogrammes qui compofent la furface, feroit infini; donc,

La furface d'un cylindre droit eft égale au produit de la hauteur de ce cylindre, par la circonférence de fa bafe. Nous avons vu (152) comment on doit

s'y prendre pour avoir cette circonférence (*cc*).

A l'égard du cylindre oblique, il faut multiplier sa longueur *A B*, par la circonférence de la section *b g d h* (*fig. 121*), cette section étant faite comme il a été dit (215). La méthode pour déterminer la longueur de cette section, dépend de connoissances plus étendues que celles que nous avons données jusqu'ici ; dans la pratique, il faut se contenter de la mesurer mécaniquement en enveloppant le cylindre avec un fil (ou autre chose équivalente) qu'on aura soin d'assujettir dans un plan auquel la longueur *A B* de ce cylindre soit perpendiculaire.

218. *Pour la pyramide*, si elle n'est pas régulière, il faut chercher séparément la surface de chacun des triangles qui la composent, & ajouter ces surfaces.

Mais si elle est régulière, on peut avoir sa surface plus brièvement, en multipliant le contour de sa base par la moitié de l'apothême *A G* (*fig. 124*) ; car tous les triangles étant de même hauteur, il suffit de multiplier la moitié de la hauteur commune, par la somme de toutes les bases.

219. En considérant encore la circonférence d'un cercle comme un polygone régulier d'une infinité de côtés, on voit que le cône n'est au fond qu'une pyramide régulière, dont la surface

(non compris celle de la bafe) eft compofée d'une infinité de triangles, & que par conféquent *la furface convexe d'un cône droit eft égale au produit de la circonférence de fa bafe par la moitié du côté* A B *de ce cône* (fig. 105).

A l'égard de la furface du cône oblique, elle dépend d'une géométrie plus compofée ; ainfi nous n'en parlerons point ici. Au refte, la manière dont nous venons de confidérer le cône, donne le moyen de le mefurer à-peu-près lorfqu'il eft oblique. Il faut partager la circonférence de la bafe en un affez grand nombre d'arcs, pour que chacun puiffe être confidéré, fans erreur fenfible, comme une ligne droite, & alors on calculera la furface comme pour une pyramide qui auroit autant de triangles qu'on a d'arcs.

220. *Pour avoir la furface d'un tronc de cône droit, dont les bafes oppofées* B G D H, b g d h (*fig.* 127) *font parallèles ; il faut multiplier le côté* B b *de ce tronc par la moitié de la fomme des circonférences des deux bafes oppofées.*

En effet, on peut concevoir cette furface comme l'affemblage d'une infinité de trapèzes tels que E F *f e* dont les côtés E *e*, F *f* tendent au fommet A ; or la furface de chacun de ces trapèzes eft égale à la moitié de la fomme des deux bafes oppofées E F, *e f*, multipliée par la diftance de ces deux bafes (148) ; mais cette diftance ne diffère pas des côtés $E\,e$, $F\,f$, ou $B\,b$; donc pour avoir la somme de tous ces trapèzes, il faut multiplier la moitié de la somme de toutes les bases opposées, telles que $E\,F$, $e\,f$, c'est-à-dire, la moitié de la somme des deux circonférences par la ligne $B\,b$, hauteur commune de tous ces trapèzes.

221. Si par le milieu M du côté $B\,b$, on conduit un plan parallèle à la base, la section (199) sera un cercle dont la circonférence sera la moitié de la somme des circonférences des deux bases opposées, puisque son diamètre $M\,N$ (148) est la moitié de la somme de ceux des bases, & que (136) les circonférences sont entre elles comme leurs diamètres. Donc *la surface d'un cône tronqué à bases parallèles, est égale au produit du côté du tronc, par la circonférence de la section faite à distances égales des deux bases opposées.* Cette proposition va nous servir pour la démonstration de la suivante.

222. *La surface d'une sphère est égale au produit de la circonférence d'un de ses grands cercles multipliée par le diamètre.*

Concevez la demi-circonférence $A K D$ (*fig.* 129) divisée en une infinité d'arcs; chacun de ces arcs, tel que $K L$ étant infiniment petit, se confondra avec sa corde.

Menons par les extrémités de $K L$ les perpendiculaires $K E$, $L F$ au diamètre $A D$; & par le milieu I de KL ou de sa corde, menons IH parallèle à KE, & le rayon IC; ce rayon sera perpendiculaire sur KL (52); tirons enfin KM perpendiculaire sur IH ou sur LF. Si l'on conçoit que la demi-circonférence AKD tourne autour de AD, elle engendrera la surface de la sphère, & chacun de ses arcs KL engendrera la surface d'un côné tronqué, qui sera un élément de celle de la sphère. Nous allons voir que la surface de ce côné tronqué est égale au produit de KM ou EF multiplié par la circonférence qui a pour rayon IC ou AC.

Le triangle KML est semblable au triangle IHC, puisque ces deux triangles ont les côtés perpendiculaires l'un à l'autre, d'après ce qu'on vient de prescrire. Ces triangles semblables donneront donc (112) cette proportion $KL : KM :: IC : IH$; ou (puisque (136) les circonférences sont entre elles comme leurs rayons) $KL : KM :: cir. IC : cir. IH$ (*); donc puisque (*Arith.* 78) dans toute proportion le produit des extrêmes est égal au produit des moyens, $KL \times cir. IH$ est égal à $KM \times cir. IC$, ou (ce qui revient au même) est égal à $EF \times cir. AC$. Or (221) le

---

(*) Par ces expressions *cir. IC*, *cir. IH*, nous entendons la circonférence qui a pour rayon IC, la circonférence qui a pour rayon IH.

premier de ces produits exprime la surface du cône tronqué engendré par KL; donc ce cône tronqué est égal à $EF \times cir.\ AC$, c'est-à-dire, au produit de sa hauteur EF par la circonférence d'un grand cercle de la sphère. Et comme en prenant tout autre arc que KL, on démontreroit la même chose & de la même manière, on doit conclure que la somme des petits cônes tronqués qui composent la surface de la sphère est égale à la circonférence d'un des grands cercles, multipliée par la somme des hauteurs de ces cônes tronqués, laquelle somme compose évidemment le diamètre. Donc la surface de la sphère est égale à la circonférence d'un de ses grands cercles, multipliée par le diamètre.

223. Si l'on conçoit un cylindre (*fig. 130*) qui entoure la sphère en la touchant, & qui ait pour hauteur le diamètre de cette sphère, c'est-à-dire, si l'on conçoit un cylindre circonscrit à la sphère, on pourra conclure que la *surface de la sphère est égale à la surface convexe du cylindre circonscrit*; car (217) la surface de ce cylindre est égale au produit de la circonférence de la base, multipliée par la hauteur; or la circonférence de la base est celle d'un grand cercle de la sphère; & la hauteur est égale au diamètre; donc, &c.

224. Puisque (151) pour avoir la surface d'un cercle, il faut multiplier la circonférence

par la moitié du rayon ou le quart du diamètre, & que pour avoir celle de la sphère, il faut multiplier la circonférence par le diamètre, on doit donc dire que *la surface de la sphère est quadruple de celle d'un de ses grands cercles*.

225. La démonstration que nous venons de donner de la mesure de la surface de la sphère, prouve également que pour avoir la surface convexe du segment sphérique qu'engendreroit l'arc *AL* (*fig. 131*) tournant autour du diamètre *AD*, il faut multiplier la circonférence d'un grand cercle de la sphère, par la hauteur *AI* de ce segment ; & que pour avoir celle d'une portion de sphère comprise entre deux plans parallèles tels que *LKM*, *NRP*, il faut pareillement multiplier la circonférence d'un grand cercle de la sphère, par la hauteur *IO* de cette portion de sphère. Car on peut considérer ces surfaces, ainsi qu'on l'a fait pour la sphère entière, comme composées d'une infinité de cônes tronqués, dont chacun est égal au produit de sa hauteur par la circonférence d'un grand cercle de la sphère.

Des rapports des Surfaces des Solides.

226. Si deux folides dont on a deffein de comparer les furfaces, font terminés par des plans diffemblables & irréguliers, le feul parti qu'il y ait à prendre pour trouver le rapport de leurs furfaces, eft de calculer féparément la furface de chacun en mefures de même efpèce, & de comparer le nombre des mefures de l'une, au nombre des mefures de l'autre, c'eft-à-dire, par exemple, le nombre des pieds quarrés de l'une, au nombre des pieds quarrés de l'autre.

227. *Les furfaces des prifmes (en n'y comprenant point les bafes oppofées) font entre elles comme les produits de la longueur de ces prifmes, par le contour de la fection faite perpendiculairement à cette longueur.*

Car ces furfaces font égales à ces produits (215).

228. Donc *fi les longueurs font égales, les furfaces des prifmes feront entre elles comme le contour de la fection faite perpendiculairement à la longueur de chacun.* Car le rapport des produits de la longueur par le contour de cette fection, ne changera point fi l'on omet, dans chacun de ces produits, la longueur qui en eft facteur commun.

229. Donc *les furfaces des prifmes droits ou des cylindres droits de même hauteur, font entre elles* comme les contours des bases, quelque figure qu'aient d'ailleurs ces bases.

Et si, au contraire, *les contours des bases font les mêmes, & les hauteurs différentes, ces surfaces feront comme les hauteurs.*

230. *Les surfaces des cônes droits font entre elles comme les produits des côtés de ces cônes, par les circonférences des bases, ou par les rayons, ou par les diamètres de ces bases.*

Car ces surfaces étant égales chacune au produit de la circonférence de la base par la moitié du côté du cône (219), doivent être entre elles comme ces produits, & par conséquent comme le double de ces produits. D'ailleurs comme les circonférences ont entre elles le même rapport que leurs rayons ou leurs diamètres, on peut (99) substituer dans ces produits le rapport des rayons, ou celui des diamètres à celui des circonférences.

231. *Les surfaces des solides semblables font entre elles comme les quarrés de leurs lignes homologues.*

Car elles font composées de plans semblables, dont les surfaces font entre elles comme les quarrés de leurs côtés ou de leurs lignes homologues, lesquelles lignes font lignes homologues des solides, & proportionnelles à toutes les autres lignes homologues.

2

232. *Les furfaces de deux fphères font entre elles comme les quarrés de leurs rayons ou de leurs diamètres ;* car la furface d'une fphère étant quadruple de celle de fon grand cercle, les furfaces de deux fphères doivent être entre elles comme le quadruple de leurs grands cercles, ou fimplement comme leurs grands cercles, c'eft-à-dire (162), comme les quarrés des rayons ou des diamètres.

De la folidité des Prifmes.

233. Pour fixer les idées fur ce qu'on doit entendre par la *folidité* d'un corps, il faut fe repréfenter par la penfée une portion d'étendue de telle forme qu'on voudra, de la forme d'un cube, par exemple, mais qui ait infiniment peu de longueur, de largeur & de profondeur, & concevoir que la capacité d'un corps eft entièrement remplie de pareils cubes que nous nommerons *points folides.* La totalité de ces points forme ce que nous entendons par *folidité* d'un corps.

234. *Deux prifmes ou deux cylindres, ou un prifme & un cylindre de même bafe & de même hauteur, ou de bafes égales & de hauteurs égales, font égaux en folidité, quelque différentes que foient d'ailleurs les figures des bafes.*

Car fi l'on imagine ces corps, coupés par des

plans parallèles à leurs bafes, en tranches infiniment minces, & d'une épaiſſeur égale à celle des points ſolides dont on peut imaginer que ces corps ſont remplis, il eſt viſible que, dans chacun, chaque ſection étant égale à la baſe (204), le nombre de points ſolides dont chaque tranche fera compoſée, fera par-tout le même, & égal au nombre des points ſuperficiels de la baſe : & comme on ſuppoſe même hauteur aux deux ſolides, ils auront chacun le même nombre de tranches ; ils contiendront donc, en totalité, le même nombre de points ſolides ; donc ils ſont égaux en ſolidité.

De la meſure de la ſolidité des Priſmes & des Cylindres.

235. La conſidération des points ſolides dont nous venons de faire uſage, eſt principalement utile lorſque pour démontrer l'égalité de deux ſolides, on eſt obligé de conſidérer ces ſolides dans leurs élémens mêmes, en les décompoſant en tranches infiniment minces ; nous aurons encore occaſion de les conſidérer de cette manière. Mais lorſqu'on veut meſurer les capacités ou ſolidités des corps pour les uſages ordinaires, ce n'eſt point en cherchant à évaluer le nombre de leurs points ſolides qu'on y parvient ; car on conçoit

très-bien que dans tel corps que ce foit, il y a une infinité de ces fortes de points.

Que fait-on donc, à proprement parler, quand on mefure la folidité des corps? On cherche à déterminer combien de fois le corps dont il s'agit, contient un autre corps connu. Par exemple, quand on veut mefurer le parallélipipède rectangle $ABCDEFGH$ (*fig. 132*), on a pour objet de connoître combien ce parallélipipède contient de cubes, tels que le cube connu x; c'eft ordinairement en mefures cubiques qu'on évalue les folidités des corps.

Pour connoître la folidité du parallélipipède rectangle $ABCDEFGH$, il faut chercher combien fa bafe $EFGH$ contient de parties quarrées, telles que $efgh$; chercher pareillement combien la hauteur AH contient de fois la hauteur ah; & multipliant le nombre des parties quarrées de $EFGH$, par le nombre des parties de AH, le produit exprimera combien le parallélipipède propofé contient de cubes, tels que x, c'eft-à-dire, combien il contient de pieds-cubes, ou de pouces-cubes, &c. fi le côté ah du cube x eft d'un pied, ou d'un pouce.

En effet, on voit qu'on peut placer fur la furface $EFGH$ autant de cubes, tels que x, qu'il y a de quarrés, tels que $efgh$ dans la bafe $EFGH$. Tous ces cubes formeront un parallélipipède dont la hauteur HL fera égale à ah ; or il eft évident qu'on pourra placer dans le folide $ABCDEFGH$ autant de parallélipipèdes tels que celui-là, que la hauteur HL fera contenue de fois dans AH ; donc il faut répéter ce parallélipipède ou le nombre des cubes répandus fur $EFGH$, autant de fois qu'il y a de parties dans AH ; ou puifque le nombre de ces cubes eft le même que le nombre des quarrés contenus dans la bafe, il faut multiplier le nombre des quarrés contenus dans la bafe par le nombre des parties de la hauteur, & le produit exprimera le nombre de cubes contenus dans le parallélipipède propofé.

236. Puifqu'on a démontré (234) que les prifmes de bafes égales & de hauteurs égales, font égaux en folidité, il fuit de cette propofition, & de ce que nous venons de dire, que pour avoir le nombre des mefures cubes que renfermeroit le prifme quelconque $ACEGIKBDFH$ (*fig. 118*), il faut évaluer fa bafe $KBDFH$ en mefures quarrées, & fa hauteur LM en parties égales au côté du cube qu'on prend pour mefure, & multiplier le nombre des mefures quarrées qu'on aura trouvées dans la bafe, par le nombre des mefures linéaires de la hauteur, ce qu'on exprime ordinairement en difant : *la folidité d'un prifme quelconque eft égale au produit de la furface de fa bafe, par la hauteur de ce prifme.*

Mais nous devons obferver ici la même chofe que nous avons fait remarquer (145) à l'occafion des furfaces : de même qu'on ne peut pas dire avec exactitude, qu'on multiplie une ligne par une ligne, on ne peut pas dire non plus qu'on multiplie une furface par une ligne. C'eft, ainfi qu'on vient de le voir, un folide (dont le nombre des cubes eft le même que le nombre des quarrés de la bafe) qu'on répète autant de fois que fa hauteur eft comprife dans celle du folide total, c'eft-à-dire, autant de fois qu'il eft dans le folide qu'on veut mefurer.

237. Concluons de ce qui précède, que *pour avoir la folidité d'un cylindre droit ou oblique, il faut pareillement multiplier la furface de fa bafe, par la hauteur de ce cylindre,* puifqu'un cylindre eft égal à un prifme de même bafe & de même hauteur que lui (234).

De la Solidité des Pyramides.

238. Rappelons-nous ce qui a été dit (201), & en l'appliquant aux pyramides, nous en conclurons que fi l'on coupe deux pyramides *IABCDF, IKLM* (*fig. 115*) de même hauteur, par un même plan *ge* parallèle au plan de leur bafe (*),

---

(*) Nous fuppofons, pour plus de fimplicité, qu'on ait

les feétions *a b c d f*, *k l m* feront entre elles dans
le rapport des bafes *A B C D F*, *K L M*, & feront par conféquent égales fi ces bafes font égales.
Si l'on conçoit de nouveau ces pyramides coupées par un plan parallèle au plan *g c* & infiniment
près de celui-ci, on voit que les deux tranches folides comprifes entre ces deux plans infiniment
voifins doivent être auffi entre elles dans le rapport des bafes ; car le nombre des points folides
néceffaires pour remplir ces deux tranches d'égale
épaiffeur, ne peut dépendre que de la grandeur
des feétions correfpondantes. Cela pofé, comme
les deux pyramides font de même hauteur, on
ne peut pas concevoir plus de tranches dans l'une
que dans l'autre ; ainfi les tranches correfpondantes étant toujours dans le rapport des bafes,
les totalités de ces tranches, & par conféquent
les folidités des pyramides, feront entre elles
comme les bafes. Donc *les folidités de deux pyra-*
mides de même hauteur, font entre elles comme les
bafes de ces pyramides, & par conféquent *les py-*
ramides de bafes égales & de hauteurs égales, font
égales en folidité, quelque différentes que foient d'ail-
leurs les figures des bafes.

rendu le fommet commun, & qu'on ait placé les bafes fur un
même plan *G E*.

Mesure de la Solidité des Pyramides.

239. Puisque mesurer un corps n'est autre chose que chercher combien de fois il contient un autre corps connu, ou en général chercher quel est son rapport avec un autre corps connu, il ne s'agit donc pour pouvoir mesurer les pyramides, que de trouver leur rapport avec les prismes ; c'est ce que nous allons établir dans la proposition suivante.

240. *Une pyramide quelconque est le tiers d'un prisme de même base , & de même hauteur qu'elle.*

La démonstration de cette proposition se réduit à faire voir qu'une pyramide triangulaire est le tiers d'un prisme triangulaire de même base & de même hauteur qu'elle ; car on peut toujours concevoir un prisme , comme composé d'autant de prismes triangulaires, & une pyramide, comme composée d'autant de pyramides triangulaires qu'on peut concevoir de triangles dans le polygone qui sert de base à l'un & à l'autre. *Voyez figure 118.*

Or voici comment on peut se convaincre de la vérité de la proposition pour la pyramide triangulaire. Soit *A B C D E F* (*fig. 133*) un prisme triangulaire : concevez que sur les faces *A E , C E* de ce prisme on ait tiré les deux diagonales *B D , B F*, & que suivant ces diagonales on ait conduit un plan *B D F*, ce point détachera du prisme une

pyramide de même bafe & de même hauteur que
ce prifme, puifqu'elle a fon fommet en B dans la
bafe fupérieure, & qu'elle a pour bafe la bafe même
inférieure DEF du prifme : on voit cette pyramide ifolée dans la figure 134; & la figure 135
repréfente ce qui refte du prifme.

On peut fe repréfenter ce refte comme renverfé
ou couché fur la face $ADFC$; & alors on voit
que c'eft une pyramide quadrangulaire qui a pour
bafe le parallélogramme $ADFC$, & pour fommet le point B; donc fi l'on conçoit que dans la
bafe $ADFC$ on ait tiré la diagonale CD, on
pourra fe repréfenter que la pyramide totale
$ADFCB$ eft compofée de deux pyramides triangulaires $ADCB$, $CFDB$ qui auront pour bafes
les deux triangles égaux ACD, CDF, & pour
fommet commun le point B, & qui, par conféquent, feront égales (238). Or de ces deux pyramides, l'une, favoir la pyramide $ADCB$ peut
être conçue comme ayant pour bafe le triangle
ABC, c'eft-à-dire, la bafe fupérieure du prifme,
& pour fommet le point D qui a appartenu à la
bafe inférieure; cette pyramide eft donc égale à
la pyramide $DEFB$ (*fig. 134*), puifqu'elle a
même bafe & même hauteur que celle-ci; donc
les trois pyramides $DEFB$, $ADCB$, $CFDB$,
font égales entre elles; & puifque réunies, elles
compofent le prifme, il faut en conclure que

chacune eſt le tiers du priſme ; ainſi la pyramide *DEFB* eſt le tiers du priſme *ABCDEF* de même baſe & de même hauteur qu'elle.

241. Puiſqu'un cône peut être conſidéré comme une pyramide dont le contour de la baſe auroit une infinité de côtés , & le cylindre comme un priſme dont le contour de la baſe auroit auſſi une infinité de côtés, il faut en conclure qu'*un cône droit ou oblique eſt le tiers d'un cylindre de même baſe & de même hauteur.*

242. Donc *pour avoir la ſolidité d'une pyramide ou d'un cône quelconque , il faut multiplier la ſurface de la baſe par le tiers de la hauteur.*

243. A l'égard du tronc de pyramide ou de cône , lorſque les deux baſes oppoſées ſont parallèles , ce qu'il y a à faire pour en trouver la ſolidité , conſiſte à trouver la hauteur de la pyramide retranchée , & alors il eſt aiſé de calculer la ſolidité de la pyramide entière & de la pyramide retranchée , & par conſéquent celle du tronc. Par exemple , dans la figure 115 , ſi je veux avoir la ſolidité du tronc *KLM , klm ,* je vois (242) qu'il faut multiplier la ſurface *KLM* par le tiers de la hauteur *IP ;* multiplier pareillement la ſurface *klm* par le tiers de la hauteur *Ip ,* & retrancher ce dernier produit du premier ; mais comme on ne connoît ni la hauteur de la pyramide totale , ni celle de la pyramide retranchée , voici

comment on déterminera l'une & l'autre. On a vu ci-deſſus (199) que les lignes IL, IM, IP, &c. ſont coupées proportionnellement par le plan ge, & qu'elles ſont à leurs parties Il, Im, Ip comme $LM : lm$; on aura donc

$LM : lm :: IP : Ip$;

Donc (*Arith.* 184) $LM—lm : LM :: IP—Ip : IP$.

C'eſt-à-dire, $LM — lm : LM :: Pp : IP$.

Or quand on connoît le tronc, on peut aiſément meſurer les côtés LM, lm & la hauteur Pp ; on pourra donc, par cette proportion, calculer le quatrième terme IP (*Arith.* 179), ou la hauteur de la pyramide totale ; & en retranchant celle du tronc, on aura la hauteur de la pyramide retranchée.

De la ſolidité de la Sphère, de ſes Secteurs, & de ſes Segmens.

244. *Pour avoir la ſolidité d'une ſphère, il faut multiplier ſa ſurface par le tiers du rayon.*

Car on peut conſidérer la ſurface de la ſphère comme l'aſſemblage d'une infinité de plans infiniment petits, dont chacun ſert de baſe à une petite pyramide qui a ſon ſommet au centre de la ſphère, & qui, par conſéquent, a pour hauteur le rayon. Puis donc que chacune de ces petites pyramides eſt égale (242) au produit de ſa baſe parle tiers de ſa hauteur, c'eſt-à-dire, par le tiers du rayon, elles feront toutes enfemble égales au produit de la fomme de toutes leurs bafes par le tiers du rayon, c'eft-à-dire, égales au produit de la furface de la fphère par le tiers du rayon.

245. Puifque la furface de la fphère eft (224) quadruple de celle d'un de fes grands cercles, *on peut donc, pour avoir la folidité d'une fphère, multiplier le tiers du rayon par quatre fois la furface d'un des grands cercles, ou quatre fois le tiers du rayon par la furface d'un des grands cercles, ou enfin les $\frac{2}{3}$ du diamètre par la furface d'un des grands cercles.*

246. Pour avoir la folidité d'un cylindre, nous avons vu qu'il falloit multiplier la furface de la bafe par la hauteur; s'il s'agit donc du cylindre circonfcrit à la fphère (*fig. 130*), on peut dire que fa folidité eft égale au produit d'un des grands cercles de la fphère par le diamètre; or celle de la fphère (245) eft égale au produit d'un des grands cercles par les $\frac{2}{3}$ du diamètre; donc *la folidité de la fphère n'eft que les $\frac{2}{3}$ de celle du cylindre circonfcrit (dd).*

247. La calotte fphérique *A G B H E A* qui fert de bafe à un fecteur fphérique *C B G E H A* (*fig. 128*) peut être auffi confidérée comme l'affemblage d'une infinité de plans infiniment petits; & par conféquent le fecteur fphérique lui-même peut être confidéré comme l'affemblage d'une infinité de pyramides qui ont toutes pour hauteur

le rayon , & dont la totalité des bafes forme la furface de ce feĉteur ; donc *le feĉteur fphérique eſt égal
au produit de la furface de la calotte par le $\frac{1}{3}$ du rayon.*
Nous avons vu (225) comment on trouve la fur-
face de la calotte.

248. A l'égard du fegment, comme il vaut
le feĉteur *C B G E H A* moins le cône *C B G E H;*
ayant enfeigné (247) & (242) la manière de trouver la folidité de ces deux corps , il ne nous reſte
rien à dire fur cet article (*ee*).

De la mefure des autres Solides.

249. Pour les autres folides terminés par des
furfaces planes , la méthode qui fe préfente natu-
rellement pour les mefurer , c'eſt de les imaginer
compofés de pyramides qui aient pour bafes ces
furfaces planes , & pour fommet commun l'un
des angles du folide dont il s'agit ; mais outre que
cette méthode eſt rarement la plus commode, elle
eſt d'ailleurs moins expéditive & moins propre
pour la pratique, que la fuivante que nous expoferons ici d'autant plus volontiers qu'elle peut être
employée utilement à la mefure de la folidité de
la carêne des vaiſſeaux , comme nous le ferons
voir quand nous aurons établi les propofitions
fuivantes.

250. Nous appellerons *prifme tronqué* , le fo-

lide $ABCDEF$ (*fig. 136*) qui refte lorfqu'on a féparé une partie d'un prifme par un plan ABC incliné à la bafe.

251. *Un prifme triangulaire tronqué, eft com-pofé de trois pyramides qui ont chacune pour bafe la bafe* DEF *du prifme, & dont la première a fon fom-met en* B, *la feconde en* A, *la troifième en* C.

Avec une légère attention, on peut fe repré-fenter le prifme tronqué, comme compofé de deux pyramides, l'une triangulaire qui aura fon fommet au point B, & pour bafe le triangle DEF; la feconde qui aura auffi fon fommet au point B, mais qui aura pour bafe le quadrilatère $ADFC$.

Si l'on tire la diagonale AF, on peut fe repré-fenter la pyramide quadrangulaire $BADFC$ comme compofée de deux pyramides triangulaires $BADF$, $BACF$; or la pyramide $BADF$ eft égale en folidité à une pyramide $EADF$, qui ayant la même bafe ADF, auroit fon fommet au point E; car la ligne BE étant parallèle au plan ADF, ces deux pyramides auront même hauteur; mais la pyramide $EADF$ peut être con-fidérée comme ayant pour bafe EDF, & fon fommet au point A; voilà donc jufqu'ici deux des trois pyramides dont nous avons dit que le prifme tronqué doit être compofé; il ne refte donc plus qu'à faire voir que la pyramide $BACF$ eft équivalente à une pyramide qui auroit auffi

pour bafe EDF, & qui auroit fon fommet en
C ; or c'eft ce qu'il eft facile de voir en tirant la
diagonale CD, & faifant attention que la pyramide $BACF$ doit être égale à la pyramide
$EDCF$; parce que ces deux pyramides ont leurs
fommets B & E dans la même ligne BE parallèle au plan $ACFD$ de leurs bafes ; & que ces
bafes ACF & CFD font égales, puifque ce font
des triangles qui ont même bafe CF, & qui font
compris entre les parallèles AD & CF. Ainfi, la
pyramide $BACF$ eft égale à la pyramide $EDCF$;
mais celle-ci peut être confidérée comme ayant
pour bafe DEF & fon fommet en C ; donc en
effet le prifme tronqué eft compofé de trois pyramides qui ont pour bafe commune le triangle
DEF, & dont la première a fon fommet en B ;
la feconde en A, la troifième en C.

252. Donc *pour avoir la folidité d'un prifme
triangulaire tronqué, il faut abaiffer de chacun des
angles de la bafe fupérieure une perpendiculaire fur
la bafe inférieure, & multiplier la bafe inférieure par
le tiers de la fomme de ces trois perpendiculaires.*

253. On peut tirer de cette propofition plufieurs conféquences pour la mefure des prifmes
tronqués autres que les triangulaires, & même
pour d'autres folides ; fi l'on conçoit, par exemple,
que de tous les angles d'un folide terminé par des
furfaces planes, on mène fur un même plan, pris

comme on le voudra des perpendiculaires, on fera naître autant de prifmes tronqués, qu'il y aura de faces dans le folide ; comme chaque prifme tronqué devient facile à mefurer, d'après ce que nous venons de dire, tout folide terminé par des furfaces planes, fe mefurera donc auffi facilement par les mêmes principes; nous n'entrerons pas dans ce détail ; nous nous bornerons à en tirer une conféquence utile à notre objet (*ff*).

254. Soit donc $ABCDEFGH$ (*fig. 137*) un folide compofé de deux prifmes triangulaires tronqués $ABCEFG$, $ADCEHG$, dont les arrêtes AE, BF, CG, DH foient perpendiculaires à la bafe, & qui foient tels que les bafes EFG, EHG forment le parallélogramme $EFGH$, & que les bafes fupérieures foient, pour plus de généralité, deux plans différemment inclinés à la bafe $EFGH$. Il fuit de ce qui a été dit ci-deffus (252) que le folide $ABCDEFG$ eft égal au triangle EFG multiplié par $\dfrac{BF+2AE+2GC+HD}{3}$;

car le prifme tronqué $ABCEFG$ eft égal (252) au triangle EFG multiplié par $\dfrac{BF+AE+GC}{3}$; &

par la même raifon, le prifme tronqué $ADCEHG$ eft égal au triangle EHG, ou (ce qui revient au même) au triangle EFG multiplié par

$\dfrac{AE + GC + HD}{3}$; donc la totalité de ces deux prif-

mes tronqués eft égale au triangle EFG mul-

tiplié par $\dfrac{BF + 2AE + 2GC + HD}{3}$.

Soit maintenant un folide (*fig. 138*) compris
entre deux plans $ABLM$, $ablm$ parallèles, deux
autres plans $ABba$, $MLlm$, parallèles entre
eux & perpendiculaires aux deux autres, un plan
$BLlb$ perpendiculaire à ceux-là ; & enfin la furface courbe $AHMmha$; & concevons ce folide
coupé par des plans Cd, Ef, Gh, &c. parallèles à $ABba$, également diftans les uns des autres, & affez près pour qu'on puiffe regarder AD,
ad, DF, df, &c. comme des lignes droites ; fuppofons enfin que les deux plans $ABLM$, $ablm$
font affez près l'un de l'autre pour qu'on puiffe
regarder, fans erreur fenfible, les feétions Dd,
Ff, Hh, &c. comme des lignes droites ; il eft
vifible que les folides partiels $ADdabBCc$,
$DFfdcCEe$, &c. font dans le cas du folide
de la figure 137. Donc la totalité de ces folides fera égale au triangle bBC multiplié par

$$\frac{AB + 2ab + 2CD + cd}{3} + \frac{CD + 2cd + 2EF + ef}{3}$$

$$+ \frac{EF + 2ef + 2GH + gh}{3} + \frac{GH + 2gh + 2IK + ik}{3}$$

$$+ \frac{IK + 2ik + 2LM + lm}{3}, \text{ c'eft-à-dire, en réu-}$$

niſſant les quantités ſemblables , ſera égale au triangle bBC multiplié par $\frac{1}{3}AB + \frac{2}{3}ab + CD + cd + EF + ef + GH + gh + IK + ik + \frac{2}{3}LM + \frac{1}{3}lm$; & comme le triangle bBC eſt égal à $\frac{Bb \times BC}{2}$, le ſolide entier ſera égal à $\frac{Bb + BC}{2}$ $\times (\frac{1}{3}AB + \frac{2}{3}ab + CD + cd + EF + ef + GH + gh + IK + ik + \frac{2}{3}LM + \frac{1}{3}lm)$.

Dans la vue de rendre cette expreſſion plus ſimple , remarquons que ſi au lieu de $\frac{1}{3}AB + \frac{2}{3}ab + \frac{2}{3}LM + \frac{1}{3}lm$ que l'on a entre les deux parenthèſes , on avoit la quantité $\frac{1}{2}AB + \frac{1}{2}ab + \frac{1}{2}LM + \frac{1}{2}lm$, le ſolide en queſtion ſeroit égal à la moitié de la ſomme des deux ſurfaces $ABLM$, $ablm$, multipliée par l'épaiſſeur Bb ; car (154) la ſurface $ABLM$ eſt égale à $BC \times (\frac{1}{2}AB + CD + EF + GH + IK + \frac{1}{2}LM)$ & la ſurface $ablm$ eſt , par la même raiſon égale à bc ou BC $\times (\frac{1}{2}ab + cd + ef + gh + ik + \frac{1}{2}lm)$; donc la moitié de la ſomme de ces deux ſurfaces multipliée par l'épaiſſeur Bb ſeroit $\frac{Bb \times BC}{2} \times (\frac{1}{2}AB + \frac{1}{2}ab + CD + cd + EF + ef + GH + gh + IK + ik + \frac{1}{2}LM + \frac{1}{2}lm)$; donc la ſolidité en queſtion ne diffère de ce produit que de la quantité dont $\frac{Bb \times BC}{2} \times (\frac{1}{2}AB + \frac{2}{3}ab + \frac{2}{3}LM + \frac{1}{3}lm)$ ſurpaſſe la quantité $\frac{Bb \times BC}{2} + (\frac{1}{3}AB +$

$\frac{1}{2} ab + \frac{1}{2} LM + \frac{1}{2} lm$) ; or il eſt aiſé de voir (*Arith.* 103) que cette différence eſt $\frac{Bb \times BC}{2} \times$ ($\frac{1}{6} ab - \frac{1}{6} AB + \frac{1}{6} LM - \frac{1}{6} lm$) ; donc le ſolide cherché eſt égal à $\frac{Bb \times BC}{2} \times$ ($\frac{1}{2} AB + \frac{1}{2} ab +$ $CD + cd + EF + ef + GH + gh + IK +$ $ik + \frac{1}{2} LM + \frac{1}{2} lm$) $+ \frac{Bb \times BC}{2} \times$ ($\frac{1}{6} ab - \frac{1}{6}$ $AB + \frac{1}{6} LM - \frac{1}{6} lm$) ; or il eſt aiſé de re-marquer que $\frac{1}{6} ab - \frac{1}{6} AB + \frac{1}{6} LM - \frac{1}{6} lm$ eſt une quantité fort petite en comparaiſon de celle qui eſt entre les deux premières parenthèſes, puiſ-que les deux plans $ABLM$, $ablm$ étant ſup-poſés peu diſtans, la différence de AB à ab, & celle de LM à lm ne peuvent être que de fort pe-tites quantités ; on peut donc réduire la valeur de ce ſolide, à $\frac{Bb \times BC}{2} \times$ ($\frac{1}{2} AB + \frac{1}{2} ab +$ $CD + cd + EF + ef + GH + gh + IK +$ $ik + \frac{1}{2} LM + \frac{1}{2} lm$), c'eſt-à-dire, à Bb $\times \left(\frac{ABLM + ablm}{2} \right)$.

On peut donc dire que pour avoir la ſolidité d'une tranche de ſolide compriſe entre deux ſur-faces planes parallèles, de telle figure qu'on vou-dra, & peu diſtantes l'une de l'autre, il faut mul-tiplier la moitié de la ſomme de ces deux ſurfaces par l'épaiſſeur de cette tranche.

255. Si l'épaiſſeur Bb de la tranche étoit trop conſidérable pour qu'on pût regarder Aa, Dd comme des lignes droites, il faudroit concevoir le ſolide partagé en pluſieurs tranches d'égale épaiſſeur, par des plans parallèles à l'une des ſurfaces $ABLM$, $ablm$; & meſurant ces ſurfaces $ABLM$, $ablm$ & leurs parallèles, on auroit la ſolidité en ajoutant toutes les ſurfaces intermédiaires, & la moitié de la ſomme des deux extrêmes $ABLM$, $ablm$, & multipliant le tout par l'épaiſſeur d'une des tranches; c'eſt une ſuite immédiate de ce que nous venons de dire.

L'application de ceci à la meſure de la partie de la carène, que la charge du navire fait plonger dans la mer eſt maintenant très-facile. On meſurera la ſurface des deux coupes horizontales faites à fleur d'eau, lorſque le navire eſt chargé, & lorſqu'il eſt vide. On ajoutera ces deux ſurfaces, & on multipliera la moitié de leur ſomme, par la diſtance de ces deux ſurfaces, c'eſt-à-dire, par l'épaiſſeur de la tranche qu'elles comprennent.

Si l'on vouloit avoir la ſolidité de la carène entière, on feroit uſage de ce qui vient d'être dit (255); mais il faudroit la conſidérer comme coupée en pluſieurs tranches, non pas parallèles à la coupe faite à fleur d'eau, mais perpendiculaires à la longueur du navire.

Lorſqu'on meſure le volume de la partie de la carène que la charge fait plonger, on peut ſe contenter de meſurer la ſurface de la coupe priſe à égale diſtance des deux coupes dont nous avons parlé ci-deſſus, & la multiplier, comme ci-devant, par l'épaiſſeur de la tranche ; car cette coupe moyenne différera toujours très-peu de la moitié de la ſomme des deux autres.

Parmi quelques-uns des objets que nous conſidérerons dans l'application de l'Algèbre à la Géométrie, on trouvera des méthodes plus rigoureuſes ; néanmoins celles que nous venons d'expoſer, ſeront toujours ſuffiſantes, tant qu'on aura ſoin de meſurer les ſurfaces avec aſſez d'exactitude, & de multiplier les tranches lorſque l'épaiſſeur eſt conſidérable.

Nous verrons, dans la quatrième partie de ce Cours, que la charge du navire eſt égale au poids d'un volume d'eau égal au volume de la partie de la carène qu'elle fait plonger ; lors donc qu'on a évalué ce volume en pieds cubes, ſi l'on veut connoître la peſanteur de la charge, il n'y a qu'à multiplier le nombre des pieds - cubes par 72 ℔ qui eſt à-peu-près le poids d'un pied-cube d'eau de mer ; mais comme on évalue toujours cette charge en tonneaux, au lieu de multiplier par 72, pour diviſer enſuite par 2000, ce qui ſeroit néceſſaire pour réduire en tonneaux, on diviſera ſeulement le nombre des pieds-cubes par 28, parce que 28 fois 72 faiſant à-peu-près 2000, autant de fois il y aura 28 dans la ſolidité me-ſurée, autant il y aura de tonneaux.

Du Toiſé des Solides.

256. Après ce que nous avons dit (155) ſur le toiſé des ſurfaces, il doit y avoir fort peu de choſes à dire ſur le toiſé des ſolides.

Pour évaluer un ſolide en toiſes-cubes, & en parties de la toiſe-cube, on peut s'y prendre de deux manières principales. La première eſt de compter par toiſes-cubes & par parties-cubes de la toiſe-cube, c'eſt-à-dire, par toiſes-cubes, pieds-cubes, pouces-cubes, &c.

La *toiſe-cube* ou *cubique* contient 216 pieds-cubes, parce que c'eſt un cube qui a 6 pieds de long, 6 pieds de large, & 6 pieds de haut.

Le *pied-cube* contient 1728 pouces-cubes, parce que c'eſt un cube qui a 12 pouces de long ſur 12 pouces de large, & 12 pouces de haut.

Par la même raiſon, on voit que le *pouce-cube* contient 1728 lignes-cubes, & ainſi de ſuite.

257. Donc pour évaluer un ſolide en toiſes-cubes & parties-cubes de la toiſe-cube, il faudra réduire chacune de ſes trois dimenſions à la plus petite eſpèce ; multiplier deux de ces dimenſions

ainfi réduites, l'une par l'autre, & le produit ré-
fultant par la troifième ; & pour réduire en lignes-cubes, pouces-cubes, pieds-cubes & toifes-
cubes (en fuppofant que la plus petite efpèce ait
été des points), on divifera fucceffivement par
1728, 1728, 1728 & 216 ; ou feulement par
1728, 1728 & 216, fi la plus petite efpèce eft
feulement des lignes, & ainfi de fuite.

Par exemple, fi l'on a un parallélipipède qui
ait 2^T 4^P 8^p de long, 1^T 3^l de large, & 3^T 5^P 7^P
de haut, on réduira ces trois dimenfions à 200^P,
108^P, & 283^P qui étant multipliés, favoir 200
par 108, & le produit 21600^{PP} par 283^P, donneront 6112800 pouces-cubes, ou 6112800^{PPP} ; divifant donc par 1728, on aura 3537 pieds-cubes
ou 3537^{PPP} & 864 de refte, c'eft-à-dire, 864^{PPP} ;
divifant 3537^{PPP} par 216, on aura 16 toifes-
cubes ou 16^{TTT} & 81^{PPP}, en forte que le parallélipipède en queftion, contient 16^{TTT} 81^{PPP}
864^{PPP}.

258. Dans la feconde manière d'évaluer les
folides, en toifes-cubes & parties de la toife-cube,
on fe repréfente la toife-cube partagée en fix parallélipipèdes, qui ont tous une toife quarrée de
bafe, fur un pied de haut, & que pour cette raifon on appelle *toife-toife-pieds*. On conçoit de
même la toife-toife-pied, partagée en 12 parallélipipèdes, qui ont chacun une toife quarrée de

bafe & un pouce de haut , & qu'on appelle *toife-toife-pouces ;* on fubdivife de même , chacune de celles-ci , en 12 parallélipipèdes , qui ont chacun une toife quarrée de bafe fur une ligne de haut ; & on continue de fubdivifer en parallélipipèdes , qui ont conftamment une toife quarrée de bafe fur un point , une prime , une feconde , &c. de haut ; en forte que les fubdivifions font abfolument analogues à celle de la toife linéaire , comme nous avons vu que l'étoient celles de la toife quarrée ; & les noms de ces différentes fubdivifions ne diffèrent de ceux qui font relatifs à la toife quarrée , qu'en ce que le mot *toife* y eft énoncé deux fois.

Les multiplications relatives à cette divifion de la toife-cube , font abfolument les mêmes que celles que nous avons enfeignées relativement à la toife quarrée.

A l'égard de la nature des unités des facteurs , on doit regarder l'un d'entre eux comme exprimant des toifes-cubes, toife-toife-pieds, toife-toife-pouces , &c. & les deux autres comme marquant des nombres abftraits , dont le produit exprimera combien de fois on doit répéter ce premier facteur. Par exemple , en reprenant le parallélipipède que nous venons de calculer ci-deffus , & fuppofant que la longueur AD (*fig. 139*) eft de $2^T 4^P 8^p$, la largeur AB de $1^T 3^P$, & la hauteur

AL de 3^{T} 5^{P} 7^{p}; fi l'on prend AI & AE chacun d'une toife, & qu'on fe repréfente le parallélipipède $AIFEHGKD$, il eft vifible que ce parallélipipède eft de 2^{TTT} 4^{TTP} 8^{TTp}, puifqu'il a une toife quarrée de bafe fur une longueur de 2^{T} 4^{P} 8^{p}. Or pour avoir la folidité du parallélipipède total, on voit qu'il faut répéter ce parallélipipède partiel, d'abord autant de fois que fa largeur AI eft contenue dans la largeur AB, c'eft-à-dire, une fois & demie, ou autant que le marque 1^{T} 3^{P}; puis répéter ce produit autant de fois que la hauteur AE eft contenue dans la hauteur AL, c'eft-à-dire, autant de fois que le marque 3^{T} 5^{P} 7^{P}, confidéré comme nombre abftrait.

Mais pour fe guider aifément dans ces multiplications, on laiffera aux facteurs les fignes de la toife tels qu'ils les ont; il fuffit de favoir que le produit doit être des toifes-cubes, toife-toife-pieds, &c. ainfi, en opérant comme au toifé des furfaces, on trouvera comme il fuit:

$$2^T \quad 4^P \quad 8^F$$
$$1^T \quad 3^P$$

$$2^{TT} \quad 0^{TP} \quad 0^{TP}$$

0	3	
0	1	
0	0	4
0	0	4
1	2	4

$$4^{TT} \quad 1^{TP} \quad 0^{TP}$$
$$3^T \quad 5^P \quad 7^P$$

$$12^{TTT} \quad 0^{TTP} \quad 0^{TTp} \quad 0^{TTl}$$

0	3	0	
2	0	6	
0	4	2	
0	4	2	
0	2	1	
0	0	4	2

$$16^{TTT} \quad 2^{TTP} \quad 3^{TTp} \quad 2^{TTl}$$

259. Il eſt aiſé de convertir ces parties de la toiſe en parties cubes, c'eſt-à-dire, pieds-cubes, pouces-cubes, &c. Il faut écrire ſous les parties

de la toife, à commencer des toife-toife-pieds les nombres 36, 3, $\frac{1}{4}$; 36, 3, $\frac{1}{4}$ confécutivement, & multiplier chaque nombre fupérieur par fon correfpondant inférieur; porter les produits des nombres 36, 3, $\frac{1}{4}$ chacun au-deffous du premier de ces nombres; & lorfqu'en multipliant par $\frac{1}{4}$, il reftera 1 ou 2 ou 3, on écrira fous le nombre 36 fuivant, 432, ou 864, ou 1296, pour commencer une feconde colonne. Appliquant ceci à l'exemple que nous venons de donner,

$$16^{TTT} \quad 2^{TTP} \quad 3^{TTp} \quad 2^{TTl} \quad 0^{TTpt}$$
$$36 \qquad 3 \qquad \tfrac{1}{4} \qquad 36$$

$$61^{TTT} \quad 72^{PPP} \ldots\ldots 864^{PPP}$$
$$9$$

$$16^{TTT} \; 81^{PPP} \; 864^{PPP}$$

on trouve le même produit que par la première méthode.

On multiplie les toife-toife-pieds par 36, parce que la toife-toife-pied ayant un pied de haut fur une toife quarrée ou 36 pieds quarrés de bafe, doit contenir 36 pieds-cubes. La toife-toife-pouce étant la douzième partie de la toife-toife-pied, doit contenir la douzième partie de 36 pieds-cubes, c'eft-à-dire, trois pieds-cubes; il faut donc

multiplier par 3 , les toife-toife-pouces. Pareillement la toife-toife-ligne étant la douzième partie
de la toife-toife-pouce, doit contenir la douzième
partie de 3 pieds-cubes ou un quart de pied-cube,
ou (à caufe que le pied-cube vaut 1728 pouces-
cubes) elle doit contenir 432^{ppp} ; en raifonnant
de même, on voit que la toife-toife-point vaudroit 3 6$_{ppp}$, parce qu'elle eft la douzième partie
de la toife-toife-ligne qui vaut 432^{ppp}, dont la
douzième partie eft 36 ; donc , &c.

Donc réciproquement pour ramener les parties-
cubes de la toife-cube à des toife-toife-pieds ,
toife-toife-pouces, &c. il faudra divifer par 36
le nombre des pieds-cubes, & l'on aura les toife-
toife-pieds : on divifera le refte de cette divifion
par 3 , & l'on aura les toife-toife-pouces. On
multipliera par 4 le refte de cette feconde divifion,
& au produit on ajoutera 1 , ou 2 , ou 3 unités,
felon que le nombre des pouces-cubes fera entre
432 & 864 , ou 864 & 1296 , ou 1296 & 1728 ,
& l'on aura les toife-toife-lignes ; puis retranchant du nombre des pouces-cubes le nombre 432,
ou 864 , ou 1296 , felon qu'on aura ajouté 1 , ou
2 , ou 3 unités , on opérera fur le refte, comme
on a opéré fur les pieds-cubes, & l'on aura confécutivement les toife-toife-points , les toife-toife-
primes , & les toife-toife-fecondes; enfin on continuera de la même manière pour les lignes-cubes,&c.

Par exemple, fi l'on demande de réduire en toife-toife-pieds, toife-toife-pouces, &c. le nombre $47^{TTT}\ 52^{PPP}\ 932^{PPP}$; je divife 52 par 36, & j'ai 1^{TP}, & un refte de 16; je divife celui-ci par 3, & j'ai 5^{TTp} & un refte de 1; je quadruple ce refte, & j'y ajoute 2 unités, parce que le nombre des pouces-cubes eft entre 864 & 1296, & j'ai 6^{TTl}. Retranchant 864 de 932, il refte 68; je le divife par 36, & j'ai 1^{TTpl}, & 32 de refte; je divife celui-ci par 3, & j'ai $10^{TT'}$, & 2 de refte; je quadruple ce refte, & j'ai $8^{TT''}$; en forte que j'ai, en total, $47^{TTT}\ 1^{TTP}\ 5^{TTp}\ 6^{TTl}\ 1^{TTpl}\ 10^{TT'}\ 8^{TT''}$ (gg).

260. Puifque pour avoir la folidité d'un prifme, il faut multiplier la furface de fa bafe par fa hauteur, il s'enfuit que fi connoiffant la folidité & la bafe ou la hauteur, on veut avoir la hauteur ou la bafe, il faut divifer la folidité par celui de ces deux facteurs que l'on connoîtra. Mais il faut obferver que dans l'exactitude, ce n'eft point véritablement la folidité que l'on divife par la furface ou par la hauteur; mais c'eft un folide que l'on divife par un folide. En effet, d'après ce qui a été dit ci-deffus, on voit que lorfqu'on évalue un folide, on répète un autre folide de même bafe, autant de fois que la hauteur de celui-ci eft contenue dans la hauteur du premier, ou bien on répète un folide de même hauteur,

autant de fois que la furface de la bafe de celui-
ci eft comprife dans la bafe de celui-là. Donc
quand on voudra, connoiffant la folidité & la
furface de la bafe, par exemple, connoître la
hauteur, il faudra chercher combien de fois la folidité propofée contient celle d'un folide de même
bafe, & le quotient marquera par le nombre de
fes unités le nombre des parties de la hauteur.

Cela pofé, fi ayant, par exemple, un prifme
dont la folidité foit de $16^{TTT} 2^{TTP} 3^{TTp} 2^{TTl}$, &
la furface de la bafe de $12^{TT} 0^{TP} 0^{TP}$, on veut
favoir quelle eft la hauteur ; on confidérera le
divifeur, non pas comme $12^{TT} 0^{TP} 0^{Tp}$, mais
comme $12^{TTT} 0^{TTP} 0^{TTp}$, & alors la queftion fe
réduira à divifer $16^{TTT} 2^{TTP} 3^{TTp} 2^{TTl}$ par 12^{TTT}
$0^{TTP} 0^{PPp}$; mais comme la toife quarrée eft facteur
commun, le quotient fera le même que fi le dividende & le divifeur marquoient des toifes linéaires ; on aura donc fimplement $16^{T} 2^{P} 3^{P} 2^{l}$, à divifer par $12^{T} 0^{P} 0^{P}$, c'eft-à-dire, par 12^{T} ; &
comme la nature de la queftion fait voir que le
quotient doit être des toifes linéaires, la divifion
fe fera donc felon la règle prefcrite (*Arith. 124*
& fuivantes).

Si la folidité & la hauteur étant données, on
cherche quelle doit être la furface de la bafe ; par
exemple, fi la folidité eft de $16^{TTT} 2^{TTP} 3^{TTp} 2^{TTl}$,
& la hauteur de $2^{T} 4^{P} 8^{p}$, on confidérera le di-

viseur comme étant $2^{TTT} 4^{TTP} 8^{TTp}$; & par la même raison que dans le cas précédent, l'opération se réduira à diviser $16^{T} 2^{P} 3^{p} 2^{1}$, par $2^{T} 4^{P} 8^{p}$; mais comme le quotient doit évidemment être une surface, on le comptera, non pas pour des toises linéaires, mais pour des toises quarrées, toise-pieds, &c. du reste il n'y aura aucune différence dans la manière de faire l'opération, qui se fera toujours en vertu des règles données (*Arith. 124 & suiv.*) c'est-à-dire, qu'après avoir trouvé le quotient, comme s'il devoit exprimer des toises linéaires, on affectera le signe de chaque partie de la lettre *T.* Par exemple, dans le cas présent, on trouveroit pour quotient $5^{T} 5^{P} 4^{p} 6^{1}$; on écrira donc $5^{TT} 5^{TP} 4^{Tp} 6^{Tl}$.

Si la solidité étoit donnée en toises-cubes, & parties cubes de la toise-cube, on la convertiroit en toises-cubes, toise-toise-pieds, &c. par ce qui a été dit (259), & l'opération seroit ramenée au cas précédent.

Du Toisé des Bois.

261. Ce qu'on vient de dire du toisé en général, ne nous laisse que fort peu de choses à dire sur le toisé des bois.

Dans la marine, on mesure les bois en pieds-cubes & parties cubes du pied-cube ; ainsi il ne s'agit que de mefurer les dimenfions en pieds & parties du pied, & les ayant multipliées (après les avoir réduites à la plus petite efpèce), on réduira en lignes-cubes, pouces-cubes, pieds-cubes, comme il a été dit ci-deffus, mais en s'arrêtant aux pieds-cubes.

Dans les bâtimens civils & les fortifications, l'ufage eft de réduire en folives.

Par *folive*, on entend un parallélipipède de deux toifes de haut fur fix pouces d'équarriffage, ou 36 pouces quarrés de bafe, ce qui eft équivalent à un parallélipipède de 1 toife de haut fur $\frac{1}{2}$ pied quarré ou 72 pouces quarrés de bafe, & qui par conféquent contient 3 pieds-cubes.

On partage la folive en douze parties chacune d'un pied de haut & de 72 pouces quarrés de bafe, & chacune de ces parties s'appelle *pied de folive*. On partage de même le pied de folive en douze parties d'un pouce de haut & de 72 pouces quarrés de bafe chacune, qu'on appelle *pouces de folive*, & ainfi de fuite.

Puifque la folive contient 3 pieds-cubes ou la 72e partie d'une toife-cube, & que les fubdivifions font les mêmes que celles de la toife-cube en toife-toife-pieds, &c. il s'enfuit que le nombre qui exprimeroit un folide quelconque en folives & parties de folives, eft 72 fois plus grand que celui qui l'exprimeroit en toifes-cubes, toife-toife-pieds, &c.

Ainfi, pour évaluer la folidité d'un corps en folives, il n'y a qu'à l'évaluer en toifes-cubes, toife-toife-pieds, &c. & multiplier enfuite le produit par 72. Mais on peut éviter cette multiplication en faifant une réflexion affez fimple. Il n'y a qu'à regarder l'une des dimenfions comme douze fois plus grande, c'eft-à-dire, regarder les lignes comme exprimant des pouces, les pouces comme exprimant des pieds, & ainfi de fuite. Regarder pareillement une autre des trois dimenfions comme fix fois plus grande, ou les lignes comme exprimant des demi-pouces, les pouces comme exprimant des demi-pieds, alors multipliant ces deux nouvelles dimenfions entre elles, & le produit par la troifième, on aura tout de fuite la folidité en folives, pieds de folive, &c. Par exemple, fi l'on a une pièce de bois de 8^T 5^P 6^u de long, fur 1^P 7^P de large, & 1^P 5^P d'épaiffeur; au lieu de 1^P 7^P, je prends 3^T 1^P, c'eft-à-dire, douze fois plus; & au lieu de 1^P 5^P, je prends 1^T 2^P 6^P, c'eft-à-dire, fix fois plus; & multipliant 8^T 5^P 6^P, par 3^T 1^P; puis le produit, par 1^T 2^P 6^P, je trouve 40^{TTT} 0^{TTP} 0^{TTp} 1^{TTl} qu'il faut compter pour 40^{sol}. 0^P 0^P 1^l dont les pieds, pouces, &c. font des pieds, pouces, &c. de folive (hh).

Des Rapports des Solides en général.

262. *Comparer deux solides*, c'est chercher combien de fois le nombre de mesures d'une certaine espèce contenues dans l'un de ces solides, contient le nombre de mesures de même espèce contenues dans l'autre.

263. *Deux prismes, ou deux cylindres, ou un prisme & un cylindre, sont entre eux comme les produits de leur base par leur hauteur.* Cela est évident, puisque chacun de ces solides est égal au produit de sa base par sa hauteur, quelle que soit d'ailleurs la figure de la base.

Donc *les prismes ou les cylindres, ou les prismes & les cylindres de même hauteur, sont entre eux comme leurs bases ; & les prismes & les cylindres de même base sont entre eux comme leurs hauteurs.* Car le rapport des produits des bases par les hauteurs, ne change point lorsqu'on y omet le facteur commun qui s'y trouve lorsque la base ou la hauteur se trouve être la même dans les deux solides.

Donc *deux pyramides quelconques ou deux cônes, ou une pyramide & un cône sont dans le rapport des hauteurs lorsque les bases sont égales ;* car ces solides sont chacun le tiers d'un prisme de même base & de même hauteur (240).

264. *Les solidités des pyramides semblables,*

font entre elles comme les cubes des hauteurs de ces pyramides, ou en général comme les cubes de deux lignes homologues de ces pyramides.

Car deux pyramides femblables peuvent être re-préfentées par deux pyramides telles que $IABCDF$, $Iabcdf$ (*fig.* 115), puifque ces deux pyramides font compofées d'un même nombre de faces fem-blables chacune à chacune, & femblablement dif-pofées. Puis donc que deux pyramides font en général comme les produits de leurs bafes par leurs hauteurs, les bafes qui font ici des figures fem-blables, étant entre elles comme les quarrés des hauteurs IP, Ip (202), les deux pyramides fe-ront entre elles comme les produits des quarrés des hauteurs, par les hauteurs mêmes ; car on pourra (99) fubftituer au rapport des bafes celui des quarrés des hauteurs. Et puifque (213) les hauteurs font proportionnelles à toutes les autres dimenfions homologues, leurs cubes feront donc aufli proportionnels aux cubes de ces dimenfions homologues (*Arith.* 191) ; donc en général deux pyramides femblables font entre elles comme les cubes de leurs dimenfions homologues.

265. Donc *en général les folidités de deux corps femblables font entre elles comme les cubes des lignes homologues de ces folides.* Car les folides fem-blables peuvent être partagés en un même nombre de pyramides femblables chacune à chacune, &

comme deux quelconques de ces pyramides femblables, feront entre elles en même rapport, puifqu'elles font entre elles comme les cubes de leurs
dimenfions homologues, lefquelles font en même
rapport que deux autres dimenfions homologues
quelconques ; il s'enfuit que la fomme des pyramides du premier folide fera à la fomme des pyramides du fecond, auffi dans le même rapport
des cubes des dimenfions homologues.

Donc *les folidités des fphères font entre elles comme*
les cubes de leurs rayons ou de leurs diamètres (ii).

Donc en fe rappelant tout ce qui a précédé,
on voit, 1°. que les contours des figures femblables font dans le rapport fimple des lignes homologues. 2°. Que les furfaces des figures femblables font entre elles comme les quarrés des
côtés ou des lignes homologues. 3°. Que les folidités des corps femblables font entre elles comme
les cubes des lignes homologues.

Ainfi, fi deux corps femblables, deux fphères,
par exemple, avoient leurs diamètres dans le rapport de 1 à 3, les circonférences de leurs grands
cercles feroient auffi dans le rapport de 1 à 3 ;
les furfaces de ces fphères feroient comme 1 à 9,
& les folidités comme 1 à 27 ; c'est-à-dire, que
la circonférence d'un des grands cercles de la première vaudroit trois fois celle d'un des grands
cercles de la feconde ; la furface de la première

vaudroit neuf fois celle de la feconde ; & enfin la première fphère vaudroit 27 fphères telles que la feconde.

Donc pour faire un folide femblable à un autre, & dont la folidité foit à celle de celui-ci dans un rapport donné, par exemple, dans celui de 2 à 3 ; il faut lui donner des dimenfions telles que le cube de l'une quelconque de ces dimenfions foit au cube d'une dimenfion homologue du folide auquel il doit être femblable comme 2 eft à 3. Par exemple, fi l'on a une fphère qui ait 8 pouces de diamètre, & qu'on demande quel doit être le diamètre d'une fphère qui en feroit les $\frac{2}{5}$, il faudra chercher le quatrième terme de cette proportion $1 : \frac{2}{3}$ ou $3 : 2 :: $ le cube de 8, c'eft-à-dire $::$ 512 eft à un quatrième terme. Ce quatrième terme qui eft $341\frac{1}{3}$, fera le cube du diamètre cherché : c'eft pourquoi tirant la racine cubique (*Arith.* 159) on aura 6ᵖ, 99 pour ce diamètre, c'eft-à-dire, 7ᵖ à très-peu-près, ce qu'on peut vérifier aifément en cette manière. Cherchons quelles font les folidités de deux fphères, l'une de 8 pouces, l'autre de 7 pouces de diamètre. La circonférence de leur grand cercle fe trouvera par ces deux proportions (152) $7 : 22 :: 8 :$

$$7 : 22 :: 7 :$$

les quatrièmes termes font $25\frac{1}{7}$ & 22 ; multipliant ces circonférences chacune par fon diamètre, on aura (222) les surfaces de ces sphères, lesquelles feront par conséquent 201 $\frac{1}{7}$ & 154; enfin multipliant ces surfaces par le $\frac{1}{3}$ de leur rayon, c'est-à-dire, respectivement par le sixième de 8 & de 7, on aura pour les solidités 268 $\frac{1}{21}$ & 179 $\frac{2}{3}$, dont le rapport est le même que celui de $\frac{5632}{21}$: $\frac{559}{3}$, en réduisant en fractions, ou (en multipliant les deux termes de la dernière fraction par 7, & supprimant le dénominateur commun) le même que de 5632 à 3773; or (*Arith. 167*) le rapport de ces deux quantités est 1 $\frac{1859}{3773}$, c'est-à-dire, en réduisant en décimales 1, 49; & le rapport de 3 à 2 est 1, 5 ou 1, 50 (*Arith. 30*); la différence n'est donc que de $\frac{1}{100}$; cette différence vient de ce que le diamètre n'est calculé qu'à peu-près; d'ailleurs le rapport de 7 à 22 n'est pas exactement celui du diamètre à la circonférence.

Dans les corps composés de la même matière, les poids sont proportionnels à la quantité de matière, ou à la solidité; ainsi connoissant le poids d'un boulet d'un diamètre connu, pour trouver celui d'un boulet d'un autre diamètre & de la même matière, il faut faire cette proportion : le cube du diamètre du boulet dont le poids est connu, est au cube du diamètre du second, comme le poids du premier est à un quatrième terme qui sera le poids du second.

Nous avons vu (162) que dans deux vaisseaux

parfaitement femblables , les voilures feroient comme les quarrés des hauteurs des mâts , & par conféquent , avons-nous dit , comme les quarrés des longueurs des navires , parce que toutes les dimenfions homologues des folides femblables font en même rapport. Or on voit ici que les poids des folides femblables & de même matière , font comme les cubes des dimenfions homologues; on voit donc que fi deux navires femblables étoient mâtés proportionnellement , les quantités de vent qu'ils pourroient recevoir feroient comme les quarrés de leur longueur , tandis que les poids feroient comme les cubes ; & comme la raifon des quarrés n'eft pas la même , & eft plus petite que celle des cubes , ainfi qu'il eft facile de s'en convaincre , cette feule confidération fait voir que la voilure qui feroit propre pour un certain navire , ne le feroit pas pour un navire plus petit , fi l'on diminuoit proportionnellement les deux dimenfions de cette voilure. Il y a encore d'autres confidérations à faire entrer dans l'examen de cette queftion , qui appartient proprement à la mécanique. Nous ne nous propofons ici que de préparer les efprits à prévoir les ufages qu'on peut faire des principes établis jufqu'ici pour la difcuffion de ces fortes de queftions.

DE LA TRIGONOMÉTRIE.

266. Le mot *Trigonométrie* signifie mesure des triangles. Mais on comprend généralement sous ce nom, l'art de déterminer les positions & les dimensions des différentes parties de l'étendue, par la connoissance de quelques-unes de ces parties.

Si l'on conçoit que les différens points qu'on se représente dans un espace quelconque soient joints les uns aux autres par des lignes droites, il se présente trois choses à considérer : 1°. la longueur de ces lignes; 2°. les angles qu'elles forment entre elles; 3°. les angles que forment entre eux les plans dans lesquels ces lignes sont ou peuvent être imaginées comprises. C'est de la comparaison de ces trois objets que dépend la solution de toutes les questions qu'on peut proposer sur la mesure de l'étendue & de ses parties; & l'art de déterminer toutes ces choses, par la connoissance de quelques-unes d'entre elles, se réduit à la résolution de ces deux questions générales.

1°. Connoissant trois des six choses (angles &

côtés) qui entrent dans un triangle rectiligne, trouver les trois autres lorfque cela eft poffible.

2°. Connoiffant trois des fix chofes qui compofent un triangle fphérique, (c'eft-à-dire, un triangle formé fur la furface d'une fphère, par trois arcs de cercle qui ont tous trois pour centre le centre de cette même fphère) trouver les trois autres lorfque cela eft poffible.

La première queftion eft l'objet de la Trigonométrie qu'on nomme *Trigonométrie plane*, parce que les fix chofes qu'on y confidère font dans un même plan : on la nomme auffi *Trigonométrie rectiligne*.

La feconde queftion appartient à la *Trigonométrie fphérique*. Les fix chofes qu'on y confidère font dans des plans différens, comme nous le verrons par la fuite.

De la Trigonométrie plane ou rectiligne.

267. La *Trigonométrie plane* eft une partie de la Géométrie, qui enfeigne à déterminer ou à calculer trois des fix parties d'un triangle rectiligne, par la connoiffance des trois autres parties, lorfque cela eft poffible.

Je dis, lorfque cela eft poffible, parce que fi l'on ne connoiffoit que les trois angles, par exemple, on ne pourroit pas déterminer les côtés. En effet, fi par un point D pris à volonté fur le côté AB du triangle ABC (*fig.* 140) dont je fuppofe qu'on connoiffe les trois angles, on mène DE parallèle à BC, on aura un autre triangle ADE qui aura les mêmes angles que le triangle ABC (39); & on voit qu'on en peut former ainfi une infinité d'autres qui auront les mêmes angles. Il faudroit donc que le calcul donnât tout-à-la-fois une infinité de côtés différens.

La queftion eft donc alors abfolument indéterminée.

Nous verrons cependant que fi l'on ne peut déterminer les valeurs des côtés, on peut du moins déterminer leur rapport.

Mais lorfque parmi les trois chofes connues ou données, il entrera un côté, on peut toujours déterminer tout le refte. Il y a cependant un cas où il refte quelque chofe d'indéterminé : le voici. Suppofé que dans le triangle ABC (*fig.* 141) on connoiffe les deux côtés AB & BC, & l'angle A oppofé à l'un de ces côtés, on ne peut déterminer la valeur de l'angle C ou celle du côté AC, qu'autant qu'on faura fi cet angle C eft aigu ou obtus : en effet, fi l'on conçoit que du point B comme centre & d'un rayon égal au côté BC, on ait décrit un arc CD, & que du point D où cet arc rencontre AC, on ait tiré BD, on aura un nouveau triangle ABD, dans lequel on connoîtra les mêmes chofes qu'on connoît dans le triangle ABC; favoir, l'angle A, le côté AB, & le côté BD égal à BC; on a donc ici les mêmes chofes pour déterminer l'angle BDA, qu'on avoit dans le triangle ABC pour déterminer l'angle C.

Mais il y a cette différence entre ce cas-ci & le précédent, qu'on peut ici affigner la valeur de l'angle C & de l'angle BDA, comme nous le verrons ci-après : la feule chofe qui foit indéterminée, c'eft de favoir laquelle de ces deux valeurs on doit adopter, & par conféquent quelle figure doit avoir le triangle. Il faut donc, outre les trois chofes données, favoir encore fi l'angle cherché doit être aigu ou obtus. Au refte, on peut remarquer en paffant que les deux angles C & BDA dont il s'agit, font fupplément l'un de l'autre ; car BDA eft fupplément de BDC qui eft égal à l'angle C, parce que le triangle BDC eft ifocèle.

268. Ce ne font pas les angles même qu'on emploie dans le calcul des triangles : on fubftitue aux angles des lignes qui, fans leur être proportionnelles, font néanmoins propres à repréfenter ces angles, & font d'ailleurs plus commodes à employer dans le calcul, parce que, comme nous le verrons ci-après, elles font proportionnelles aux côtés des triangles : il convient donc,

avant que d'aller plus loin, de faire connoître ces lignes, & de faire voir comment elles peuvent tenir lieu des angles.

Des Sinus, Cosinus, Tangentes, Cotangentes, Sécantes & Cosécantes.

269. La perpendiculaire AP (*fig.* 142), abaissée de l'extrémité d'un arc AB sur le rayon BC qui passe par l'autre extrémité B de cet arc, ou sur le prolongement du rayon quarré, s'appelle le *sinus droit*, ou simplement le *sinus* de l'arc AB ou de l'angle ACB.

La partie BP du rayon, comprise entre le sinus, & l'extrémité de l'arc, s'appelle le *sinus-verse*.

La partie BD de la perpendiculaire à l'extrémité du rayon, interceptée entre ce rayon BC & le rayon CA prolongé, s'appelle la *tangente* de l'arc AB ou de l'angle ACB.

La ligne CD, qui n'est autre chose que le rayon CA prolongé jusqu'à la tangente, s'appelle *sécante* de l'arc AB ou de l'angle ACB.

Si l'on mène le rayon CF perpendiculaire à CB, & à son extrémité F, la perpendiculaire FE qui rencontre en F le rayon CA prolongé, & qu'enfin on mène AQ perpendiculaire sur CF; il suit des définitions précédentes, que AQ fera le finus, FQ le finus-verfe, FE la tangente, & CE la fécante de l'arc AF ou de l'angle ACF.

Mais comme l'angle ACF eft complément de ACB, puifque ces deux angles font enfemble un angle droit, on peut dire que AQ eft le finus du complément; FQ, le finus-verfe du complément; FE, la tangente du complément, & CE, la fécante du complément de l'arc AB ou de l'angle ACB.

Pour abréger ces dénominations, on eft convenu de dire *cofinus*, au lieu de finus du complément; *cofinus-verfe*, au lieu de finus-verfe du complément; *cotangente*, au lieu de tangente du complément, & *cofécante*, au lieu de fécante du complément. En forte que les lignes AQ, FQ, FE, CE, feront dites le cofinus, le cofinus-verfe, la cotangente, & la cofécante de l'arc AB ou de l'angle ACB; de même les lignes AP, BP, BD, CD pourront être dites le cofinus, le cofinus-verfe, la cotangente, & la cofécante de l'arc AF ou de l'angle ACF; car AB eft complément de AF, comme AF l'eft de AB.

Pour défigner ces lignes, lorfqu'il fera queftion d'un angle ou d'un arc, nous mettrons devant les lettres qui fervent à nommer cet angle ou cet arc, les expreffions abrégées, *fin*, *cof*, *tang*, *cot*; ainfi *fin* AB, fignifiera le finus de l'arc

AB ; *fin ACB* , fignifiera le finus de l'angle *ACB* ;
de même *cof A B* , *cof A C B* , fignifieront le cofinus de l'arc *A B* , le cofinus de l'angle *A C B* ;
& pour défigner le rayon , nous prendrons la
lettre *R*.

270. Il eft évident, 1°. que *le cofinus* A Q
d'un arc quelconque A B *eft égal à la partie* CP *du
rayon , comprife entre le centre & le finus*.

2°. Que *le finus-verfe* B P *eft égal à la différence
entre le rayon & le cofinus*.

3°. Que *le finus d'un arc quelconque* A B *eft la
moitié de la corde* A G *d'un arc double* A B G. Car
le rayon *C B* étant perpendiculaire fur la corde
A G, divife cette corde & fon arc en deux parties
égales (52).

271. De cette dernière propofition , il fuit
que *le finus* de 30° *vaut la moitié du rayon* ; car il
doit être la moitié de la corde de 60°, ou du
côté de l'hexagone, que nous avons vu (93) être
égal au rayon.

272. *La tangente de* 45° *eft égale au rayon*.
Car fi l'angle *ACB* eft de 45°, comme l'angle *CBD*
eft droit, l'angle *C D B* vaudra auffi 45° ; le
triangle *C B D* fera donc ifocèle, & par conféquent *B D* fera égal à *C B*.

273. A mefure que l'arc *A B* ou l'angle *ACB*
augmente, le finus *A P* augmente, & fon cofinus *A Q* ou *CP* diminue jufqu'à ce que l'arc

AB foit devenu de 90°; alors le finus AP devient FC; c'eft-à-dire, égal au rayon, & le cofinus eft zéro, parce que le point A tombant en F, la perpendiculaire AQ devient zéro.

A l'égard de la tangente BD, & de la cotangente FE, il eft vifible que la tangente BD augmente continuellement, & que la cotangente au contraire diminue; mais, l'une & l'autre, de manière que quand l'arc AB eft devenu de 90°, fa tangente eft infinie, & fa cotangente eft zéro; en effet plus l'arc AB devient grand, plus le point D s'élève au-deffus de BC, & quand le point A eft infiniment près de F, les deux lignes CD & BD font prefque parallèles, & ne fe rencontrent plus qu'à une diftance infinie; donc BD eft alors infinie; donc elle l'eft quand le point A tombe fur le point F.

274. Ainfi *pour l'arc de 90°, le finus eft égal au rayon, le cofinus eft zéro, la tangente eft infinie, & la cotangente eft zéro.*

Comme le finus de 90° eft le plus grand de tous les finus, on l'appelle, pour le diftinguer des autres, *finus total*; en forte que ces trois expreffions, le *finus de 90°*, le *rayon*, le *finus total*, fignifient la même chofe.

275. Lorfque l'arc AB paffe 90° (*fig. 143*), fon finus AP diminue, & fon cofinus AQ ou CP qui tombe alors au-delà du centre par rapport au

point B, augmente jufqu'à ce que l'arc AB foit devenu de 180°, auquel cas le finus eft zéro, & le cofinus eft égal au rayon. On voit auffi que le finus AP, & le cofinus CP de l'arc AB, ou de l'angle ACB plus grand que 90°, appartiennent en même temps à l'arc AH ou à l'angle ACH moindre que 90°, & fupplément de celui-là ; de forte que *pour avoir le finus & le cofinus d'un angle obtus, il faut prendre le finus & le cofinus de fon fupplément.* Mais il faut bien remarquer que le cofinus tombe du côté oppofé à celui où il tomberoit fi l'arc AB ou l'angle ACB étoit moindre que 90°.

A l'égard de la tangente, comme elle eft déterminée (269) par la rencontre de la perpendiculaire BD (*fig. 142*) avec le rayon CA prolongé, il eft vifible que lorfque l'arc AB (*fig. 143*) eft de plus de 90°, elle eft alors BD ; mais en élevant la perpendiculaire HI, il eft aifé de voir que le triangle CBD eft égal au triangle CHI, & par conféquent BD eft égal à HI.

276. Donc *la tangente d'un arc ou d'un angle plus grand que 90°, eft la même que celle du fupplément de cet arc :* toute la différence qu'il y a, c'eft qu'elle tombe au-deffous du rayon BC. Pour la cotangente EF, elle eft auffi la même que la cotangente du fupplément, & elle tombe auffi du côté oppofé à celui où elle tomberoit, fi l'arc AB

6u l'angle *A C B* étoit moindre que 90°. On voit encore, & par la même raison que ci - dessus, que pour 180° la tangente est zéro, & la cotangente infinie.

277. Ces notions supposées, concevons que le quart de circonférence *B F* (*fig. 142*) soit divisé en arcs de 1′, c'est-à-dire, en 5400 parties égales, & que de chaque point de division, on abaisse des perpendiculaires ou sinus tels que *A P*, sur le rayon *B C* ; concevons aussi ce rayon *B C* divisé en un très-grand nombre de parties égales en 100000, par exemple ; chaque perpendiculaire contiendra un certain nombre de ces parties du rayon : si donc, par quelque moyen que ce soit, on pouvoit parvenir à déterminer le nombre de parties de chacune de ces perpendiculaires, il est visible que ces lignes pourroient être employées pour fixer la grandeur des angles ; en sorte que si ayant écrit par ordre dans une colonne toutes les minutes depuis zéro jusqu'à 90°, on écrivoit dans une colonne à côté & vis-à-vis de chaque minute, le nombre de parties de la perpendiculaire correspondante, on pourroit, par le moyen de cette table, assigner quel est le nombre de degrés d'un angle dont le nombre de parties de la perpendiculaire ou du sinus seroit connu ; & réciproquement connoissant le nombre des degrés & parties de degrés de l'angle, on pourroit assi-

2

gner le nombre des parties de fon finus (*kk*). Cette
table auroit cette utilité, non-feulement pour
tous les arcs ou angles dont le rayon auroit le
même nombre de parties qu'on en auroit fuppofé
à celui d'après lequel on a conftruit la table, mais
encore pour tout autre dont le rayon feroit connu;
par exemple, fuppofons un angle DCG (*fig.* 144)
dont le côté ou rayon CD foit de 8 pieds, & la
perpendiculaire DE de 3 pieds, & imaginons que
CA foit le rayon fur lequel on a calculé les tables; fi l'on imagine l'arc AB & la perpendiculaire AP, cette perpendiculaire fera le finus des
tables; or je puis trouver aifément de combien de
parties eft cette perpendiculaire; car comme les
triangles CDE, CAP font femblables (à caufe
des parallèles DE & AP), j'aurai (109) CD :
DE :: CA : AP, c'eft-à-dire, 8^P : 3^P :: 100000 :
AP ; je trouverai donc (*Arith.* 179) que AP
vaut 37500 ; je n'aurai donc qu'à chercher ce
nombre dans la table parmi les finus, & je trouverai à côté le nombre des degrés & minutes de
l'angle DCG ou DCE.

Réciproquement fi l'on donnoit le nombre des
degrés & minutes de l'angle DCG & fon rayon
CD, on détermineroit de même la valeur de la
perpendiculaire DE ; car fachant quel eft le
nombre de degrés & minutes de cet angle, on
trouveroit dans la table quel eft le nombre de

parties de la perpendiculaire ou du finus AP qui
répond à ce nombre de degrés , & alors , en vertu
des triangles femblables , CAP, CDE, on auroit cette proportion $CA : AP :: CD : DE$,
par laquelle il feroit facile de calculer DE , puifque les trois premiers termes CA, AP & CD
font connus , favoir CA & AP par les tables,
& CD eft donné en pieds.

On voit par-là quelles font ces lignes que nous
avons dit ci-deffus (268) pouvoir être fubftituées
aux angles dans le calcul des triangles; ce font les
finus.

278. Mais les finus ne font pas les feules lignes qu'on emploie : on fait ufage auffi des tangentes & même des fécantes. Ces lignes font faciles à calculer quand une fois on a calculé tous
les finus ; car comme le triangle CPA & le triangle CBD (*fig. 142*) font femblables , on en peut
tirer ces deux proportions :

$$CP : PA :: CB : BD$$
$$\& \, CP : CA :: CB : CD;$$

c'eft-à-dire, (en faifant attention que CP eft
égal à AQ)

$$cof \, AB : fin \, AB :: R : tang \, AB$$
$$\& \, cof \, AB : R :: R : fec \, AB.$$

Or on voit que dans chacune de ces deux proportions , les trois premiers termes font connus ,

lorfqu'on connoît tous les finus, puifque le cofinus d'un arc n'eft autre chofe que le finus du
complément de cet arc : il fera donc aifé d'en
conclure (*Arith.* 179) la valeur du quatrième terme
de chacune, & par conféquent des tangentes &
des fécantes, & par conféquent auffi des cotangentes & des cofécantes, qui ne font autre chofe
que des tangentes & des fécantes de complément.

279. Au refte, les deux dernières proportions que nous venons d'établir ne font pas feulement utiles pour le calcul des tangentes & des
fécantes, elles font encore d'un grand ufage dans
beaucoup de rencontres, comme nous le verrons
dans la fuite de ce Cours : il faut donc s'appliquer à les retenir ; la feconde, par exemple, peut
nous fournir encore une propriété, qui eft le fon-
dement de la conftruction des cartes réduites,
comme nous le verrons par la fuite : voici cette
propriété. De même que nous venons de démontrer que $cof\ A B : R :: R : fec\ A B$, on démontrera auffi pour un autre arc quelconque $B O$,
que $cof\ B O : R :: R : fec\ B O$; or ces deux proportions ayant les mêmes termes moyens, doivent avoir les produits de leurs extrêmes, égaux
(*Arith.* 178) ; donc on peut (*Arith.* 180) former des extrêmes de l'une & de l'autre une nouvelle proportion, qui aura pour extrêmes les extrêmes de l'une, & pour moyens les extrêmes de

l'autre, en forte qu'on aura $cof\, AB : cof\, BO :: fec\, BO : fec\, AB$, d'où l'on conclura que les cofinus de deux arcs font en raifon réciproque ou inverfe de leurs fécantes.

280. Voici encore une autre proportion utile dans plufieurs cas, & d'où l'on déduira de la même manière, que les tangentes de deux arcs font en raifon inverfe de leurs cotangentes : les triangles CBD, CFE font femblables, parce qu'outre l'angle droit en B & en F, on a de plus l'angle DCB égal à l'angle CEF, à caufe des parallèles CB, EF; on aura donc $BD : CB :: CF : FE$, c'eft-à-dire, $tang\, AB : R :: R : cot\, AB$: on prouveroit donc de même que $tang\, BO : R :: R : cot\, BO$, & par conféquent $tang\, AB : tang\, BO :: cot\, BO : cot\, AB$.

Les livres qui renferment les valeurs de toutes les lignes dont il vient d'être queftion, font ce qu'on appelle des *Tables de Sinus*; elles renferment ordinairement, non-feulement les valeurs numériques de toutes ces lignes, mais encore leurs logarithmes qu'on emploie auffi fouvent qu'on le peut à la place des valeurs numériques; ces mêmes tables renferment auffi les logarithmes des nombres naturels; telles font celles que nous avons indiquées dans l'Arithmétique, page 199* (*).

_____

(*) Nous en avons donné dans le Traité de navigation, qui fait le fixième volume de ce Cours.

Avant que d'expofer les ufages de ces tables pour la réfolution des triangles, il ne nous refte plus qu'à parler de leur formation, c'eft-à-dire, de la méthode par laquelle on a calculé ou pu calculer les finus, &c. Nous nous y arrêterons d'autant plus volontiers, que les propofitions que nous avons à établir fur ce fujet, nous ferviront ailleurs.

281. *Pour avoir le cofinus d'un arc dont le finus eft connu, il faut retrancher le quarré du finus, du quarré du rayon, & tirer la racine quarrée du refte.* Car le cofinus A Q (*fig. 142*) eft égal à P C qui eft à côté de l'angle droit dans le triangle rectangle A P C, dont on connoît alors l'hypothénufe A C & le côté A P (166).

Ainfi, fi l'on demandoit le cofinus de 30°, comme nous avons vu (271) que le finus de 30° eft la moitié du rayon que nous fuppoferons ici de 100000 parties, ce finus feroit 50000; retranchant fon quarré 2500000000, du quarré 10000000000 du rayon, on a 7500000000, dont la racine quarrée 86603 eft le cofinus de 30°, ou le finus de 60°.

282. *Connoiffant le finus d'un arc* A B, (fig. 145), *pour avoir celui de fa moitié*, il faut d'abord calculer le cofinus de ce premier arc; ce cofinus étant calculé, on le retranchera du rayon, ce qui donnera le finus verfe B P: on quarrera

la valeur de BP, & on ajoutera ce quarré avec celui du finus AP; la fomme (166) fera le quarré de la corde AB; tirant la racine quarrée de cette fomme, on aura AB, dont la moitié eft le finus BI de l'arc BD moitié de ADB (270).

283. *Connoiſſant le finus* BI, *d'un arc* BD (fig. 145), *pour trouver le finus* AP *du double* ADB *de cet arc*, on calculera le cofinus CI de BD, & on fera cette proportion, $R : cof\, BD :: 2\, fin\, BD : fin\, ADB$ dans laquelle les trois premiers termes feront alors connus, & dont il fera facile de calculer le quatrième.

Cette proportion eft fondée fur ce que les deux triangles CBI & BAP font femblables, parce qu'outre l'angle droit en P & en I, ils ont d'ailleurs l'angle B commun; ainfi on a $CB : CI :: AB : AP$. Or CI (270) eft le cofinus de BD, & AB le double de BI finus de BD; AP eft le finus de ADB, & CB eft le rayon; donc $R : cof\, BD : 2\, fin\, DB : fin\, ADB$.

284. *Connoiſſant les finus des deux arcs* AB, AC (fig. 146), *pour trouver le finus de leur fomme ou de leur différence*, il faut, après avoir calculé (281) les cofinus de ces mêmes arcs, multiplier le finus du premier par le cofinus du fecond, le finus du fecond par le cofinus du premier. La fomme de ces deux produits, divifée par le rayon, fera le finus de la fomme des deux arcs, & la

différence de ces mêmes produits, divisée par le rayon, sera le sinus de la différence de ces mêmes arcs.

Faites l'arc AD égal à l'arc AC, tirez la corde CD, le rayon LA qui divisera cette corde en deux parties égales au point I; des points C, A, I & D, abaissez les perpendiculaires CK, AG, IH, DF, sur BL; enfin des points I & D menez IM & DN, parallèles à BL. Puisque CD est divisée en deux parties égales en I, CN sera aussi divisée en deux parties égales en M (102).

Cela posé, CK qui est le sinus de BC somme des deux arcs, est composé de KM & de MC, ou de IH & de MC. DF qui est le sinus de BD différence des deux arcs, est égal à KN qui vaut KM moins MN, c'est-à-dire, IH moins CM; ainsi pour trouver le sinus de la somme, il faut ajouter la valeur de MC à celle de IH, & au contraire l'en retrancher pour avoir le sinus de la différence.

Or les triangles semblables LAG, LIH donnent $LA : LI :: AG : IH$, c'est-à-dire, $R : cof$ $AC :: fin AB : IH$; donc (*Arith.* 179) IH vaut $\dfrac{fin AB \times cof AC.}{R}$.

Les triangles LAG & CIM semblables, parce qu'en vertu de la construction qu'on a faite, ils ont les côtés perpendiculaires l'un à l'autre, donc nent (112) $LA : LG :: CI : MC$, ou $R : cof\, AB$

$:: fin\, AC : MC$; donc MC vaut $\dfrac{fin\, AC \times cof\, AB}{R}$;

donc il faut ajouter $\dfrac{fin\, AC \times cof \times AB}{R}$ avec

$\dfrac{fin\, AB \times cof\, AC}{R}$ pour avoir le finus de la fomme,

& l'en retrancher au contraire, pour avoir le finus de la différence.

285. *Pour avoir le cofinus de la fomme ou de la différence de deux arcs dont on connoît les finus,* il faut, après avoir calculé (281) les cofinus de chacun de ces deux arcs, multiplier ces deux cofinus l'un par l'autre, multiplier pareillement les deux finus; alors retranchant le fecond produit du premier, & divifant le refte par le rayon, on aura le cofinus de la fomme des deux arcs. Au contraire, pour avoir celui de la différence, on ajoutera les deux produits, & on en divifera la fomme par le rayon. Car, puifque DC eft coupée en deux parties égales en I, FK fera coupée en deux parties égales en H; or LK qui eft le cofinus de la fomme, vaut LH moins HK, ou LH moins IM; & LF qui eft le cofinus de la différence, vaut LH plus HF, ou LH plus HK, ou enfin LH plus IM: voyons donc quelles font les valeurs de LH & de IM.

Les triangles femblables LGA, LHI donnent

$LA : LI :: LG : LH$,

C'eſt-à-dire , $R : coſ A C :: coſ A B : L H$;

Donc $L H$ vaut $\dfrac{coſ A C \times coſ A B}{R}$.

Les triangles ſemblables $L A G$, $C I M$ donnent $L A : A G :: C I : I M$,

C'eſt-à-dire , $R : ſin A B :: ſin A C : I M$;

Donc $I M$ vaut $\dfrac{ſin A B \times ſin A C}{R}$;

Il faut donc , pour avoir le coſinus de la ſomme, retrancher $\dfrac{ſin A B \times ſin A C}{R}$, de $\dfrac{coſ A B \times coſ A C}{R}$;

& au contraire , l'ajouter pour avoir le coſinus de la différence.

286. *La ſomme des ſinus de deux arcs* $A B$, $A C$ (fig. 147) *eſt à la différence de ces mêmes ſinus , comme la tangente de la moitié de la ſomme de ces deux arcs eſt à la tangente de la moitié de leur différence* , c'eſt-à-dire, que $ſin\ A B + ſin\ A C : ſin\ A B - ſin\ A C :: tang\ \dfrac{A B \times A C}{2} : tang\ \dfrac{A B - C A}{2}$.

Après avoir tiré le diamètre $A M$, portez l'arc $A B$ de A en D ; tirez la corde $B D$ qui ſera perpendiculaire ſur $A M$. Par le point C , tirez $C P$ perpendiculaire , & $C F$ parallèle à $A M$. Du point F , menez les cordes $F B$ & $F D$; & d'un rayon $F G$ égal à celui du cercle $B A D$, décrivez l'arc $I G K$ rencontrant $C F$ en G , & en ce point G , élevez $H L$ perpendiculaire à $C F$; les lignes $G H$ & $G L$ ſont les tangentes des angles $G F H$ & $C F D$, $G F L$, ou

CFB & *CFD* qui ayant leurs fommets à la circonfé‑ rence, ont pour mefure la moitié des arcs *CB*, *CD* fur lefquels ils s'appuient (63), c'eft‑à‑dire, la moi‑ tié de la différence *B C*, & la moitié de la fomme *C D* des deux arcs *A B*, *A C*; ainfi *G L* & *G H* font les tangentes de la moitié de la fomme, & de la moitié de la différence de ces mêmes arcs.

Cela pofé, il eft vifible que *D S* étant égal à *B S*, la ligne *D E* vaut *B S* + *S E* ou *B S* + *C P*, c'eft‑à‑dire, la fomme des finus des arcs *A B*, *A C*; pareillement *B E* vaut *B S* — *S E* ou *B S* — *C P*, c'eft‑à‑dire, la différence des finus de ces mêmes arcs. Or, à caufe des paral‑ lèles *B D*, *H L*, on a (115) *D E* : *B E* :: *G L* : *G H*;

Donc *fin A B* + *fin A C* : *fin A B* — *fin A C* ::

$$tang \frac{A B + A C}{2} \quad tang \frac{A B - A C}{2}.$$

287. Donc *la fomme des cofinus de deux arcs, eft à la différence de ces cofinus, comme la cotan‑ gente de la moitié de la fomme de ces deux arcs eft à la cotangente de la moitié de leur différence.*

Car les cofinus n'étant autre chofe que des finus de complément, il fuit de la propofition précé‑ dente que la fomme des cofinus eft à leur diffé‑ rence, comme la tangente de la moitié de la fomme des complémens eft à la tangente de la moitié de la différence des mêmes complémens : or la moitié de la fomme des complémens de deux arcs eft le complément de la moitié de la fomme de ces deux arcs ; & la demi-différence des complémens eft la même que la demi-différence des arcs ; donc, &c.

288. Les trois principes pofés (271, 282 & 284) fuffifent pour concevoir comment on pourroit s'y prendre pour former une table des finus. En effet, on connoît le finus de 30° par ce qui a été dit (271) ; & par ce qui a été dit (282), on peut trouver celui de 15°, & fucceffivement ceux de 7° 30′, 3° 45′, 1° 52′ 30″, 0° 56′ 15″, 0° 28′ 7″ 30‴, 0° 14′ 3″ 45‴, 0° 7′ 1″ 52‴ 30^iv.

Cela pofé, on remarquera que, quand les arcs font fort petits, ils ne diffèrent pas fenfiblement de leurs finus, & font par conféquent, à très-peu-près, proportionnels à ces finus ; ainfi pour trouver le finus de 1′, on fera cette proportion : *L'arc de 0° 7′ 1″ 52″′ 30^iv eft à l'arc de 0° 1′, comme le finus de ce premier arc eft au finus de 1′.*

Si dans ce calcul on fuppofe le rayon de 100000 parties feulement, il faudra calculer les finus des arcs que nous venons de rapporter avec trois décimales pour être en droit d'en conclure les fuivans à moins d'une unité près ; alors on remontera facilement aux autres en cette manière.

Depuis 1′ jufqu'à 3° 0′, il fuffira de multiplier le finus de 1′ fucceffivement par 2, 3, 4, 5 ; &c.

pour avoir le finus de 2′, 3′, &c. jufqu'à 3° à moins d'une unité près.

Pour calculer les finus des arcs au-deffus de 3° 0′, on fera ufage de ce qui a été dit (284) ; mais on abrégera confidérablement le travail en ne calculant ces finus par ce principe, que de degrés en degrés feulement. Quant aux minutes intermédiaires, on y fatisfera en prenant la différence des finus de deux degrés confécutifs, & formant cette proportion : 60 *minutes font au nombre de minutes dont il s'agit, comme la différence des finus des deux degrés voifins eft à un quatrième terme*, qui fera ce qu'on doit ajouter au plus petit des deux finus pour avoir le finus du nombre de degrés & minutes dont il s'agit. Par exemple, fi après avoir trouvé que le finus de 8° & de 9°, font 13917 & 15643, je voulois avoir le finus de 8° 17′ ; je prendrois la différence 1726 de ces finus, & je calculerois le quatrième terme d'une proportion dont les trois premiers font 60′ : 17′ :: 1726 :

Ce quatrième terme qui eft 489 à très-peu-près étant ajouté à 13917, donne 14406 pour le finus de 8° 17′, tel qu'il eft dans les tables à moins d'une unité près.

La raifon de cette proportion eft fondée fur ce que lorfque l'arc KL (*fig. 129*) eft petit, comme de 1°, par exemple, les différences LM, Iu des finus LF, IH, font à-peu-près propor-

tionnelles aux différences KL, KI, des arcs correfpondans AL, AI, parce que les triangles
KML, KuI pouvant être confidérés comme
rectilignes, font femblables.

289. Cette méthode ne doit cependant être
employée que jufqu'à 87°, parce que paffé ce
terme, on ne peut fe permettre de prendre iu
(*fig. 148*) pour la différence des finus PB, Qx;
car la quantité ux, toute petite qu'elle eft, a un
rapport fenfible avec iu, & d'autant plus fenfible
que l'arc AB approche plus de 90°. Dans ce cas,
il faut fe rappeler que (170) les lignes DE, Dt
qui font les différences entre le rayon & les finus
PB, Qx, font proportionnelles aux quarrés des
cordes DB & Dx ou (à caufe que les arcs DB
& Dx font fort petits) aux quarrés des arcs DB
& Dx; c'eft pourquoi ayant calculé le finus de
87°, on prendra fa différence avec le rayon
100000; & pour trouver le finus de tout autre
arc entre 87° & 90°, on fera cette proportion :
Le quarré de 3° ou de 180′ eft au quarré du nombre des minutes du complément de l'arc en question, comme la différence du rayon au finus de
87° eft à un quatrième terme qui fera Dt, & qui
étant retranché du rayon, donnera Ct ou Qx
finus de l'arc en queftion. Par exemple, ayant
trouvé que le finus de 87° eft 99863, fi je veux
avoir le finus 88° 24′, dont le complément eft

1° 36′ ou 96′, je ferai cette proportion, $\overline{180'}^2$:

$\overline{96'}^2$ :: 137 : Dt, par laquelle je trouve que Dt vaut 39 à très - peu de chofe près ; retranchant 39 du rayon 100000, j'ai 99961 pour le finus de 88° 24′, tel qu'il eft en effet dans les tables.

290. Ayant calculé ainfi les finus, on aura facilement les tangentes & les fécantes, par ce qui a été dit (178).

291. Les finus étant calculés, on calcule leurs logarithmes, comme on calcule ceux des nombres. Il faut pourtant obferver que fi l'on prenoit dans les tables la valeur numérique d'un des finus, pour calculer fon logarithme felon ce qui a été dit (*Arith.* 239), on ne trouveroit pas ce logarithme abfolument le même qu'il eft dans la colonne des logarithmes des finus ; la raifon en eft que les finus des tables ont été calculés originairement, dans la fuppofition que le rayon étoit de 1000000000 parties ; mais comme les calculs ordinaires n'exigent pas une telle précifion, on a fupprimé dans les tables actuelles les cinq derniers chiffres des valeurs numériques des finus, tangentes, &c. en forte que ces valeurs, telles qu'elles font actuellement dans les tables, ne font approchées qu'à environ une unité près, fur 100000. Il n'en a pas été de même des logarithmes

des finus, tangentes, &c. on les a confervés tels
qu'ils ont été calculés pour le rayon fuppofé de
10000000000 parties ; & c'eft pour cette raifon
qu'on leur trouve une caractériftique beaucoup
plus forte que ne femble le fuppofer la valeur numérique du finus correfpondant, ou de la tangente correfpondante ; en forte que, lorfqu'on
fait ufage des logarithmes des finus, tangentes,
&c. on calcule dans la fuppofition tacite que le
rayon foit de..... 10000000000 parties ; & lorsqu'on fait ufage des valeurs numériques des finus,
tangentes, &c. on calcule dans la fuppofition que
le rayon foit de 100000 parties feulement.

A l'égard des logarithmes des tangentes & fécantes, on les a par une fimple addition & une
fouftraction, lorfqu'une fois on a ceux des finus ;
cela eft évident d'après ce qui a été dit (278) &
(*Arith.* 232).

292. Quoique les tables ordinaires ne donnent les finus que pour les degrés & minutes,
néanmoins on en peut déduire les valeurs de ces
mêmes lignes pour les degrés, minutes & fecondes,
& cela en fuivant exactement ce que nous venons de prefcrire pour les degrés & minutes feulement. Mais comme on emploie plus fouvent
les logarithmes de ces lignes, au lieu de ces lignes elles-mêmes, nous nous arrêterons un moment fur ce dernier objet.

Suppofant qu'on ait les logarithmes des finus & des tangentes, de minute en minute ; quand on voudra avoir le logarithme du finus d'un certain nombre de degrés, minutes & fecondes, on prendra dans les tables celui du finus du nombre des degrés & minutes : on prendra auffi la différence des deux logarithmes voifins qui eft à côté, & on fera cette proportion : 60″ font au nombre de fecondes en queftion, comme la différence des logarithmes, prife dans les tables, eft à un quatrième terme qu'on ajoutera au logarithme du finus des degrés & minutes.

Si au contraire on avoit un logarithme de finus qui ne répondît pas à un nombre exact de degrés & minutes, pour avoir les fecondes, on feroit cette proportion : La différence des deux logarithmes, entre lefquels tombe le logarithme donné, eft à la différence entre ce même logarithme & celui qui eft immédiatement plus petit dans la table, comme 60″ font à un quatrième terme, qui feroit le nombre de fecondes à ajouter au nombre de degrés & minutes de l'arc, qui dans la table, eft immédiatement au-deffous de celui que l'on cherche.

On pourra fuivre cette règle, tant que l'arc ne fera pas au-deffous de 3° ; lorfqu'il fera au-deffous, on fe conduira comme dans cet exemple ; fuppofons qu'on demande le finus de 1° 55′ 48″ ;

on feroit cette proportion, 1° 55″ ; 1° 55′ 48″ :: le finus de 1° 55′ eft à un quatrième terme, qui (à caufe que les petits arcs font proportionnés à leurs finus) fera fans erreur fenfible, le finus de 1° 55′ 48″. Mais pour calculer plus commodément, on réduira les deux premiers termes en fecondes ; & alors prenant dans les tables le logarithme du finus de 1° 55′ qui eft le troifième terme, on lui ajoutera le logarithme de 1° 55′ 48″ réduits en fecondes ; enfin du total on retranchera le logarithme de 1° 55′ réduits en fecondes, le refte (*Arith.* 232) fera le logarithme du quatrième terme, c’eft-à-dire, le logarithme cherché.

Réciproquement pour trouver le nombre de degrés, minutes & fecondes d’un arc au-deffous de 3°, & dont on a le finus ; on chercheroit d’abord dans les tables quel eft le nombre de degrés & minutes, puis on feroit cette proportion : Le finus du nombre de degrés & minutes trouvé eft au finus propofé, comme ce même nombre de degrés & minutes réduits en fecondes eft au nombre total de fecondes de l’arc cherché ; ainfi par logarithmes, l’opération fe réduira à prendre la différence entre le logarithme du finus propofé, & celui du finus du nombre de degrés & minutes immédiatement au-deffous, & à ajouter ce logarithme au logarithme de ce nombre de degrés & minutes réduits en fecondes ; la fomme fera le logarithme du nombre de fecondes que vaut l'arc cherché. Par exemple, fi l'on me donne 8,6233427 pour logarithme du finus d'un arc, je trouve dans les tables que le nombre de degrés & minutes le plus approchant eft 2° 24', & que la différence entre le logarithme du finus propofé, & celui du finus de ce dernier arc eft 0013811 ; j'ajoute cette différence avec 3,9365137, logarithme de 2° 24' réduits en fecondes, la fomme 3,9378948 répond dans les tables de logarithmes à 8667 ; c'eft le nombre de fecondes de l'arc cherché, qui par conféquent eft de 2° 24' 27''. Cette règle eft l'inverfe de la précédente.

A l'égard des logarithmes des tangentes, on fuivra les mêmes règles en changeant le mot *finus* en celui de *tangente*. Il faut feulement en excepter les arcs qui font entre 87° & 90°, pour lefquels on fuivra celle-ci. Calculez le logarithme de la tangente du complément, par la règle qu'on vient de prefcrire pour les tangentes, & retranchez ce logarithme du double du logarithme du rayon. En effet, felon ce qui a été dit (280), la tangente eft le quatrième terme d'une proportion dont les trois premiers font la cotangente, le rayon & le rayon.

Et fi au contraire on avoit le logarithme de tangente d'un arc qui devant être entre 87° & 90°, devroit avoir des fecondes, on retrancheroit ce logarithme du double du logarithme du rayon, & on auroit le logarithme de la tangente du complément, qui étant nécessairement entre 0° & 3°, se détermineroit facilement d'après ce qui précède ; prenant le complément de l'arc ainsi trouvé, on auroit l'arc cherché.

293. Puisque le sinus d'un arc est la moitié de la corde d'un arc double, si l'on descendoit par le principe donné (282), jusqu'au sinus de l'arc le plus approchant de 1″, & qu'en doublant ce sinus, on répétât ce double autant de fois que l'arc dont il est la corde, est contenu dans la demi-circonférence, il est visible qu'on auroit un nombre fort approchant de la longueur de la demi-circonférence, mais plus petit ; & si par la proportion donnée (278) on calculoit la tangente du même arc, & que l'ayant doublée, on répétât ce double autant de fois que le double de cet arc est contenu dans la demi-circonférence, on trouveroit un nombre fort approchant de la demi-circonférence, mais plus grand ; on peut donc, par le calcul des sinus, approcher du rapport du diamètre à la circonférence : nous ne nous arrêterons pas à ce calcul, parce que nous donnerons ailleurs une méthode plus expéditive. Quoi qu'il en soit, on trouveroit par cette méthode, que le rayon étant supposé de 10000000000, la demi-circonférence seroit entre 3141592653 &

3 1415926535. Concluons donc de-là que le rayon étant 1, les 180° de la demi-circonférence valent 3,1415926535 ; le degré vaut 0,0174532925 2 ; la minute vaut 0,000290888208 , & ainſi de fuite. Nous rapportons ici ces nombres , parce qu'ils peuvent fouvent être utiles. Par exemple , veut-on favoir quel eſpace occuperoit une minute de degrés fur l'octant avec lequel on obſerve les hauteurs à la mer , cet octant étant ſuppoſé de 20 pouces de rayon. Par la conſtruction de cet inſtrument, les 90° font repréſentés par un arc de 45 ; ainſi l'intervalle entre deux diviſions conſécutives , eſt celui qu'occuperoit un degré dans un cercle dont le rayon feroit moitié moindre , ou de 10 pouces ; donc la minute fur un pareil inſtrument , ne répond qu'à l'eſpace qu'elle occuperoit fur une circonférence de 10 pouces , ou 120 lignes. Multiplions donc 120 par 0,00029 valeur de la minute, en ſe bornant aux 5 premiers chiffres , nous aurons 0,03480, ou 0,0348, c'eſt-à-dire , $\frac{518}{10000}$ de ligne , ou $\frac{1}{29}$ de ligne à-peu-près. On voit par-là qu'on ne peut guère répondre d'une minute en obſervant avec cet inſtrument. Nous aurons occaſion d'en parler ailleurs (*ll*).

De la Résolution des Triangles Rectangles.

294. Nous avons dit ci-dessus (267), que pour être en état de calculer ou de résoudre un triangle, il falloit connoître trois des six parties qui le composent, & que parmi les trois choses connues, il falloit qu'il y eût au moins un côté. Comme l'angle droit est un angle connu, il suffit donc dans les triangles rectangles de connoître deux choses différentes de l'angle droit; mais il faut qu'une au moins de ces deux choses soit un côté. Il faut encore remarquer que comme les deux angles aigus d'un triangle rectangle valent ensemble un angle droit, dès que l'un des deux est connu, l'autre l'est aussi.

La résolution des triangles rectangles se réduit à quatre cas; ou les deux choses connues sont un des deux angles aigus, & un côté de l'angle droit, ou elles sont un angle aigu & l'hypothénuse, ou un côté de l'angle droit & l'hypothénuse, ou enfin les deux côtés de l'angle droit.

Ces quatre cas trouveront toujours leur résolution dans l'une des deux proportions ou analogies suivantes.

295. 1°. *Le rayon des tables est au sinus d'un des angles aigus, comme l'hypothénuse est au côté opposé à cet angle aigu.*

296. 2°. *Le rayon des tables est à la tangente d'un des angles aigus, comme le côté de l'angle droit adjacent à cet angle est au côté opposé à ce même angle.*

Pour démontrer la première de ces deux analogies, il n'y a qu'à se représenter (*fig.* 144) que dans le triangle rectangle CED, la partie CA de l'hypothénufe foit le rayon des tables, alors en imaginant l'arc AB, la perpendiculaire AP fera le finus de l'angle ACB ou DCE ; or à caufe des parallèles AP & DE, on aura dans ies triangles femblables CAP, CDE, $CA : AP :: CD :$ DE, c'eft-à-dire, $R : fin\ DCE :: CD : DE$, ce qui eft précifément la première analogie.

On prouvera de même que $R : fin\ CDE ::$ $CD : CE$.

Pour la feconde, il faut fe repréfenter dans le triangle rectangle CEF (*fig.* 149) que la partie CA du côté CE foit le rayon des tables ; & ayant imaginé l'arc AB, la perpendiculaire AD élevée fur AC au point A, fera la tangente de l'angle C ou FCE ; alors à caufe des triangles femblables CAD, CEF, on aura $CA : AD ::$ $CE : EF$, c'eft-à-dire, $R : tang\ FCE :: CE :$ EF, ce qui fait la feconde des deux analogies énoncées ci-deffus.

On prouvera de la même manière que $R : tang$ $CFE :: EF : CE$.

297. Dans les applications qui vont fuivre, nous emploierons toujours les logarithmes des finus, tangentes, &c. au lieu des finus, tangentes, &c. & pour familiarifer les commençans avec l'ufage des complémens arithmétiques, nous en ferons ufage dans tous les calculs, à l'exception des cas où le logarithme à retrancher feroit celui du rayon, dont la caractériftique étant 10, la fouftraction eft très-facile. Mais pour ne point obliger ceux qui n'auroient que la première édition de l'Arithmétique à recourir à la feconde, nous allons expofer ici en peu de mots l'idée & l'ufage des complémens arithmétiques.

Le complément arithmétique d'un nombre fe prend en retranchant de 9, chacun des chiffres de ce nombre, excepté le dernier fur la droite qu'on retranche de 10. Ainfi le complément arithmétique d'un nombre peut fe prendre à l'infpection de fes chiffres fans aucune opération.

Les complémens arithmétiques fervent à changer les fouftractions en additions. Ainfi, fi de 78549 je veux retrancher 65647, je puis à cette opération fubftituer l'addition de 78549 avec 34353 qui eft le complément arithmétique de 65647, alors il ne s'agit plus que d'ôter une unité au premier chiffre de la gauche de la fomme; on ôteroit deux unités fi l'on avoit ajouté deux complémens arithmétiques, & ainfi de fuite.

Dans le cas préfent, la fomme feroit 112903, de laquelle fupprimant une unité au premier chiffre, il refte 12902, qui eft précifément ce que l'on auroit eu, fi de 78549 on avoit retranché 65647 felon la règle ordinaire.

La raifon eft facile à appercevoir, en obfervant que le complément arithmétique de 65647, n'eft autre chofe que 100000 moins 65647; ainfi quand on a ajouté le complément arithmétique, on ajoute 100000, & on retranche 65647; le réfultat renferme donc 100000 de trop, c'eft-à-dire, que fon premier chiffre eft trop fort d'une unité.

Donc puifque (*Arith*. 232) pour faire une règle de *trois* par logarithmes, il faut ajouter les logarithmes des deux moyens, & retrancher le logarithme du premier terme; on pourra, en vertu de l'obfervation précédente, faire une fomme des logarithmes des deux moyens, & du complément arithmétique du logarithme du premier terme; & l'on diminuera d'une unité le premier chiffre de la gauche du réfultat.

Après ces obfervations, venons à l'application des deux analogies démontrées ci-deffus aux quatre cas dont nous avons parlé.

EXEMPLE I. Suppofons qu'il s'agit de déterminer la hauteur *A C* d'un édifice (*fig. 150*) par des mefures prifes fur le terrein.

On s'éloignera de cet édifice à une diftance *CD*,

telle que l'angle compris entre les deux lignes qu'on imaginera menées du point D au pied & au fommet de l'édifice, ne foit ni trop aigu ni fort approchant de 90°, & ayant mefuré cette diftance CD, on fixera au point D le pied d'un graphomètre. On difpofera cet inftrument de manière que fon plan foit vertical & dirigé vers l'axe AC de la tour, & que fon diamètre fixe HF foit horizontal ; ce qui fe fera à l'aide d'un petit poids fufpendu par un fil attaché au centre. Ce fil doit alors rafer le bord de l'inftrument & répondre à 90°. On fera mouvoir le diamètre mobile jufqu'à ce qu'on puiffe appercevoir à travers leurs pinnules ou la lunette dont il eft garni, le fommet A de l'édifice. Alors on obfervera fur l'inftrument, le nombre des degrés de l'angle FEG, qui eft auffi celui de fon oppofé au fommet AEB.

Cela pofé, la hauteur AC de l'édifice étant perpendiculaire à l'horizon, eft perpendiculaire à BE ; c'eft pourquoi on a un triangle rectangle ABE, dans lequel outre l'angle droit, on connoît BE égal à CD qu'on a mefuré, & l'angle AEB ; on cherche la valeur AB ; on voit donc que les trois chofes connues, & celle que l'on cherche, font les termes de l'analogie du n°. 296 ; donc pour trouver AB, on fera cette proportion, $R : \tan AEB :: BE : AB$.

Suppofons, par exemple, que la diftance CD ou BE ait été trouvée de 132 pieds, & l'angle AEB de 48° 54'.

On aura R : *tang* 48° 54' :: 132^P : AB ; de forte que prenant dans les tables la valeur de la tangente de 48° 54', la multipliant par 132, & divifant enfuite par la valeur du rayon prife dans les tables, on aura le nombre de pieds de AB, auquel ajoutant la hauteur ED de l'inftrument, on aura la hauteur cherchée AC.

Mais on peut abréger confidérablement le calcul en employant au lieu de ces nombres leurs logarithmes, parce qu'alors il ne s'agit plus (*Arith.* 232) que d'ajouter les logarithmes du fecond & du troifième termes, & de retrancher le logarithme du premier ; c'eft pourquoi on fera le calcul comme il fuit :

Log tang 48° 54'................	10,0593064
Log 132.......................	2,1205739
Somme.......................	12,1798803
Log du rayon................	10,0000000
Refte ou *log* AB..............	2,1798803

qui répond dans les tables à 151,32 à moins d'un centième près. Ainfi AB eft de 151^P & 32 centièmes, ou 151^P 3, 10^l.

Remarquons en paſſant que le logarithme du rayon ayant 10 pour caractériſtique & des zéros pour ſes autres chiffres, on peut, lorſqu'il s'agit de l'ajouter ou de le retrancher, ſe diſpenſer de l'écrire, & ſe contenter d'ajouter ou d'ôter une unité aux dizaines de la caractériſtique du logarithme auquel il doit être ajouté, ou dont il doit être retranché (*mm**).

EXEMPLE II. On a couru, en partant d'un point connu *A* (*fig. 151*), 32 lieues ſur la ligne *G F* qui marque le nord-nord-eſt : on demande combien on a avancé vers l'eſt, & de combien vers le nord.

On imaginera par les deux points *A* & *B* les deux lignes *A C* & *B C* parallèles, la première à la ligne nord & ſud *N S*, & la ſeconde à la ligne eſt & oueſt *E O ;* comme ces deux lignes font un angle droit, le triangle *A C B* ſera rectangle en *C ;* on connoît dans ce triangle, le côté *A B* qui eſt de 32 lieues, & l'angle *C A B* qui, à cauſe des parallèles, eſt égal à l'angle *N D F*, lequel, à cauſe que *D F* marque le nord-nord-eſt, eſt de 22° 30′ ou le quart de 90°.

On fera donc pour trouver *B C*, cette analogie (285), $R : ſin\ 22°\ 30' :: 32^l : B\,C$.

Et pour trouver *A C*, on remarquera que l'angle *B* eſt complément de l'angle *A ;* c'eſt pourquoi on fera cette analogie (295) $R : \mathit{fin} : 67° \ 30'$ :: $32^1 : A\,C.$

On fera ces deux opérations par logarithmes, comme il fuit :

Log fin 22° 30'................... 9,5828397
Log 32........................... 1,5051500

Somme........................... 11,0879897
Log du rayon.................... 1.........

Refte ou *log* de *B C*........... 1,0879897

Qui répond à 12,25 à moins d'un centième près.

Log fin 67° 30'................... 9,9656153
Log 32........................... 1,5051500

Somme........................... 11,4707653
Log. du rayon................... 1.........

Refte ou *log* de *A C*........... 1,4707653

Qui répond à 29,56 à moins d'un centième près.

Ainfi on s'eft avancé de 12 lieues & 25 centièmes ou ¼ vers l'eft, & 29 lieues & 56 centièmes vers le nord.

Le nombre de lieues qu'on a courues felon l'une & l'autre de ces deux directions, fert à dé-

terminer le lieu B de la terre où fe trouve un vaiffeau lorfqu'il a parcouru AB ; mais le nombre
de lieues courues vers l'eft, a befoin d'une correction dont ce n'eft pas encore ici le lieu de parler. Il ne s'agit, quant à préfent, que des premiers
ufages de la Trigonométrie.

EXEMPLE III. On a couru 42 lieues felon la
ligne AB dont la pofition eft inconnue, & on
fait qu'on a avancé de 35 lieues au nord : on demande la direction de la route AB, c'eft-à-
dire, quel air de vent on a fuivi.

On connoît donc ici le côté AC de l'angle
droit & l'hypothénufe, & il s'agit de trouver
l'angle CAB. Comme les deux angles A & B
font enfemble un angle droit, nous connoîtrons
l'angle A, fi nous pouvons déterminer l'angle
B. Or, pour trouver celui-ci, nous n'avons qu'à
faire cette analogie : (295) $R : fin\ B :: AB : AC$.

C'eft-à-dire, $R : fin\ B :: 42 : 35$; ou bien en
écrivant le fecond rapport à la place du premier,
$42 : 35 :: R : fin\ B$.

Faifant l'opération par logarithmes, on a :

Log 35...................... 1,5440680
Log du rayon................ 10.......
Complément arith. du log de 42... 8,3767507
—————
Somme ou *log* du finus de B..... 19,9208187

qui dans les tables, répond à 56° 27'; donc l'angle A, ou l'air de vent, eft de 33° 33'.

EXEMPLE IV. On a couru felon la ligne AB, dont la pofition & la grandeur font inconnues; mais on fait qu'on a avancé de 15 lieues à l'eft, & de 35 lieues au nord : on demande la direction & la longueur de la route.

On connoît donc ici les deux côtés AC & BC de l'angle droit, & l'on demande les angles & l'hypothénufe. Pour trouver l'angle A, on fera cette analogie (296) $AC : BC :: R : tang\ A$, c'eft-à-dire, $35 : 15 :: R : tang\ A$.

En faifant l'opération par logarithmes :

Log 15......................	1,1760913
Log du rayon................	10.......
Complément arith. du log de 35...	8,4559320
Somme ou *log tang* A..........	19,6320233

qui dans la table, répond à 23° 12'.

Pour avoir AB, on peut, quand on a déterminé l'angle A, fe conduire comme dans l'exemple III. Mais il n'eft pas néceffaire de calculer l'angle A; la propofition démontrée (*164 & 166*) fuffit : ainfi prenant le quarré de 15 qui eft 225, & l'ajoutant au quarré de 35 qui eft 1225, on aura 1450 pour le quarré de AB; & tirant la racine quarrée, on aura 38,08 pour la valeur de AB à moins d'un centième près.

GÉOMÉTRIE.   Q

Par la même raison, si l'hypothénufe AB, &
l'un AC des côtés de l'angle droit étant donné,
on demandoit l'autre côté BC; il ne seroit pas
nécessaire de calculer l'angle A; on retrancheroit
(166) le quarré du côté connu AC, du quarré
de l'hypothénufe AB; la racine quarrée du reste
seroit la valeur du côté BC.

C'est encore par la résolution des triangles
rectangles qu'on peut déterminer de combien il
s'en faut que le rayon AD (*fig. 152*), par lequel
on vise à l'horizon de la mer lorfqu'on est élevé
d'une certaine quantité AB au-desfus d'un point
B de sa surface, ne soit parallèle à la surface de
la mer.

Comme le rayon visuel AD est alors une tan=
gente, si l'on imagine le rayon CD, l'angle D sera
droit (48); or on connoît le rayon CD de la
terre qui est 19611500 pieds. Et si au rayon CB
de 19611500, on ajoute la hauteur AB à laquelle on est au-desfus de B, on aura le côté AC;
on connoîtra donc deux chofes outre l'angle
droit; on pourra donc calculer l'angle CAD,
dont la différence DAO avec un angle droit,
fera l'abaiffement du rayon AD au-desfous du
rayon AO parallèle à la surface de la mer en B.

Si dans le même triangle ADC on calcule le
côté AD, on aura la plus grande diftance à laquelle la vue puiffe s'étendre, lorfque l'œil est à

la hauteur AB. Mais comme les tables ordinaires ne peuvent pas donner l'angle CAD, & le côté AD, avec une précision suffisante, lorsque AB est une très-petite quantité à l'égard du rayon de la terre ; voici comment on peut y suppléer.

On concevra AC prolongé jusqu'à la circonférence en E ; alors AE étant une sécante, & AD une tangente ; selon ce qui a été dit (129) on aura $AE : AD :: AD : AB$; ainsi pour avoir AD, on prendra (*Arith.* 178) une moyenne proportionnelle entre AE & AB.

Par exemple, si l'œil A étoit élevé de 20 pieds au-dessus de la mer ; AB feroit de 20 pieds, & AE feroit de deux fois 19611500 pieds, plus 20, c'est-à-dire, de 39223020 pieds ; le quarré de AD feroit donc de 39223020 $\times$ 20 ou de 784460400, donc (*Arith.* 178 & 179) AD feroit de 28008 pieds, c'est-à-dire, qu'un œil élevé de 20 pieds au-dessus de la surface de la mer, peut découvrir jusqu'à 28008 pieds, ou une lieue & $\frac{2}{5}$ à la ronde.

Maintenant pour savoir de combien le rayon visuel AD est abaissé à l'égard de l'horizontal AO, on remarquera que vu la petitesse de AB, la ligne AD ne peut différer sensiblement de l'arc BD ; ainsi l'arc BD est 28008 pieds. Or, puisque le rayon est de 19611500 pieds, on trouvera facilement (152) que la circonférence est 123222688 ;

Q

& par conféquent (153) on trouvera le nombre de degrés de l'arc BD, par cette proportion 123222688 : 28008 :: 360° : à un quatrième terme, que l'on trouve 0° 4′ 54″; ainfi l'angle ACD, & par conféquent DAO, eft de 0° 4′ 54″, lorfque AB eft de 20 pieds.

Réfolution des Triangles Obliquangles.

298. On fe fert du terme de *triangles obli-quangles*, pour défigner en général les triangles qui n'ont point d'angle droit (*nn*).

299. « *Dans tout triangle rectiligne, le finus d'un angle eft au côté oppofé à cet angle, comme le finus de tout autre angle du même triangle eft au côté qui lui eft oppofé.*

» Car fi l'on imagine un cercle circonfcrit au triangle ABC (*fig. 153*), & qu'ayant tiré les rayons DA, DB, DC, on décrive d'un rayon Db égal à celui des tables le cercle abc; qu'enfin on tire les cordes ab, bc, ac, qui joignent les points de fection a, b, c; il eft facile de voir que le triangle abc eft femblable au triangle ABC; car les lignes Da, Db étant égales, font propor-tionnelles aux lignes DA, DB; donc (105) ab eft parallèle à AB; on prouvera de même que bc eft parallèle à BC, & ac parallèle à AC; donc (111) $AB : ab :: BC : bc$, ou $AB : \frac{1}{2} ab :: BC :$

$\frac{1}{2} bc$; or la moitié de la corde ab eſt (270) le ſinus de ah moitié de l'arc ahb : & cette moitié de l'arc ahb eſt la meſure de l'angle acb qui a ſon ſommet à la circonférence, & qui eſt égal à l'angle ACB; donc $\frac{1}{2} ab$ eſt le ſinus de l'angle ACB; on prouvera de même que $\frac{1}{2} bc$ eſt le ſinus de l'angle BAC; donc $AB : \sin ACB :: BC : \sin BAC$ ».

300. Cette propoſition ſert à réſoudre un triangle : 1°. lorſqu'on connoît deux angles & un côté. 2°. Lorſqu'on connoît deux côtés & un angle oppoſé à l'un de ces côtés (oo).

I. Cas. Si l'on connoît l'angle B, l'angle C, & le côté BC (fig. 65), on aura l'angle A, en ajoutant les deux angles B & C, & retranchant leur ſomme de 180°; & pour avoir les deux côtés AC & AB, on fera les deux proportions :

$$\sin A : BC :: \sin B : AC$$
$$\sin A : BC :: \sin C : AB.$$

C'eſt ainſi qu'on peut réſoudre par le calcul, la queſtion que nous avons examinée (121). Par exemple, ſi l'angle B a été obſervé de 78° 57′, l'angle C de 47° 34′, & le côté BC de 184 pieds, on aura 53° 29′ pour l'angle A, & l'on trouvera les deux autres côtés par ces deux proportions.

$$\sin 53° 29′ : 184 :: \sin 78° 57′ : AC$$
$$\sin 53° 29′ : 184 :: \sin 47° 34′ : AB;$$

Faifant ces opérations par logarithmes comme il fuit :

Log 184	2,2648178
Log fin 78° 57′	9,9918727
Complément arith. du log fin 53° 29′.	0,0949148

Somme *ou log A C* 12,3516053

Log 184	2,2648178
Log fin 47° 34′	9,8680934
Complément arith. du log fin 53° 29′.	0,0949148

Somme *ou log A B* 12,2278260

on trouvera que *A C* eft de 224^P, 7, & *A B*, de 169^P.

II. Cas. Si l'on connoît le côté *A B* (*fig.* 141), le côté *B C* & l'angle *A* , on déterminera l'angle *C* en calculant fon finus par cette proportion :

$$B C : fin A B :: A B : fin C.$$

Mais il faut remarquer , felon ce que nous avons déjà dit ci-deffus (267) , que l'angle *C* ne fera déterminé qu'autant qu'on faura s'il doit être aigu ou obtus.

Par exemple , que *A B* foit de 68 pieds , *B C* de 37 , & l'angle *A* de 32° 28′ , la proportion fera 37 : *finus* 32° 28′ :: 68 : *fin C*.

On trouvera , en opérant comme ci-deffus, que çe finus répond dans les tables à 80° 36′ ;

mais comme le finus d'un angle appartient auffi
au fupplément de cet angle , on ne fait fi l'on doit
prendre 80° 36′, ou fon fupplément 99° 24′ ; mais
fi l'on fait que l'angle cherché doit être aigu ,
alors on eft fûr qu'il eft , dans ce cas-ci , de 80°
36′, & le triangle a alors la figure *A B C ;* fi au
contraire il doit être obtus , il fera de 99° 24′, &
le triangle aura la figure *A B D.*

Avant d'établir les deux propofitions qui fervent à réfoudre les autres cas des triangles , il
convient de placer ici une propofition qui nous
fera utile pour l'application de ces deux propofitions.

301. *Si l'on connoît la fomme de deux quanti-*
tés & leur différence , on aura la plus grande de ces
deux quantités , en ajoutant la moitié de la diffé-
rence à la moitié de la fomme ; & la plus petite , en
retranchant au contraire la moitié de la différence de
la moitié de la fomme.

Par exemple , fi je fais que deux quantités font
enfemble 57 , & qu'elles diffèrent de 17 , j'en conclus que ces deux quantités font 37 & 20 ; en
ajoutant d'une part la moitié de 17 à la moitié de
57 , & retranchant de l'autre part la moitié de 17 ,
de la moitié de 57.

En effet , puifque la fomme comprend la plus
grande & la plus petite , fi à cette fomme on ajou-
toit la différence , elle comprendroit alors la

double de la plus grande ; donc la plus grande vaut la moitié de ce tout, c'eſt-à-dire, la moitié de la ſomme des deux quantités, plus la moitié de leur différence.

Au contraire, ſi de la ſomme on ôtoit la diffé-rence, il reſteroit le double de la plus petite ; donc la plus petite vaudroit la moitié du reſte, c'eſt-à-dire, la moitié de la ſomme, moins la moitié de la différence.

302. *Dans tout triangle rectiligne* A B C (fig. 154 & 155) *, ſi de l'un des angles on abaiſſe une per-pendiculaire ſur le côté oppoſé, on aura toujours cette proportion : le côté* A C *ſur lequel tombe, ou ſur le prolongement duquel tombe la perpendiculaire eſt à la ſomme* AB + BC *des deux autres côtés, comme la différence* A B — B C *de ces mêmes côtés eſt à la différence des ſegmens* A D & D C *, ou à leur ſomme, ſelon que la perpendiculaire tombe en dedans ou au-dehors du triangle.*

Décrivez du point *B* comme centre, & d'un rayon égal au côté *B C*, la circonférence *CEHF*, & prolongez le côté *A B*, juſqu'à ce qu'il la ren-contre en *E.* Alors *A E* & *A C* ſont deux ſé-cantes tirées d'un même point pris hors du cercle ; donc, ſelon ce qui a été dit (127), on aura cette proportion *A C : A E :: A G : A F.*

Or *A E* eſt égal à *A B + B E* ou *A B + B C* ; *A G* eſt égal à *A B — B G* ou *A B — B C* ; &

AF eſt (*fig. 154*) égal à $AD - DF$ ou (52) à $AD - DC$; donc $AC : AB + BC :: AB - BC : AD - DC$. Dans la figure 155, AF eſt égal à $AD + DF$, ou $AD + DC$; on a donc dans ce cas $AC : AB + BC :: AB - BC : AD + DC$.

303. Donc lorſqu'on connoît les trois côtés d'un triangle, on peut, par cette propoſition, connoître les ſegmens formés par la perpendiculaire menée d'un des angles ſur le côté oppoſé; car alors on connoît (*fig. 154*) la ſomme AC de ces ſegmens, & la proportion qu'on vient d'enſeigner fait connoître leur différence, puiſqu'alors les trois premiers termes de cette proportion ſont connus; on connoîtra donc chacun des ſegmens, par ce qui a été dit (301). Dans la figure 155, on connoît la différence des ſegmens AD & CD, qui eſt le côté même AC, & la proportion détermine la valeur de leur ſomme.

304. Il eſt aiſé, d'après cela, de réſoudre cette queſtion : *Connoiſſant les trois côtés d'un triangle, déterminer les angles.*

On imaginera une perpendiculaire abaiſſée de l'un de ces angles, ce qui donnera deux triangles rectangles ADB, CDB.

On calculera par la propoſition précédente (303) l'un des ſegmens CD, par exemple, & alors dans le triangle rectangle CDB, connoiſfant deux côtés *B C* & *CD* outre l'angle droit, on calculera facilement l'angle *C*, par ce qui a été dit (295).

EXEMPLE. Le côté *A B* est de 142 pieds, le côté *B C* de 64, & le côté *A C* de 184; on demande l'angle *C*.

Je calcule la différence des deux segmens *A D* & *DC*, par cette proportion 184 : 142 + 64 :: 142 — 64 : *AD — DC*, ou 184 : 206 :: 78 : *A D — D C* que je trouve valoir 87,32; donc (301) le petit segment *CD* vaut la moitié de 184, moins la moitié de 87,32, c'est-à-dire, qu'il vaut 48,34.

Cela posé, dans le triangle rectangle *CDB*, je cherche l'angle *CBD*, qui étant une fois connu, fera connoître l'angle *C*; & pour trouver cet angle *CBD*, je fais cette proportion (295) *BC* : *CD* :: *R* : *sin CBD*, c'est-à-dire, 64 : 48,34 :: *R* : *sin CBD*.

Opérant par logarithmes,

Log 48,34	1,6843066
Log du rayon	10 . . . .
Complément arith. du log de 64	8,1938200
Somme *ou log sin CBD*	19,8781266

qui, dans les tables, répond à 49° 3′; donc l'angle *C* est de 40° 57″.

On peut réfoudre ce même cas, par cette autre règle, dont nous ne donnerons la démonftration que dans la troifième partie de ce Cours.

De la moitié de la fomme des trois côtés, retranchez fucceffivement chacun des deux côtés qui comprennent l'angle cherché, ce qui vous donnera deux reftes.

Faites enfuite cette proportion :

Le produit des deux côtés qui comprennent l'angle cherché, eft au produit des deux reftes, comme le quarré du rayon eft au quarré du finus de la moitié de l'angle cherché, ce qui, en employant les logarithmes, fe réduit à cette règle.

Au double du logarithme du rayon, ajoutez les logarithmes des deux reftes, & du tout retranchez la fomme des logarithmes des deux côtés qui comprennent l'angle cherché ; ce qui reftera, fera le logarithme du quarré du finus de la moitié de l'angle cherché ; prenez la moitié de ce refte, ce fera (*Arith.* 230) le logarithme de ce finus, que vous chercherez dans les tables ; ayant alors la moitié de l'angle, il n'y aura plus qu'à doubler cette moitié.

Ainfi, dans l'exemple que nous venons de propofer, j'ajouterois les trois côtés 184, 64, 142, & de 195 moitié de leur fomme, je retrancherois fucceffivement 184 & 64, ce qui me donneroit 11 & 131 pour reftes. Alors ajoutant à 20,0000000

double du logarithme du rayon, les logarithmes ;
1,0413927, 2,1172713 des reſtes 11 & 131,
j'aurois 23,1586640, duquel retranchant la
ſomme, 4,0709978 des logarithmes 1,8061800
& 2,2648178 des côtés 64 & 184, il me reſteroit 19,0876662, dont la moitié 9,5438331 eſt
le logarithme du ſinus de la moitié de l'angle C ;
on trouve dans les tables que cette moitié eſt 20°
28′ $\frac{1}{2}$ à-peu-près, dont le double eſt de 40° 57′,
comme ci-deſſus.

En faiſant uſage des complémens arithmétiques,
l'opération ſe réduit à l'addition ſuivante......

$$\ldots\ldots\ldots\ldots\ldots\ldots\ldots\ldots 20,0000000$$
$$1,0413927$$
$$2,1172713$$
$$8,1938200$$
$$7,7351822$$

Somme................. 39,0876662
Diminuant le premier chiffre de deux unités, on a
le même réſultat que par l'opération précédente,
mais plus briévement.

Cette propoſition peut ſervir à calculer les diſtances, lorſqu'on n'a point d'inſtrument pour
meſurer les angles ; c'eſt le moyen de faire par
le calcul ce qu'il étoit queſtion de faire par lignes, au n° (122).

Le cas où l'on a à réſoudre un triangle dont on

connoît les trois côtés, peut arriver fouvent, lorfqu'on a à calculer plufieurs triangles dépendans les uns des autres. (*pp*).

305. « *Dans tout triangle rectiligne, la fomme des deux côtés eft à leur différence, comme la tangente de la moitié de la fomme des deux angles oppofés à ces côtés eft à la tangente de la moitié de leur différence.*

» Car felon ce qui a été dit (299) on a (*fig.* 156) $AB : \text{fin } C :: AC : \text{fin } B$; donc (97) $AB + AC :$ $AB - AC :: \text{fin } C + \text{fin } B : \text{fin } C - \text{fin } B$; or (286) $\text{fin } C + \text{fin } B : \text{fin } C - \text{fin } B :: \text{tang}$ $\dfrac{C + B}{2} : \text{tang} \dfrac{C - B}{2}$; donc $AB + AC : AB$ $- AC :: \text{tang} \dfrac{C + B}{2} : \text{tang} \dfrac{C - B}{2}$ ».

306. Cette propofition fert à *réfoudre un triangle dont on connoît deux côtés & l'angle compris*. Car fi l'on connoît l'angle A, par exemple, on connoît auffi la fomme des deux angles B & C, en retranchant l'angle A de 180°. Donc en prenant la moitié du refte qu'on aura par cette fouftraction, & cherchant fa tangente dans les tables, on aura, avec les deux côtés AB & AC fuppofés connus, trois termes de connus dans la proportion qu'on vient de démontrer : on pourra donc calculer le quatrième, qui fera connoître la moitié de la différence des deux angles B & C. Alors connoiffant la demi-fomme & la demi-dif-

férence de ces angles, on aura (301) le plus grand, en ajoutant la demi-différence à la demi-somme ; & le plus petit, en retranchant au contraire la demi-différence de la demi-somme. Enfin ces deux angles étant connus, on aura aisément le troisième côté par la proposition enseignée (299).

EXEMPLE. Suppofons que le côté AB foit de 142 pieds, le côté AC de 120, & l'angle A de 48°, on demande les deux angles C & B & le côté BC.

Je retranche 48° de 180°, & il me refte 132° pour la fomme des deux angles C & B, & par conféquent 66° pour leur demi-fomme.

Je fais cette proportion 142 + 120 : 142 — 120

$$:: \text{ } tang \text{ } 66° : tang \text{ } \frac{C - B}{2}.$$

Ou 162 : 22 :: $tang$ 66° : $tang \frac{C - B}{2}$.

Et opérant par logarithmes,

Log $tang$ 66. 10,3514169
Log 22. 1,3424227
Complément arith. du log de 262. . . . 7,5816987

Somme ou log de la demi-différence ꓭ9,2755383

qui, dans la table, répond à 10° 41'.

Ajoutant cette demi-différence à la demi-fomme

66°, & la retranchant de cette même demi-
fomme, j'aurai, comme on voit ici :

66° 0′	66° 0′
10° 41′	10° 41′

L'angle C.. 76° 41′. L'angle B..... 55° 19′

Enfin, pour avoir le côté BC, je fais cette
proportion *fin* $C : AB :: fin\ A : BC$, c'eft-à-dire,
fin 76° 41′ : 142ᴾ :: *fin* 48° : BC.

Opérant comme dans les exemples ci-deffus,
on trouvera que BC vaut 108ᴾ 4.

307. Tels font les moyens qu'on peut employer pour la réfolution des triangles : voici
maintenant quelques exemples de l'application
qu'on en peut faire aux figures plus compofées.

308. Suppofons que C & D (*fig. 157*) font
deux objets dont on ne peut approcher, mais
dont on a cependant befoin de connoître la diftance.

On mefurera une bafe AB des extrémités de
laquelle on puiffe appercevoir les deux objets C
& D. On obfervera au point A les angles CAB,
DAB, que font avec la ligne AB les lignes
AC, AD, qu'on imaginera aller du point A
aux deux objets C & D; on obfervera de même
au point B, les angles CBA, DBA. Cela pofé,
on connoît dans le triangle CBA, les deux angles

CAB, CBA & le côté AB ; on pourra donc calculer le côté AC, par ce qui a été dit (300). Pareillement dans le triangle ADB, on connoît les deux angles DAB, DBA & le côté AB ; ainsi on pourra, par le même principe, calculer le côté AD ; alors en imaginant la ligne CD, on aura un triangle CAD, dans lequel on connoît les deux côtés AD, AD qu'on vient de calculer, & l'angle compris CAD ; car cet angle est la différence des deux angles mesurés CAB, DAB; on pourra donc calculer le côté CD (306).

309. On peut aussi, par ce même moyen, savoir quelle est la direction de CD, quoiqu'on ne puisse approcher de cette ligne. Car dans le même triangle CAD, on peut calculer l'angle ACD que CD fait avec AC ; or si par le point C on imagine une ligne CZ parallèle à AB, on fait que l'angle ACZ est supplément de CAB, à cause des parallèles (40) ; donc prenant la différence de l'angle connu ACZ à l'angle calculé ACD, on aura l'angle DCZ que CD fait avec CZ ou avec sa parallèle AB ; & comme il est fort aisé d'orienter AB, on aura donc aussi la direction de CD.

310. Nous avons dit en parlant des lignes (3), que nous donnerions le moyen de déterminer différens points d'un même alignement, lorsque des obstacles empêchent de voir les extré-

mités l'une de l'autre. Voici comment on peut s'y prendre.

On choisira un point C (*fig. 158*) hors de la ligne AB dont il s'agit, & qui soit tel qu'on puisse de ce point appercevoir les deux extrémités A & B ; on mesurera les distances AC & CB, soit immédiatement, soit en formant des triangles dont ces lignes deviennent côtés, & qu'on puisse calculer comme dans l'exemple précédent (308). Alors dans le triangle ACB, on connoîtra les deux côtés AC & CB & l'angle compris ACB ; on pourra donc (306) calculer l'angle BAC. Cela posé, on fera planter selon telle direction CD qu'on voudra plusieurs piquets ; & ayant mesuré l'angle ACD, on connoîtra dans le triangle ACD le côté AC & les deux angles A & ACD ; on pourra donc (300) calculer le côté CD ; alors on continuera de faire planter des piquets dans la direction CD, jusqu'à ce qu'on ait parcouru une longueur égale à celle qu'on a calculée, & le point D où l'on s'arrêtera, sera dans l'alignement des points A & B.

311. S'il n'étoit pas possible de trouver un point C, duquel on pût appercevoir à la fois les deux points A & B, on pourroit se retourner de la même manière suivante.

On chercheroit un point C (*fig. 159*), d'où l'on pût appercevoir le point B, & un autre point E d'où l'on pût voir le point A & le point C. Alors mesurant ou déterminant, par quelque expédient tiré des principes précédens, les distances AE, EC & CB, on observeroit au point E l'angle AEC, & au point C l'angle ECB. Cela posé, dans le triangle AEC, connoissant les deux côtés AE, EC, & l'angle compris AEC, on calculeroit, par ce qui a été dit (306), le côté AC & l'angle ECA, retranchant l'angle ECA, de l'angle observé ECB, on auroit l'angle ACB; & comme on vient de calculer AC, & qu'on a mesuré CB, on retomberoit dans le cas précédent, comme si les deux points A & B eussent été visibles du point C; on achèvera donc de la même manière (97*).

312. S'il s'agit de mesurer une hauteur, & qu'on ne puisse approcher du pied, comme seroit la hauteur d'une montagne (*fig. 160*); on mesurera sur le terrein une base FG des extrémités de laquelle on puisse appercevoir le point A dont on veut connoître la hauteur; ensuite avec le graphomètre, dont BF & CG représentent la hauteur, on mesurera les angles ABC, ACB que font avec la base BC les lignes BA, CA, qu'on imagine aller des deux points B & C au point A; enfin à l'une des stations en C, par exemple, on disposera l'instrument comme on l'a fait dans l'exemple relatif à la figure 150, & on mesurera

l'angle ACD, qui eſt l'inclinaiſon de la ligne AC, à l'égard de l'horizon. Alors connoiſſant dans le triangle ABC les deux angles ABC, ACB & le côté BC, il ſera facile (300) de calculer le côté AC; & dans le triangle ADC, où l'on connoît maintenant le côté AC, l'angle meſuré ACD, & l'angle D qui eſt droit, puiſque AD eſt la hauteur perpendiculaire, il ſera facile de calculer AD, & on aura la hauteur du point A au-deſſus du point C. Si l'on veut ſavoir enſuite quelle eſt la hauteur du point A au-deſſus du point B ou de tout autre point environnant, il ne s'agira plus que de niveler, ou de trouver la différence de hauteur entre les points C & B; c'eſt ce dont nous allons parler dans un moment (rr*).

3 1 3. Nous avons dit (153) que pour calculer la ſurface d'un ſegment $AZBV$ (fig. 74) dont le nombre des degrés de l'arc AVB & le rayon ſont connus, il falloit calculer la ſurface du triangle IAB, pour la retrancher de celle du ſecteur $IAVB$; c'eſt une choſe facile actuellement; car dans le triangle rectangle IZB, on connoît, outre l'angle droit, le côté IB & l'angle ZIB moitié de AIB meſuré par l'arc AVB; on calculera donc facilement (295) IZ qui eſt la hauteur du triangle, & BZ qui eſt la moitié de la baſe.

On peut encore conclure de ce qui précède, le

moyen de faire un angle ou un arc d'un nombre
déterminé de degrés & minutes. On tirera une
droite C B (*fig. 145*) de grandeur arbitraire, que
l'on prendra pour côté de l'angle ; & ayant imaginé l'arc B D A décrit du point C le rayon C A
& la corde B A , fi l'on imagine la perpendiculaire C I , & fi l'on mefure C B , on connoîtra
dans le triangle rectangle C I B , l'angle droit, le
côté C B & l'angle B C I moitié de celui dont il
s'agit ; on pourra donc calculer B I , dont le
double fera la valeur de la corde A B ; ainfi prenant une ouverture de compas égale à ce double
du point B comme centre, on marquera le point
A fur l'arc B D A , & tirant C A , on aura l'angle
demandé.

Nous pourrions indiquer ici une infinité d'autres ufages de la Trigonométrie ; mais en voilà
affez pour mettre fur la voie ; d'ailleurs nous aurons affez d'occafions par la fuite d'avoir recours
à cette partie (*ss*).

Du Nivèlement.

314. Plufieurs obfervations démontrent que
la furface de la terre n'eft point plane comme elle
le paroît, mais courbe, & même fphérique, ou,
à très-peu de chofe près, fphérique. Lorfqu'un
vaiffeau commence à découvrir une côte, les

premiers objets qu'on remarque font les objets les plus élevés. Or fi la furface de la terre étoit plane, en même temps qu'on découvre la tour *B* (*fig. 161*), on devroit appercevoir tout le terrein adjacent *A B C*. Ce qui fait qu'il n'en eft pas ainfi, c'eft que la furface *DAC* de la terre s'abaiffe de plus en plus à l'égard de la ligne horizontale *B D* du vaiffeau. Deux points *D* & *B* peuvent donc paroître dans une même ligne horizontale *D B*, quoiqu'ils foient fort inégalement éloignés de la furface, & par conféquent du centre *T* de la terre. Ce qu'on appelle *ligne horizontale*, c'eft une ligne tirée dans un plan qui touche la furface de la mer, ou parallèlement à ce plan qu'on appelle *plan horizontal*; & une *ligne verticale* eft une perpendiculaire à un plan horizontal.

Ce qu'on appelle *niveler*, c'eft déterminer de combien un objet eft plus éloigné qu'un autre à l'égard du centre de la terre.

3 1 5. Lorfque l'un de ces objets vu de l'autre, paroît dans la ligne horizontale qui part de celui-ci, alors ils font différemment éloignés du centre de la terre. Pour connoître cette différence, il faut remarquer que la diftance à laquelle on peut appercevoir un objet terreftre, ou du moins que la diftance à laquelle on obferve dans le nivèlement eft toujours affez petite pour que cette diftance *D I* (*fig. 162*) mefurée fur la furface de

la terre, puiſſe être regardée comme égale à la tangente DB; or on a vu (129) que la tangente DB étoit moyenne proportionnelle entre toute ſécante menée du point B, & la partie extérieure BI de cette même ſécante; mais à cauſe de la petiteſſe de l'arc DI, on peut regarder la ſécante qui paſſe par le point B & le centre T, comme égale au diamètre, c'eſt-à-dire, au double de IT ou au double de DT; donc BI ſera le quatrième terme de cette proportion $2\ DT : DI :: DI : BI$.

Suppoſons, par exemple, que DI meſuré ſur la ſurface de la terre ſoit de 1000 toiſes ou 6000 pieds; comme le rayon de la terre eſt de 19611500 pieds, on trouvera BI par cette proportion $39223000 : 6000 :: 6000 : BI$; en faiſant le calcul, on trouve $0^{\text{p}}, 91783$, qui reviennent à $11^{\text{p}} 0^{\text{l}} 2^{\text{pts}}$, c'eſt-à-dire, qu'entre deux objets B & D éloignés de mille toiſes, & qui ſeroient dans une même ligne horizontale, la différence BI du niveau ou de diſtance au centre de la terre eſt de $11^{\text{p}} 0^{\text{l}} 2^{\text{pts}}$.

316. Quand on a calculé une différence de niveau comme BI, on peut calculer plus facilement celles qui répondent à une moindre diſtance; en faiſant attention que les diſtances BI, bi ſont preſque parallèles & égales aux lignes DQ, Dq, qui (170) ſont entr'elles comme les quarrés des

cordes ou des arcs DI, Di; car ici les cordes &
les arcs peuvent être pris l'un pour l'autre ; ainfi
pour trouver la différence bi du niveau, qui ré-
pondroit à 5000 pieds, je ferai cette proportion
$\overline{6000}^2 : \overline{5000}^2 :: 0,91783 : bi$, que je trouve en
faifant le calcul de 0,63738 ou $7^p\ 7^l\ 9^{pts}\ \frac{1}{5}$.

317. Ces notions fuppofées, pour connoître
la différence de niveau de deux points B & A
(*fig.* 163) qui ne font pas dans la ligne horizontale menée par l'un d'entr'eux , on emploiera un
inftrument propre à mefurer les angles que l'on
difpofera comme il a été dit dans l'exemple relatif
à la figure 150 : on obfervera l'angle BCD , &
ayant mefuré la diftance CD ou CI à l'aide d'une
chaîne qu'on tend horizontalement & à diverfes
reprifes au-deffus du terrein AVB , on pourra
dans le triangle CDB confidéré comme rectangle en
D, calculer BD, auquel on ajoutera la hauteur CA
de l'inftrument, & la différence DI de niveau,
calculée par ce qui vient d'être dit (315 & 316).

Mais comme cette manière d'opérer fuppofe
une grande exactitude dans la mefure de l'angle
BCD & un inftrument bien exact, on préfère
fouvent d'aller au même but, par une voie plus
longue que nous allons décrire.

318. On emploie à cet effet un inftrument
tel que le repréfente la figure 164. C'eft un tuyau

creux de fer-blanc ou d'un autre métal, coudé en
A & en B ; dans les deux parties éminentes &
égales $A C$ & $B D$, on fait entrer deux tuyaux
de verre I & K, maſtiqués avec les parties $A C$
& $B D$. On remplit d'eau tout le canal juſqu'à ce
qu'elle s'élève dans les deux tuyaux de verre ;
quand elle eſt à égale hauteur dans chacun, on
eſt ſûr que la ligne qui paſſe par la ſuperficie de
l'eau élevée dans chacun de ces deux tuyaux eſt
une ligne horizontale (*tt*), & on l'emploie de la
manière ſuivante.

On fait pluſieurs ſtations, par exemple, aux
points D, C, B (*fig. 165*) : ayant fait élever aux
deux points A & N deux jallons, l'obſervateur
qui eſt en D, viſe ſucceſſivement à chacun de
ces deux jallons, & fait marquer les deux points
E & F, qu'on nomme points de *mire*. Faiſant
enſuite planter un autre jallon en quelque point
P au-delà de G, on fait marquer de même les
deux points de mire G & H ; on meſure à chaque
ſtation les hauteurs $A E$, $G F$, $I H$, &c. &
après leur avoir appliqué (316) la correction de
niveau qui convient aux diſtances $K E$, $K F$,
$L G$, &c. eſtimé groſſièrement, on ajoute ces
hauteurs, & on a la différence de niveau entre
A & B.

Si dans le cours de ces opérations on n'alloit
pas toujours en montant, on ſent bien qu'au lieu

d'ajouter, il faudroit retrancher les quantités dont on a defcendu.

Comme nous ne nous propofons pas de donner ici un traité détaillé du nivèlement, nous ne nous arrêterons pas à décrire les autres méthodes & les autres inftrumens qu'on peut employer.

On peut voir fur cette matière le *traité du Nivèlement* de PICARD. *Paris*, *1728.*

TRIGONOMÉTRIE SPHÉRIQUE.

NOTIONS PRÉLIMINAIRES.

319.Un triangle fphérique eft une partie de la furface de la fphère comprife entre trois arcs de cercle, qui ont tous trois pour centre commun le centre de la fphère, & qui font par conféquent trois arcs de grand cercle de cette même fphère.

Si de trois angles A, F, G, du triangle fphérique AFG (*fig. 166*), on imagine trois rayons AC, FC, GC menés au centre C de la fphère, on peut fe repréfenter l'efpace $CAFG$ comme une pyramide triangulaire qui a fon fommet C au centre de la fphère, & dont la bafe AFG eft courbe, & fait partie de la furface de cette fphère. Les arcs AF, FG, AG qui font les côtés curvilignes de la bafe, font les rencontres de la furface de la fphère avec les plans ACF, FCG, GCA qui forment les faces de cette pyramide.

L'angle A compris entre les deux arcs AF, AG, fe mefure par l'angle rectiligne IAK; compris entre les tangentes AI, AK de ces deux arcs. Chacune de ces tangentes eſt dans le plan de l'arc auquel elle appartient, & elles ſont toutes deux perpendiculaires au rayon CA (48), qui eſt l'interſection des deux plans ACF, ACG; donc (191) l'angle compris entre ces deux tangentes eſt le même que l'angle compris entre les plans ACF, ACG des deux arcs; donc,

320. 1°. *Un angle ſphérique quelconque* F A G *n'eſt autre choſe que l'angle compris entre les plans de ſes deux côtés* A F, A G.

321. 2°. *Les angles que forment les arcs de grand cercle qui ſe rencontrent ſur la ſurface d'une ſphère, ont les mêmes propriétés que les angles plans,* c'eſt-à-dire, les propriétés énoncées (192, 193 & 194).

322. Donc *deux côtés d'un triangle ſphérique ſont perpendiculaires entr'eux, quand les plans qui les renferment ſont perpendiculaires entr'eux.*

Si l'on conçoit les deux plans ACG, ACF, prolongés indéfiniment dans tous les ſens, il eſt viſible que la ſection que chacun formera dans la ſphère, ſera un grand cercle, & que ces deux grands cercles ſe couperont mutuellement en deux parties égales aux points A & D de l'interſection commune AC prolongée ; car les deux plans paſſant par le centre, ont pour interſection commune un diamètre de la ſphère.

323. Donc *deux côtés contigus* A G, A F *d'un triangle sphérique*, *ne peuvent plus se rencontrer qu'à une distance* A G D *ou* A F D *de* 180° *depuis leur origine*.

324. Si l'on prend les deux arcs *A B*, *A E* chacun de 90°, & que par les deux points *B* & *E* & le centre *C*, on conduise un plan dont la section avec la sphère forme le grand cercle *B E N M O*, je dis que ce cercle sera perpendiculaire aux deux cercles *A B D*, *A E D*.

Car si l'on tire les rayons *B C*, *E C*, les angles *A C B*, *A C E* qui ont pour mesure les arcs *A B*, *A E* de 90° chacun seront droits; donc la ligne *A C* est perpendiculaire aux deux droites *C E*, *B C*; donc (180) elle est perpendiculaire à leur plan, c'est-à-dire, au cercle *B E N M O*; donc les deux cercles *A E D*, *A B D*, qui passent par la droite *A D*, sont aussi perpendiculaires à ce même cercle (184) ; donc réciproquement ce cercle leur est perpendiculaire.

Comme nous n'avons supposé aucune grandeur déterminée à l'angle *G A F* ou *E A B*, il est visible que la même chose aura toujours lieu, quelle que soit la grandeur de cet angle, & que par conséquent le cercle *B E N M O* est perpendiculaire à tous les cercles qui passent par la droite *A D*.

La droite *A D* s'appelle l'*axe du cercle B E N M O;*

& les deux points A & D, qui font chacun fur la furface de la fphère, font dits les *poles* de ce même cercle.

325. Concluons donc, 1°. que *les poles d'un grand cercle quelconque, font également éloignés de tous les points de la circonférence de ce grand cercle ; & leur diftance à chacun de ces points, mefurée par un arc de grand cercle eft un arc de* 90°.

Et réciproquement, *fi un point quelconque* A *de la furface de la fphère fe trouve éloigné de* 90°, *de deux points* B & E *pris dans un arc de grand cercle, ce point* A *eft le pole de ce grand cercle* (uu).

326. 2°. Que *quand un arc* B F *de grand cercle eft perpendiculaire fur un autre arc* BE *de grand cercle, il paffe néceffairement par le pole de celui-ci, ou du moins il y pafferoit étant prolongé fuffifamment.*

327. 3°. Que *fi deux arcs* B F, E G *de grand cercle, font perpendiculaires à un troifième arc de grand cercle* B E, *le point* A *où ils fe rencontrent eft le pole de celui-ci.*

328. Puifque les deux droites BC, EC font perpendiculaires au même point C de la droite AD, l'angle BCE qu'elles forment, eft donc (191) la mefure de l'inclinaifon des deux plans ABD, AED, ou de l'angle fphérique EAB ou GAF; donc

Un angle fphérique G A F *a pour mefure l'arc* B E

*de grand cercle, que ses côtés (prolongés s'il est né-
cessaire) comprennent à la distance de 90° depuis le
sommet.*

329. Si l'on conçoit que le demi-cercle *ABD*
tourne autour du diamètre *A D*, & que de différens points *R*, *B*, *H* de sa circonférence, on
abaisse sur *A D*, les perpendiculaires *R Q*, *B C*,
H P, il est évident,

1°. Que *chacun de ces points décrit une circonférence de cercle, qui a pour centre le point de AD sur
lequel tombe cette perpendiculaire, & pour rayon cette
perpendiculaire même.*

2°. Que *les arcs* R S, B E, H L *décrits dans ce
mouvement, & interceptés entre les deux plans* A B D
A E D, *sont tous d'un même nombre de degrés ;* car
si l'on tire les lignes *S Q*, *E C*, *L P*, elles seront
toutes perpendiculaires sur *A D*, puisqu'elles ne
font autre chose que les rayons *R Q*, *B C*, *H P*,
parvenus dans le plan *A E D ;* donc (191) chacun des angles *R Q S*, *B C E*, *H P L*, ou chacun des arcs *RS*, *B E*, *HL*, mesure l'inclinaison
des deux plans *A B D*, *A E D ;* donc tous ces
arcs sont d'un même nombre de degrés.

3°. *Les longueurs des arcs* R S, B E, H L, *sont
proportionnelles aux sinus des arcs* A R, A B, A H,
qui mesurent leurs distances à un même pole A *; ou, ce
qui revient au même, aux cosinus de leurs distances
au grand cercle auquel ils sont parallèles.* Car il est

évident que ces arcs étant semblables, sont proportionnels à leurs rayons RQ, $B'C$, HP, qui sont évidemment les sinus des arcs AR, AB, AH, ou les cosinus des arcs BR, o, & BH.

330. Si l'on imagine que la sphère $ABDMOBN$ représente la terre, & AD son axe, ou celui de ses diamètres autour duquel elle fait sa révolution journalière, le cercle $BENMO$, également éloigné des deux poles A & D, est ce qu'on appelle l'*équateur*. Les cercles ABD, AED & tous leurs semblables, dont les plans passent par l'axe AD, se nomment des *méridiens* ; les petits cercles dont RS, HL représentent ici des parties, se nomment des *parallèles à l'équateur*, ou simplement des *parallèles*. Les arcs BH, EL qui mesurent la distance d'un parallèle jusqu'à l'équateur, s'appellent la *latitude* de ce parallèle ou d'un lieu qui seroit situé sur sa circonférence.

Pour déterminer la position d'un lieu sur la terre, on le rapporte à deux cercles fixes perpendiculaires entr'eux, tels que $ABDM$, $BNEMO$, en cette manière. On prend pour cercle de comparaison un méridien $ABDM$ qui passe par un lieu connu & déterminé ; & pour fixer la position d'un autre lieu L, on imagine par celui-ci un autre méridien $AELD$. Il est visible que la position de ce méridien est connue, si l'on sait quel est le nombre de degrés de l'arc BE compris entre le point B & le point E où ce même méridien rencontre l'équateur. Le point B étant donc le point fixe auquel on rapporte tous les autres méridiens, l'arc BE s'appelle alors *la longitude* (*) du méridien AED, & de tous les lieux fitués fur ce même méridien ; il ne s'agit donc plus, pour déterminer la pofition du lieu L, que de connoître le nombre des degrés de l'arc EL, ce qu'on appelle *la latitude* du lieu L, & qui eft auffi la latitude de tous les lieux fitués fur le parallèle dont HL fait partie.

On voit par-là que tous les lieux fitués fur un même méridien, ont une même longitude, & que tous ceux qui font fitués fur un même parallèle ont une même latitude ; mais il n'y a qu'un feul point L (au moins dans une même moitié de la fphère, ou dans un même hémifphère), qui puiffe avoir en même temps une longitude & une latitude propofées. La pofition d'un lieu eft donc déterminée quand on connoît fa longitude & fa latitude ; mais pour la latitude, il faut favoir de plus vers quel pole on la compte. Ainfi fuppo-

---

(*) On eft dans l'ufage de compter les longitudes, d'Occident en Orient ; le cercle d'où l'on part pour compter les longitudes, s'appelle *premier méridien* : les Français ont choifi celui qui paffe par l'île de Fer, la plus occidentale des Canaries.

fant que le pole *A* foit celui du midi ou le pole *auftral*, & *D* le pole du nord ou le pole *boréal*, il faut favoir fi la latitude eft auftrale ou boréale ; car on conçoit aifément qu'il peut y avoir & qu'il y a en effet un point dans l'hémifphère auftral qui eft fitué de la même manière que le point *L* l'eft dans l'hémifphère boréal.

La longueur terreftre d'un degré de grand cercle eft de 20 lieues marines, c'eft-à-dire, de 20 lieues de 2853 toifes chacune ; ainfi fi l'on s'avance fur l'équateur, à chaque 20 lieues on change d'un degré en longitude ; & fi l'on marche fur un même méridien, à chaque 20 lieues on change d'un degré en latitude. Mais fi l'on marche fur un parallèle à l'équateur, il eft évident qu'à chaque 20 lieues on change de plus d'un degré en longitude ; & d'autant plus que le parallèle fur lequel on s'avance eft plus éloigné de l'équateur, c'eft-à-dire, eft par une plus grande latitude. Pour trouver à combien de degrés de longitude répond un certain nombre de lieues *H L*, parcourues fur un parallèle connu, il faut faire cette proportion : *Le cofinus de la latitude eft au rayon, comme le nombre de lieues parcourues fur le parallèle eft à un quatrième terme* qui fera le nombre de lieues de l'arc correfpondant *B E* de l'équateur qui marque le changement en longitude. C'eft une fuite immédiate de ce qui a été dit (329). Par exemple, fup-

pofant que par la latitude de 47° 20′, on ait couru
18 lieues fur un parallèle à l'équateur, fi l'on demande combien on a changé en longitude, on
fera cette proportion *cof* 47° 20′ ou *fin* 42° 40′ :
R :: 18′ eft à un quatrième terme qu'on trouvéra
de 26, 56, lefquelles étant divifées par 20, à
raifon de 20 lieues par degré, donnent 1°, 328,
ou 1°, 19′ 41″ à-peu-près pour le changement en
longitude.

Revenons aux propriétés de la fphère.

331. Suppofons que *AFIG*, *BFHG*
(*fig. 167*) font deux grands cercles de la fphère ;
& *ABDEIH* un troifième grand cercle qui
coupe perpendiculairement ces deux-là, il fuit de
ce qui a été dit (326), que le cercle *ABDEIH*
paffe par les poles des deux cercles *AFIG*,
BFHG ; foient *D* & *E* ces poles, & *DK*, *EL*
les deux axes ; puifque les angles *ACD*, *BCE*
font droits, fi de chacun on retranche l'angle
commun *BCD*, les angles reftans *ACB*, *DCE*
feront égaux, & par conféquent auffi les arcs *AB*,
DE ; donc *l'arc* DE *qui mefure la plus courte diftance des poles de deux grands cercles eft égal à l'arc*
AB *qui mefure le plus petit des deux angles que l'un
de ces cercles fait avec l'autre.*

Propriétés des Triangles sphériques.

332. Il est évident que par deux points pris sur la surface d'une sphère, on ne peut faire passer qu'un seul arc de grand cercle. Car ce grand cercle est l'intersection de la sphère, par un plan qui est assujetti à passer par le centre ; or il est évident que par trois points donnés on ne peut faire passer qu'un seul plan.

333. Quoiqu'un triangle sphérique puisse avoir quelques-unes de ses parties de plus de 180°, néanmoins nous ne considérerons que ceux dont chacune des parties est moindre que 180°, parce qu'on peut toujours connoître l'un de ces triangles par l'autre. Par exemple, si l'on se représente le triangle $ABEMV$ (*fig. 166*) formé par les arcs quelconques AB, AV, & par l'arc BMV de plus de 180°; en imaginant le cercle entier $BMVB$, on pourra substituer le triangle $BOVA$ dont l'arc BOV est moindre que 180°, au triangle $ABEMV$; parce que les parties du premier sont ou égales à celles du second, ou leur supplément à 180° ou à 360° ; en sorte que l'un de ces triangles est connu par l'autre.

334. *Chaque côté d'un triangle sphérique est plus petit que la somme des deux autres.*

Cela est évident.

2

3 3 5. *La fomme des trois côtés d'un triangle*
fphérique eft toujours moindre que 360°.

Car il eft évident (3 3 4) que *F G* eft plus petit
que *A G + A F ;* or *A G + A F* ajoutés avec
D G + D F ne font que 360° ; donc *A G + A F*
ajoutés avec *F G* feront moins que 360°.

3 3 6. *Soit* A B C (fig. 168) *un triangle fphé-*
rique quelconque ; D E F *un autre triangle fphérique*
tel que le point A *foit le pole de l'arc* E F *; le point* C,
le pole de l'arc D E *; & le point* B, *le pole de l'arc*
D F *; chaque côté du triangle* D E F *fera fupplément de*
l'angle qui lui eft oppofé dans le triangle A B C, *&*
chaque angle de ce même triangle D E F *fera fupplé-*
ment du côté qui lui eft oppofé dans le triangle A B C.

Car puifque le point *A* eft le pole de l'arc *E F,*
le point *E* doit être éloigné du point *A* de 90°
(3 2 5) ; par la même raifon, puifque *C* eft le pole
de l'arc *D E*, le point *E* doit être à 90° du point
C ; donc (3 2 5) le point *E* eft le pole de l'arc *A C ;*
on prouvera de même que *D* eft le pole de *B C*,
& *F* le pole de *A B.*

Cela pofé, prolongeons les arcs *A C, A B* jufqu'à ce qu'ils rencontrent l'arc *E F* en *G* & *H.*
Puifque le point *E* eft pole de *A C G,* l'arc *E G*
eft de 90° ; & puifque *F* eft pole de *A B H,* l'arc
F H eft de 90° ; donc *E G + F H* ou *E G + F G*
+ *G H* ou *E F + G H* eft de 180° ; or *G H* eft la
mefure de l'angle *A* (3 2 8), puifque les arcs *A G,*

AH font de 90°; donc $EF + A$ eft de 180°; donc EF eft fupplément de l'angle A. On prouvera de la même manière que DE eft fupplément de C, & DF fupplément de B.

Prolongeons l'arc AB jufqu'à ce qu'il rencontre DF en I. Les deux arcs AH & BI font chacun de 90°, puifque A & B font les poles des arcs EF, DF; donc $AH + BI$ ou $AH + AB + AI$ ou $HI + AB$ eft de 180°; mais HI eft la mefure de l'angle F (328), puifque le point F eft pole de HI; donc $F + AB$ eft de 180°; donc F eft fupplément de AB. On prouvera de même que E eft fupplément de AC, & D fupplément de BC.

337. Concluons de-là que *la fomme des trois angles d'un triangle fphérique, vaut toujours moins que* 540°, *ou que* 3 *fois* 180°, *& plus que* 180° (xx).

Car la fomme des trois angles A, B, C avec la fomme des trois côtés EF, DF, DE, vaut 3 fois 180° (336); donc 1°. la fomme des trois angles A, B, C eft moindre que 3 fois 180° ou que 540°. 2°. La fomme des trois côtés EF, DF, DE eft (335) moindre que 360°, ou deux fois 180°; donc il refte plus de 180° pour la fomme des trois angles A, B, C.

338. *Un triangle fphérique peut donc avoir fes trois angles droits, & même fes trois angles obtus.*

On voit donc que la fomme des trois angles

d'un triangle fphérique n'eft pas une quantité qui foit toujours la même comme dans les triangles rectilignes ; & par conféquent on ne peut pas de deux angles connus conclure le troifième.

339. Comme les parties du triangle *D E F* font chacune fupplément de celle qui lui eft oppofée dans le triangle *A B C*, il s'enfuit que l'un de ces triangles peut être réfolu par l'autre, puifque connoiffant les parties de l'un, on a celles de l'autre. Nous ferons ufage de cette remarque ; & comme les deux triangles *A B C*, *D E F* reviendront fouvent, nous nommerons le triangle *D E F*, *triangle fupplémentaire*, pour abréger le difcours.

340. *Deux triangles fphériques tracés fur une même fphère, ou fur des fphères égales, font égaux ; 1°. lorfqu'ils ont un côté égal adjacent à deux angles égaux chacun à chacun ; 2°. lorfqu'ils ont un angle égal compris entre côtés égaux chacun à chacun ; 3°. lorfqu'ils ont les trois côtés égaux chacun à chacun ; 4°. lorfqu'ils ont les trois angles égaux chacun à chacun.*

Les trois premiers cas fe démontrent précifément de la même manière que pour les triangles rectilignes. (*Voyez 80, 81 & 83.*)

A l'égard du quatrième, comme il n'a pas lieu pour les triangles rectilignes, il exige une démonftration à part ; la voici.

Concevez que pour chacun des deux triangles *ABC* & *abc* (*fig.* 168 & 169) on ait tracé les triangles supplémentaires *DEF* & *def*. Si les angles *A*, *B*, *C* sont égaux aux angles *a*, *b*, *c* chacun à chacun, les côtés *EF*, *DF*, *DE* supplémens des premiers angles seront donc égaux aux côtés *ef*, *df*, *de*, supplémens des derniers; donc par le troisième des quatre cas qu'on vient d'énoncer, ces deux triangles *DEF* & *def* seront parfaitement égaux; donc les angles *D*, *E*, *F* seront égaux aux angles *d*, *e*, *f* chacun à chacun; donc les côtés *BC*, *AC*, *AB*, supplémens de ces trois premiers angles seront égaux aux côtés *bc*, *ac*, *ab*, supplémens des trois derniers.

341. *Dans un triangle sphérique isocèle, les deux angles opposés aux côtés égaux sont égaux; & réciproquement si deux angles d'un triangle sphérique sont égaux, les côtés qui leur sont opposés sont aussi égaux.*

Prenez sur les côtés égaux *AB*, *AC* (*fig.* 170), les arcs égaux *AD*, *AE*, & concevez les arcs de grand cercle *DC*, *BE*; les deux triangles *ADC*, *AEB* qui ont alors un angle commun compris entre deux côtés égaux chacun à chacun seront égaux (340). Donc l'arc *BE* est égal à l'arc *CD*; donc les deux triangles *BDC* & *BEC* sont égaux, puisqu'outre *DC* égal à *BE* comme on vient de

le voir, ils ont de plus le côté BC commun, &
que d'ailleurs les parties BD, CE font égales,
puifque ce font les reftes de deux arcs égaux AB,
AC dont on a retranché des arcs égaux AD,
AE. De ce que ces deux triangles font égaux, on
peut donc conclure que l'angle DBC ou ABC
eft égal à l'angle ECB ou ACB.

Quant à la feconde partie de la propofition,
elle eft une fuite de la première, en imaginant le
triangle fupplémentaire; car fi les deux angles B
& C (*fig. 168*) font égaux, leurs fupplémens
DF, DE feront égaux; le triangle DEF fera
donc ifocèle; donc les angles E & F feront
égaux; donc leurs fupplémens AC & AB feront égaux.

342. *Dans tout triangle fphérique* ABC
(fig. 171), *le plus grand côté eft oppofé au plus
grand angle, & réciproquement.*

Si l'angle B eft plus grand que l'angle A, on
pourra conduire en dedans du triangle un arc BD
de grand cercle, qui faffe l'angle ABD égal à
l'angle BAD, & alors BD fera égal à AD
(341); or $BD + DC$ eft plus grand que BC;
donc auffi $AD + DC$ ou AC eft plus grand
que BC.

La réciproque fe démontrera facilement &
d'une manière analogue, en employant le triangle
fupplémentaire.

Les dernières propofitions que nous venons d'établir, font utiles pour fe diriger dans la réfolution des triangles fphériques, où tout ce que l'on cherche fe détermine par des finus ou des tangentes, qui appartenant indifféremment à des arcs plus petits que 90°, ou à leurs fupplémens, peuvent fouvent laiffer dans l'incertitude fur celui de ces deux arcs qu'on doit adopter ; mais ces connoiffances ne font pas fuffifantes pour découvrir dans quels cas ce que l'on cherche doit être plus grand ou plus petit que 90°, & dans quels cas il peut être indifféremment plus grand ou plus petit.

Moyens de reconnoître dans quels cas les angles ou les côtés qu'on cherche dans les Triangles fphériques Rectangles, doivent être plus grands ou plus petits que 90°.

343. Quoique deux angles, & même les trois angles d'un triangle fphérique rectangle puiffent être droits, & que par conféquent il puiffe y avoir deux ou trois hypothénufes, néanmoins nous n'appellerons *hypothénufe* que le côté oppofé à l'angle droit que nous confidérerons, & nous appellerons les deux autres angles, *angles obliques.*

344. *Chacun des deux angles obliques d'un triangle sphérique rectangle, est de même espèce que le côté qui lui est opposé, c'est-à-dire, qu'il est de 90°, si ce côté est de 90° ; & plus grand ou plus petit que 90°, selon que ce côté est plus grand ou plus petit que 90°.*

Que B (*fig. 172*) soit l'angle droit ; si B C est moindre que 90°, en le prolongeant jusqu'en D, de manière que B D soit de 90°, le point D sera le pole de l'arc A B (326) ; donc l'arc de grand cercle D A, conduit à l'extrémité du côté B A, sera perpendiculaire sur B A ; donc l'angle D A B sera droit ; donc C A B est moindre que 90°. On prouvera, d'une manière semblable, les deux autres cas.

345. *Si les deux côtés ou les deux angles d'un triangle sphérique rectangle sont tous deux plus petits ou tous deux plus grands que 90°, l'hypothénuse sera toujours plus petite que 90° ; & au contraire elle sera plus grande que 90°, si les deux côtés, ou les deux angles sont de différente espèce.*

Car en supposant la même construction que dans la proposition précédente, si A B est aussi moindre que 90°, l'angle A D B qui doit (344) être de même espèce que le côté A B, sera moindre que 90° ; par la même raison l'angle A C B sera moindre que 90° ; donc A C D sera obtus, & par conséquent plus grand que A D C ; donc

AD fera plus grand que AC (342); or AD eft de 90° ; donc AC eft moindre que 90°.

Pareillement fi les deux côtés BC & AB de l'angle droit B (*fig.* 173), font tous deux plus grands que 90°, l'hypothénufe AC fera encore plus petite que 90° ; car fi l'on prend BD de 90°, D étant le pole de l'arc AB, DA fera de 90° ; or puifque AB eft de plus de 90°, l'angle ACB fera obtus (344); il en fera de même, & par la même raifon de l'angle ADB ; donc ADC eft aigu, & par conféquent plus petit que ACD ; donc auffi AC fera plus petit que AD (342), c'eft-à-dire, moindre que 90°.

Au contraire fi AB (*fig.* 174) eft moindre que 90°, & BC plus grand, alors l'angle ACB qui eft de même efpèce que AB (344), fera aigu ; il en fera de même de l'angle ADB ; donc ADC fera obtus, & par conféquent plus grand que ACD ; donc AC fera plus grand que AD, c'eft-à-dire, plus grand que 90°.

Quant aux angles comparés à l'hypothénufe, la vérité de cette propofition fuit de ce que ces angles font chacun de même efpèce que le côté qui lui eft oppofé (344).

346. Donc 1°. *Selon que l'hypothénufe fera plus petite ou plus grande que* 90°, *les côtés feront de même ou de différente efpèce entr'eux ; & il en fera de même des angles obliques.*

347. 2°. *Selon que l'hypothénuse & un côté se-ront de même ou de différente espèce, l'autre côté sera plus petit ou plus grand que 90°, & il en sera de même de l'angle opposé à ce dernier côté.*

Principes pour la Résolution des Triangles Sphériques Rectangles.

348. La résolution des triangles sphériques rectangles ne dépend que de trois principes que nous allons exposer successivement, & que nous éclaircirons ensuite par des exemples. Le premier de ces principes est commun aux triangles rectangles & aux triangles obliquangles.

Chaque cas des triangles sphériques rectangles peut être résolu par une seule proportion, que l'on trouvera toujours par l'un ou l'autre des trois principes suivans.

349. *Dans tout triangle sphérique* A B C (fig. 175), *on a toujours cette proportion : Le sinus d'un des angles est au sinus du côté opposé à cet angle, comme le sinus d'un autre angle est au sinus du côté opposé à celui-ci.*

Soient *H* le centre de la sphère, *BH*, *AH*, *CH* trois rayons : du sommet de l'angle *A* abaissons sur le plan du côté opposé *B C* la perpendiculaire *AD*, & par cette ligne conduisons deux plans *ADE*, *ADF*, de manière que les rayons *BH*,

CH leur foient perpendiculaires refpectivement ; les lignes AE, DE fections des deux plans ABH, CBH, avec le plan ADE feront perpendiculaires fur l'interfection commune BH de ces deux plans, & par conféquent l'angle AED fera l'inclinaifon de ces deux plans (191) ; donc il fera égal à l'angle fphérique ABC (320) ; par la même raifon l'angle AFD fera égal à l'angle fphérique ACB.

Cela pofé, les deux triangles ADE, ADF étant rectangles en D, on aura (295)

$$R : fin\, AED :: AE : AD$$
$$\&\; fin\, AFD : R :: AD : AF;$$

donc (100) $finus\, AFD : fin\, AED :: AE : AF$.

Or les lignes AE, AF étant des perpendiculaires abaiffées de l'extrémité A des arcs AB, AC fur les rayons BH, CH qui paffent par l'autre extrémité de ces arcs, font (269) les finus de ces mêmes arcs ; donc & à caufe que les angles AED & AFD font égaux aux angles B & C, on a enfin $fin\, C : fin\, B :: fin\, AB : fin\, AC$.

On démontreroit de la même manière que $fin\, C : fin\, A :: fin\, AB : fin\, BC$. (yy).

350. « Si l'un des angles comparés eft droit, comme fon finus eft alors égal au rayon (274), la proportion peut être énoncée ainfi : *Le rayon*

est au sinus de l'hypothénuse, comme le sinus d'un des angles obliques est au sinus du côté opposé (zz).

351.« *Dans tout triangle sphérique rectangle, le rayon est au sinus d'un des côtés de l'angle droit, comme la tangente de l'angle oblique adjacent à ce côté est à la tangente du côté opposé.*

« Soit B (*fig.* 176) l'angle droit : de l'extrémité C du côté BC, menons CI perpendiculaire sur le rayon BD de la sphère ; & par cette droite CI, conduisons le plan CIE de manière que le rayon DA lui soit perpendiculaire. Alors l'angle IEC sera égal à l'angle sphérique A ; & puisque les deux plans DBC, DBA sont supposés perpendiculaires entr'eux, la ligne CI perpendiculaire à leur commune section DB, sera (185) perpendiculaire au plan DBA, & par conséquent (178) à la droite IE.

» Cela posé, dans le triangle rectangle DIC, (296) $DI : CI :: R : tang\ IDC$, & dans le triangle rectangle EIC, on a, par le même principe,

$$CI : IE :: tang\ IEC : R ;$$

donc (100) $DI : IE :: tang\ IEC : tang\ IDC$ ou :: $tang\ A : tang\ BC$, puisque l'angle IDC a pour mesure l'arc BC. Or dans le triangle rectangle IED on a (295) $DI : IE :: R : sin\ IDE$ ou $sin\ AB$; donc à cause du rapport commun de DI à IE, on aura $R : fin\ AB :: tang\ A : tang\ BC$ ».

352. *Dans tout triangle sphérique rectangle*
ABC (fig. 177), *si l'on prolonge les deux côtés* BC,
A C *d'un des angles obliques, jufqu'en* D & E, *de
manière que* DB, AE *foient de chacun* 90°, *& qu'on
joigne les extrémités* D & E *par un arc de grand cercle*
D E; *on aura un nouveau triangle* CED *rectangle en*
E, *dont les parties feront, ou égales à celles du trian-
gles* ABC, *ou leur complément.*

Imaginons les côtés AB & DE prolongés jufqu'à ce qu'ils fe rencontrent en F; puifque BD
eft de 90° & perpendiculaire fur AB, le point D
eft le pole de l'arc AB (326); donc DF eft de
90°, & perpendiculaire fur AF; par la même
raifon DA eft de 90°.

Puifqu'on a fait AE de 90°, & que DA eft
auffi de 90°, le point A eft le pole de DF (325);
donc AE eft perpendiculaire fur DF, & par
conféquent le triangle CED eft rectangle en E.

Cela pofé, il eft évident que l'angle E eft égal
à l'angle B; & que l'angle DCE eft égal à l'angle
ACB (321); que le côté DC eft complément de
CB; que DE complément de EF, qui (328) eft
la mefure de l'angle CAB, eft complément de
cet angle CAB; que CE eft complément de AC; &
que l'angle D qui (328) a pour mefure BF complément de AB, eft complément de AB; donc en

effet les parties du triangle $D\,C\,E$ font, ou égales aux parties du triangle $A\,C\,B$, ou leur complément.

On démontreroit la même chofe du triangle $A\,H\,I$ qu'on formeroit, en prolongeant de même au-deſſus de A les côtés $B\,A$ & $A\,C$ de l'angle oblique $B\,A\,C$, juſqu'à ce qu'ils fuſſent de 90° chacun.

3 5 3. On voit donc que dès qu'on connoît trois choſes dans le triangle $A\,B\,C$, on connoît auſſi trois choſes dans chacun des deux triangles $C\,E\,D$, $A\,H\,I$. On voit en même temps que les trois autres parties qui reſteroient à trouver dans le triangle $A\,B\,C$, feroient connoître les trois autres parties de chacun de ces deux triangles $C\,E\,D$, $A\,H\,I$, & réciproquement.

Donc, lorſqu'ayant à réſoudre le triangle $A\,B\,C$, on ne pourra faire uſage immédiatement, ni de l'un ni de l'autre des deux principes poſés (3 49 & 3 5 1), on aura recours à l'un ou à l'autre des deux triangles $C\,E\,D$, $A\,H\,I$, & alors l'application de l'un ou de l'autre de ces deux principes aura lieu, & fera connoître les parties de ces triangles, qui donneront enſuite la connoiſſance des parties du triangle $A\,B\,C$, par le principe qu'on vient de poſer en dernier lieu. Nous nommerons dorénavant les triangles $A\,C\,D$, $A\,H\,I$, *triangles complémentaires.*

Si les côtés AB, AC, ou AC; BC que la proposition démontrée (352) suppose tous deux plus petits que 90°, étoient tous deux plus grands, ou l'un plus grand & l'autre plus petit que 90°, comme il arrive dans le triangle FBC ($fig.$ 178); au lieu de calculer ce triangle FBC, on calculeroit le triangle ABC formé par les arcs FC, FB prolongés jusqu'à 180; les parties de celui-ci étant connues, feroient connoître celles du triangle FBC. Au reste, il n'est pas indispensable d'avoir recours à cet expédient ; la proportion que donnera la figure 177 a toujours lieu, soit que les parties du triangle soient plus petites que 90°, soit qu'elles soient plus grandes.

Remarquons, à l'égard des triangles sphériques rectangles, comme nous l'avons fait pour tous les triangles rectilignes rectangles, que l'angle droit étant un angle connu, il suffit, pour être en état de résoudre un triangle rectangle, de connoître deux chofes outre l'angle droit. Passons aux exemples.

EXEMPLE I. Supposons le côté BC ($fig.$ 177) de 15° 17′, l'angle A de 23° 42′; on demande l'hypothénuse AC.

Pour trouver l'hypothénuse, on peut faire immédiatement usage du principe donné (349) en faisant cette proportion, $\sin A : \sin BC :: R : \sin AC$, qui n'est autre chose que la proportion énoncée (350), mais dont on a transposé les deux rapports. Cette proportion, dans le cas préfent, revient à *fin* 23° 42′ : *fin* 15° 17′ :: *R* : *fin A C.*

Opérant par logarithmes, on a............

Log fin 15° 17′ 9,4209330
Log du rayon............... 10.......
Complément arith. du log fin 23° 42′. 0,3958304

Somme ou *log fin A C* 19,8167634

qui, dans les tables, répond à 40° 59′; en forte que l'hypothénufe *A C* eft 40° 59′, fi elle doit être moindre que 90°, ou bien elle eft de 139° 1′, fupplément de 40° 59′, fi elle doit être plus grande que 90°; car rien ici ne détermine fi l'hypothénufe *AC* eft moindre ou plus grande que 90°; & ces deux folutions font également poffibles, comme il eft aifé de s'en convaincre par la figure 178 dans laquelle les deux triangles *A B C*, *A D E* peuvent avec le même angle *A*, avoir le côté *B C* égal au côté *D E*, & les hypothénufes *A C*, *A E* différentes; mais en prolongeant *A C*, *AB* jufqu'à ce qu'ils fe rencontrent en *F*, on voit que *AE* eft fupplément de *AC*, parce qu'il eft fupplément de *FE* qui eft égal à *A C*, lorfque *D E* eft égal à *B C.*

EXEMPLE II. Pour avoir le côté *A B* du même triangle *A B C* (*fig. 177*), on peut appliquer directement la propofition enfeignée (351), qui fournit cette proportion $R : \text{fin } AB :: \text{tang } AB : \text{tang } BC$, ou $\text{tang } A : \text{tang } BC :: R : \text{fin } AB$, c'est-à-dire, $\text{tang } 23° 42' : \text{tang } 15° 17' :: R : \text{fin } AB$. Opérant par logarithmes, on aura....

Log tang 15° 17'..............	9,4365704
Log du rayon................	10.......
Complément arith. du log tang 23° 42'	0,3575658

Somme ou *log. fin A B*.......... 19,7941562.

qui, dans les tables, répond à 38° 30' ; en forte que le côté *A B* est de 38° 30', ou 141° 30', felon qu'il doit être plus petit ou plus grand que 90°, c'est-à-dire (*fig. 178*), felon qu'il doit appartenir au triangle *ABC* ou au triangle *ADE*.

EXEMPLE III. L'angle droit, l'angle *A* & le côté *B C* étant toujours les feules chofes connues, pour trouver l'angle *C* du même triangle (*fig. 177*), je remarque que je ne puis appliquer aucune des deux analogies enfeignées (349 & 351), parce que je n'aurois que deux termes de connus, foit dans l'une, foit dans l'autre, c'est pourquoi j'ai recours au triangle complémentaire *D CE*, dans lequel le côté *D E* complément de l'angle *A* de 23° 42', fera de 66° 18' ; le côté ou l'hypothéufe *D C* complément de *B C* ou de 15° 17', fera de 74° 43', & l'angle *D CE* est égal à l'angle *A C B* qu'il s'agit de trouver ; or dans ce triangle

2

D C E, je puis appliquer le principe donné (350),
en difant *fin D C : R :: fin D E : fin D C E*, c'eſt-
à-dire, *fin* 74° 43' : *R :: fin* 66° 18' : *fin D C E*.

Opérant par logarithmes :

Log fin 66° 18' 9,9617355
Log du rayon . . . . 10. . . . . . .
Compliment arith. du log fin 74° 43'   0,0156374

Somme ou *log. fin D C E* 19,9773729

qui, dans les tables, répond à 71° 40'; donc
l'angle *D C E*, & par conféquent l'angle demandé
A C B eſt de 71° 40' ou de 108° 20' fupplément
de 71° 40'; car puiſque rien ne détermine ici, fi
le triangle *A C B* eſt tel que le triangle *A C B* de
la figure 178, ou tel que le triangle *A E D* de la
même figure, il demeure incertain, fi l'on doit
prendre l'angle *A C B* ou l'angle *A E D* qui en eſt
le fupplément.

Exemple IV. Que le côté *A B* du triangle
A B C (*fig.* 177) foit de 48° 51', & le côté *B C*
de 37° 45'; fi l'on veut avoir l'hypothénufe *A C*,
on aura recours au triangle complémentaire *DCE*,
dans lequel on connoît alors l'hypothénufe *D C*
complément de *B C* ou 37° 45', & qui fera par
conféquent de 52° 15'; on connoît auffi l'angle
D qui a pour mefure *B F* complément de *A B* ou
de 48° 51', & qui fera par conféquent de 41° 9';

& pour avoir l'hypothénufe *A C*, il n'y aura qu'à calculer le côté *C E*, qui étant fon complément, la fera connoître. Or dans le triangle *D C E*, pour avoir *C E*, on fera cette proportion (350) *R* : *fin D C* :: *fin D* : *fin C E*, c'eft-à-dire, *R* : *fin* 52° 15′ :: *fin* 41° 9′ : *fin C E*. Opérant par logarithmes, on aura.........................

Log fin 41° 9′................. 9,8182474
Log fin 52° 15′................ 9,8980060

Somme..................... 19,7162534
Log. du rayon............... 10........

Refte ou *log fin C E*............ 9,7162534

qui, dans les tables, répond à 31° 21′; donc *A C* qui en eft le complément, ne peut être que 58° 39′; car les deux côtés *A B*, *B C* étant de même efpèce, l'hypothénufe doit (345) être moindre que 90°.

EXEMPLE V. Les mêmes chofes étant données, pour trouver l'angle *C* ou l'angle *A*, on appliquera directement la propofition (351), qui, pour l'angle *A*, donne *R* : *fin A B* :: *tang A* : *tang B C*, ou *fin A B* : *R* :: *tang B C* : *tang A*, c'eft-à-dire, *fin* 48° 51′ : *R* :: *tang* 37° 45′ : *tang A*; & par la même raifon, on aura pour l'angle *C*, *fin B C* : *R* :: *tang A B* : *tang C*, c'eft-à-dire, *fin* 37° 45′ : *R* ::

tang 48° 51' : *tang C.* Opérant par logarithmes, on aura..

pour l'angle *A* ,

Log tang 37° 35'................	9,8888996
Log du rayon................	10........
Complément arith. du log. sin 48° 51'	0,1232111

Somme ou *log tang A* 10,0121107

pour l'angle *C*

Log. tang. 48° 51'...............	10,0585415
Log du rayon................	10........
Complément arith. du *log sin* 37° 45'	0,2130944

Somme ou *log tang C*........... 0,2716359

après avoir ôté une unité au premier chiffre, selon ce qui a été dit (297) ,

qui, dans les tables, répondent à 45° 48' & 61° 51', qui font le premier, la valeur de l'angle *A* , & le second, la valeur de l'angle *C*; parce que les deux côtés *AB*, *BC* étant tous deux plus petits que 90°, les deux angles *A* & *C* doivent aussi (344) être tous deux plus petits que 90°.

Ces exemples suffisent pour faire voir comment on doit se conduire dans les autres cas; mais pour épargner à ceux qui auroient de ces sortes de calculs à faire, la peine de recourir aux triangles complémentaires, nous joignons ici une table qui indique quelle proportion il faut faire dans chaque cas.

Table pour la résolution de tous les cas possibles Triangles Sphériques Rectangles (1).

Etant donnés.	Trouvés.	Proportion à faire.	Cas où ce que l'on cherche doit moindre que 90°.
AB, AC	C A C B	Sin AC : R :: sin AB : sin C Cot AB : cot AC :: R : cos A Cos AB : cos AC :: R : cos BC	Si AB est moindre que 90°. Si AB & AC sont de même esp. Si AB & AC sont de même esp.
AB, BC	A C A C	Sin AB : R :: tang BC : tang A Sin BC : R :: tang AB : tang C R : cos BC :: cos AB : cos AC	Si BC est moindre que 90°. Si AB est moindre que 90°. Si AB & BC sont de même esp.
AB, A	C A C B C	R : cos AB :: sin A : cos C R : cos A :: cot AB : cot AC R : sin AB :: tang A : tang BC	Si AB est moindre que 90°. Si AB & A sont de même esp. Si A est moindre que 90°.
AB, C	A A C B C	Cos AB : R :: cos C : sin A Sin C : sin AB :: R : sin AC Tang C : tang AB :: R : sin BC	Douteux. Douteux. Douteux.
BC, AC	A C A B	Si : AC : R :: sin BC : sin A cos BC : cot AC :: R : cos C Cos BC : cos AC :: R : cos AB	Si BC est moindre que 90°. Si AC & BC sont de même esp. Si AC & BC sont de même esp.
BC, A	C A C A B	cos C : R :: cos A : sin C Sin A : sin BC :: R : sin AC Tang A : tang BC :: R : sin AB	Douteux. Douteux. Douteux.
BC, C	A A C A B	R : cos BC :: sin C : cos A R : cos C :: cot BC : cot AC R : sin BC :: tang C : tang AB	Si BC est moindre que 90°. Si BC & C sont de même esp. Si C est moindre que 90°.
AC, A	C A B B C	Cos AC : R :: cot A : tang C Cos A : R :: cot AC : cot AB R : sin AC :: sin A : sin BC	Si AC & A sont de même esp. Si AC & A sont de même esp. Si A est moindre que 90°.
AC, C	A A B	R : cos AC :: tang C : cot A ... cos AC ... C : sin AB ... : cot BC	Si AC & C sont de même esp. i C est moindre que 90°. Si AC & C sont de même esp.
A, C	A C A B B C	Tang C : cot A :: R : cos AC Sin A : cos C :: R : cos AB Sin C : cos A :: R : cos BC	Si A & C sont de même espèce. Si C est moindre que 90°. Si A est moindre que 90°.

(1) Cette table se rapporte au triangle ABC de la figure 177, dans laquelle l'angle droit.

Les proportions que renferme cette table font toutes fondées fur les deux principes enfeignés (349 & 351), & appliquées, foit immédiatement au triangle ABC, foit aux triangles complémentaires, puis tranfportées au triangle ABC. Par exemple, la première eft la proportion même du n°. 349 ou du n°. 350, appliquée immédiatement au triangle ABC, en renverfant feulement les deux rapports. La feconde eft la proportion du n°. 351 appliquée au triangle complémentaire CED, dans lequel on a $R : \mathrm{fin}\, DE :: \mathrm{tang}\, D : \mathrm{tang}\, CE$, ou en rapportant au triangle ABC, $R : \mathrm{cof}\, A :: \mathrm{cot}\, AB : \mathrm{cot}\, AC$, ou en mettant le premier rapport à la place du fecond, $\mathrm{cot}\, AB : \mathrm{cot}\, AC :: R : \mathrm{cof}\, A$.

On trouvera de même les autres proportions que renferme cette table; les inverfions qu'on y a faites dans les proportions que donneroient immédiatement les deux principes (349 & 351) ne font pas indifpenfables; elles n'ont pour objet que de faire que la quantité cherchée foit le quatrième terme de la proportion.

C'eft par des triangles fphériques rectangles qu'on calcule les afcenfions droites, & les déclinaifons des aftres, par le moyen de leur longitude & de leur latitude, & réciproquement; mais ce n'eft pas encore ici le lieu d'expofer les notions d'aftronomie que ces objets fuppofent.

Des Triangles Sphériques Obliquangles.

3 5 4. Les triangles sphériques rectangles se
résolvent dans tous les cas, par une seule analogie, ainsi qu'on vient de le voir. Il n'en est pas
de même des triangles sphériques obliquangles :
dans plusieurs cas, il faut faire deux analogies.
Ces cas exigent qu'on abaisse, de l'un des angles
du triangle proposé, un arc de grand cercle perpendiculairement sur le côté opposé. Comme cet
arc peut tomber ou sur le côté même, ou sur le prolongement de ce côté, selon les différens rapports
de grandeur des côtés & des angles, il convient,
avant d'établir les principes de la résolution de ces
sortes de triangles, de faire distinguer les cas où
l'arc perpendiculaire tombe en dedans du triangle,
de ceux où il tombe au-dehors.

3 5 5. *L'arc de grand cercle* A D (fig. 180)
abaissé perpendiculairement de l'angle A *d'un triangle
sphérique sur le côté opposé, tombe dans le triangle
quand les deux autres angles* B & C *sont de même
espèce, & au-dehors, quand ils sont de différente
espèce.*

Car dans les triangles rectangles *A D C*, *A D B*
(*fig. 180*) les deux angles B & C doivent être
chacun de même espèce que le côté opposé *A D*

(344) ; donc ils doivent être de même efpèce en-tr'eux.

Dans les triangles rectangles ADC, ADB de la figure 181, les angles ACD, ABD doivent être de même efpèce chacun que le côté oppofé AD ; donc puifque ABC eft fupplément de ABD, ABC & ACD doivent être de différente efpèce.

Principes pour la Réfolution des Triangles Sphériques Obliquangles.

356. La réfolution de tous les cas poffibles des triangles fphériques obliquangles, porte fur cinq principes que nous allons faire connoître, & fur la réfolution des triangles rectangles ; tous ces principes ne font pas néceffaires à la fois pour chaque cas ; mais ils le font pour être en état de les réfoudre tous.

De ces cinq principes, nous en avons déjà établi deux ; ce font ceux qui font énoncés aux numéros 336 & 349 ; voici les trois autres.

357. *Dans tout triangle fphérique* A B C (fig. 179), *fi d'un angle* A *on abaiffe l'arc de grand cercle* AD *perpendiculairement fur le côté oppofé* BC, *on aura toujours cette proportion : Le cofinus du fegment* BD, *eft au cofinus du fegment* CD, *comme le cofinus du côté* AB *eft au cofinus du côté* AC.

Soit G le centre de la fphère : du fommet de

l'angle A abaiffons fur le plan BGC de l'arc BC; la perpendiculaire AI; elle fera dans le plan AGD de l'arc AD. Conduifons par AI les deux plans AIE, AIF, de manière que les rayons GB, GC leur foient refpectivement perpendiculaires; & du point D, menons les perpendiculaires DH, DK fur les mêmes rayons.

Les triangles GIE, GDH feront femblables à caufe des lignes IE, DH perpendiculaires fur GB; par une raifon femblable, les triangles GDK, GIF font femblables. On a donc ces deux proportions

$$GH : GE :: GD : GI$$
$$\& \; GK : GF :: CD : GI.$$

Donc à caufe du rapport commun de GD à GI, on a $GH : GE :: GK : GF$. Or GH eft le cofinus de BD (270); GE, le cofinus de AB; GK, le cofinus de CD, & GF, celui de AC; donc cof BD : cof AB :: cof CD : cof AC, ou en mettant le troifième terme à la place du fecond, & le fecond à la place du troifième,

$$cof\,BD : cof\,CD :: cof\,AB : cof\,AC.$$

3 5 8. *Les mêmes chofes étant fuppofées que dans la propofition précédente, on a cette autre proportion : Le finus de* BD *eft au finus de* CD, *comme la cotangente de l'angle* B *eft à la cotangente de l'angle* C.

Car les angles AEI, AFI font égaux aux angles B & C chacun à chacun, ainfi que nous l'avons vu dans la démonftration du n°. 349; donc puifque les triangles AIE, AIF font rectangles, les angles EAI, FAI font complément des angles AEI, AFI, & par conféquent des angles B & C.

Cela pofé, dans le triangle AEI, on a (296) $R : tang\ EAI$ ou $cot\ B :: AI : IE$; & dans le triangle rectangle AIF, on a $tang\ IAF$ ou $cot\ C : R :: IF : AI$; donc (100) $cot\ C : cot\ B :: IF : IE$;

Mais les triangles femblables GFI, GKD, & les triangles femblables GEI, GHD donnent

$$IF : DK :: GI : GD$$
$$\&\ IE : DH :: GI : GD;$$
$$\text{Donc } IF : DK :: IE : DH$$
$$\text{ou } IF : IE :: DK : DH;$$

Donc auffi $cot\ C : cot\ B :: DK : DH$; or DK & DH font les finus des fegmens DC & DB; donc enfin $cot\ C : cot\ B :: fin\ DC : fin\ DB$.

359. *Dans tout triangle fphérique* A B C (fig. 180), *fi d'un angle* A *on abaiffe l'arc perpendiculaire* A D *fur le côté oppofé* B C, *on a cette proportion : La tangente de la moitié du côté* B C *eft à la tangente de la moitié de la fomme des deux autres côtés, comme la tangente de la moitié de leur différence eft à la tangente de la moitié de la différence des*

deux fegmens CD, BD, *ou* (fig. 181) *à la tan-*
gente de la moitié de leur fomme.

On vient de voir (357) que $\cos AB : \cos AC$
$:: \cos BD : \cos CD$; donc (98) $\cos AB +$
$\cos AC : \cos AB - \cos AC :: \cos BD + \cos CD :$
$\cos BD - \cos CD$; *mais* (287) $\cos AB +$

$\cos AC : \cos AB - \cos AC :: \cot \dfrac{AB + AC}{2} :$

$\tan \dfrac{AC - AB}{2}$; & par la même raifon, $\cos BD +$

$\cos CD : \cos BD - \cos CD :: \cot \dfrac{CD + BD}{2} :$

$\tan \dfrac{CD - BD}{2}$; donc $\cot \dfrac{AC + AB}{2} : \tan \dfrac{AC - AB}{2}$

$:: \cot \dfrac{CD + BD}{2} : \tan \dfrac{CD - BD}{2}$, ou $\cot \dfrac{AC + AB}{2} :$

$\cot \dfrac{CD + BD}{2} :: \tan \dfrac{AC - AB}{2} : \tan \dfrac{CD - BD}{2}$,

ou à caufe que (280) les cotangentes font réciproquement proportionnelles aux tangentes ,
$\tan \dfrac{CD + BD}{2} : \tan \dfrac{AC + AB}{2} :: \tan \dfrac{AC - AB}{2} :$

$\tan \dfrac{CD - BD}{2}$. Or dans la figure 180, $CD + BD$

eft BC; & dans la figure 181, $CD - BD$ eft

BC; donc pour la figure 180, on a $\tan \dfrac{BC}{2} :$

$\tan \dfrac{AC + AB}{2} :: \tan \dfrac{AC - AB}{2} : \tan \dfrac{CD - BD}{2}$;

& pour la figure 181 , on a $tang \dfrac{CD + BD}{2}$:

$tang \dfrac{AC + AB}{2}$ :: $tang \dfrac{AC - AB}{2}$: $tang \dfrac{BC}{2}$, ou

$tang \dfrac{BC}{2}$: $tang \dfrac{AC + AB}{2}$ :: $tang \dfrac{AC - AB}{2}$:

$tang \dfrac{CD + BD}{2}$.

Résolution des Triangles Sphériques Obliquangles.

360. Les principes que nous venons d'expofer , & la feconde proportion de la table que nous avons donnée pour les triangles rectangles , fuffifent pour la réfolution des triangles fphériques obliquangles , ou du moins pour déterminer les finus ou les tangentes des différentes parties qui les compofent ; il y a plufieurs cas où trois chofes données fuffifent pour déterminer tout le refte ; mais il y en a plufieurs auffi où la queftion refte indéterminée , parce que ces données ne font pas fuffifantes pour décider fi la chofe cherchée eft moindre ou plus grande que 90°. Cependant , quoiqu'à envifager la chofe généralement , le nombre de ces derniers cas foit affez confidérable , il eft très-rare dans les ufages ordinaires de la Trigonométrie fphérique , qu'on ne fache pas de

quelle efpèce doit être le côté ou l'angle qu'on demande.

Avant que d'entrer en matière, rappelons-nous que le finus, le cofinus, la tangente & la cotangente d'un angle ou d'un arc, font les mêmes pour cet angle ou cet arc, que pour fon fupplément.

361. On peut réduire le calcul des triangles obliquangles, aux fix cas que nous allons d'abord réfoudre : & nous en déduirons enfuite la réfolution des autres.

QUESTION I. *Etant donnés deux côtés* A B, A C *& un angle oppofé* B (fig. 180), *trouver l'angle oppofé à l'autre côté donné.*

Faites cette proportion (349) *fin A C : fin A B :: fin B : fin C.* L'angle *C* peut être de plus ou de moins de 90°.

QUESTION II. *Etant donnés deux côtés* AB, AC (fig. 180) *& un angle oppofé* B, *trouver le troifième côté* BC.

De l'angle *A* oppofé au côté cherché, imaginez l'arc perpendiculaire *AD* ; & dans le triangle rectangle *ADB*, calculez le fegment *BD* par cette proportion, qui revient au même que la feconde de la table ci-deffus, *page* 296,

$$cof. \ B : R :: cot \ A \ B : cot \ B \ D,$$

Ou bien par cette autre.....................

$$R : cof \ B :: tang \ A \ B : tang \ B \ D$$

qui revient au même, puisque (280) les tangentes font réciproquement proportionnelles aux cotangentes.

Et pour avoir le second segment CD, faites cette autre proportion (357) :

$$\cos AB : \cos AC :: \cos BD : \cos CD.$$

Alors selon que AD tombe dans le triangle ou hors du triangle, vous aurez BC, en prenant ou la somme ou la différence de BD & BC.

QUESTION III. *Etant donnés les deux angles* B & C (fig. 180), *& un côté opposé* AB, *trouver le côté intercepté* BC.

De l'angle A opposé au côté cherché BC, imaginez l'arc perpendiculaire AD, & dans le triangle rectangle ADB, calculez BD par la même proportion que dans la question II, favoir ;

$$R : \cos B :: \tan AB : \tan BD.$$

Pour avoir le second segment CD, faites cette autre proportion (358) :

$$\cot B : \cot C :: \sin BD : \sin CD.$$

Et pour avoir BC, prenez la somme ou la différence de CD & de BD, selon que la perpendiculaire tombe dans le triangle ou hors du triangle.

QUESTION IV. *Etant donnés deux côtés* AB, BC (fig. 180), *& l'angle compris* B, *trouver le troisième côté* AC.

De l'un A des deux angles inconnus, imaginez

GÉOMÉTRIE. V

l'arc perpendiculaire AD fur le côté oppofé BC. Calculez le fegment BD par la même proportion que dans la queftion II.

$$R : cof\ B :: tang\ AB : tang\ BD.$$

Retranchez BD du côté connu BC (fig. 180), ou ajoutez-le à ce côté (fig. 181), & vous aurez le fegment CD; alors pour avoir AC, faites cette proportion (357):

$$cof\ BD : cof\ CD :: cof\ AB : cof\ AC.$$

QUESTION V. *Etant donnés deux côtés* AB, BC (fig. 180), & *l'angle compris* B, *trouver l'un des deux autres angles; par exemple, l'angle* C.

Du troifième angle A, abaiffez l'arc perpendiculaire AD fur le côté oppofé BC. Calculez le fegment BD par la même proportion que dans la queftion II.

$$R : cof\ B :: tang\ AB : tang\ BD.$$

Retranchez BD du côté connu BC (fig. 180), ou ajoutez-le à ce côté (fig. 181), & vous aurez le fegment CD; & pour avoir l'angle C faites cette proportion (358):

$$fin\ BD : fin\ CD :: cot\ B : cot\ C.$$

QUESTION VI. *Etant donnés les trois côtés* AB, AC, BC (fig. 180), *trouver un angle; par exemple, l'angle* B.

Ayant imaginé l'arc AD perpendiculaire fur le côté BC adjacent à l'angle cherché, calculez la demi-différence des deux fegmens BD, DC par cette proportion (359) $tang \dfrac{BC}{2} : tang \dfrac{AC + AB}{2}$

$:: tang \dfrac{AC - AB}{2} : tang \dfrac{CD - DB}{2}$; ayant trouvé

cette demi-différence, retranchez-la de la moitié de BC, & vous aurez (301) le plus petit fegment BD. Alors pour avoir l'angle A, vous ferez cette proportion, qui eft toujours celle de la queftion II, mais que l'on a renverfée :

$$tang\ AB : tang\ BD :: R : cof\ B.$$

Si la perpendiculaire devoit tomber hors du triangle, la première proportion au lieu de donner la demi-différence, donneroit la demi-fomme; c'eft pourquoi il faudroit alors, pour avoir le plus petit fegment BD (*fig. 181*), retrancher la moitié de BC, de cette demi-fomme, parce que c'eft BC qui eft la différence des deux fegmens.

On peut encore réfoudre cette queftion par une règle femblable à celle que nous avons donnée pour un cas analogue dans les triangles rectilignes. Voici cette règle.

Prenez la moitié de la fomme des trois côtés : de cette demi-fomme retranchez fucceffivement chacun des deux côtés qui comprennent l'angle cherché, ce qui vous donnera deux reftes.

Alors, au double du logarithme du rayon, ajoutez les logarithmes des finus de ces deux ref-

tes, & du total retranchez la somme des logarithmes des sinus des deux côtés qui comprennent
l'angle cherché. Le reste sera le logarithme du
quarré du sinus de la moitié de cet angle. Prenez
la moitié de ce logarithme restant, & cherchez à
quel nombre de degrés & minutes elle répond
dans la table, ce sera la moitié de l'angle demandé.

Nous démontrerons cette règle dans la troisième partie.

362. Ces six cas exposés, voici comment
on peut en déduire les six autres.

QUESTION VII. *Etant donnés deux angles* F &
G (fig. 182) & *un côté opposé* G E, *trouver le
côté* E F *opposé à l'autre angle connu* G.

Imaginez le triangle supplémentaire *A B C ;*
prenant les supplémens des angles *F* & *G* & du
côté *G E*, vous aurez (336) les côtés *A C*, *A B*
& l'angle *B* ; si vous calculez l'angle *C* par ce qui
a été dit dans la question I, son supplément sera
le côté *E F* (336).

Au reste, ce n'est que pour conserver l'analogie
avec les cas suivans que nous donnons cette solution ; car la question présente se résout immédiatement par la proposition enseignée (349), en faisant cette proportion :

$$\textit{sin } F : \textit{sin } G E :: \textit{sin } G : \textit{sin } F E.$$

QUESTION VIII. *Etant donnés deux angles* F &
G (fig. 182) *& un côté opposé* G E , *trouver le troisième angle* E.

Prenez les supplémens des trois choses données , & vous connoîtrez dans le triangle supplémentaire *A C* , *A B* & l'angle *B* ; calculez donc
le côté *B C*, par la question II , le supplément de
ce côté sera la valeur de l'angle *E* (336).

QUESTION IX. *Etant donnés les deux côtés* E G
& E F (fig. 182) *& un angle opposé* G , *trouver l'angle* E *compris entre les deux côtés connus.*

Prenez les supplémens des trois choses données ,
& dans le triangle supplémentaire *A B C* , vous
connoîtrez l'angle *B* , l'angle *C* & le côté *A B* ;
il s'agira de calculer le côté *B C*, ce qui se fera
par la question III. Le supplément de *B C* sera
la valeur de l'angle *E* (336).

QUESTION X. *Etant donnés deux angles* G *&*
E (fig. 182) *& le côté intercepté* G E , *trouver le
troisième angle* F.

Prenez les supplémens des trois choses données , & dans le triangle supplémentaire *A B C* ,
vous connoîtrez *A B* , *B C*, & l'angle compris
B ; il s'agira de calculer *A C*, ce qui se fera par
la question IV. Le supplément de *A C* sera l'angle
demandé *F* (336).

QUESTION XI. *Etant donnés deux angles* G & E

(fig. 182) & *le côté intercepté* G E , *trouver l'un des deux autres côtés ; trouver* F E , *par exemple.*

Prenez les fupplémens des trois chofes données, & dans le triangle fupplémentaire *A B C*, vous connoîtrez *A B* , *B C* , & l'angle compris *B* ; il s'agira de calculer l'angle *C* , ce qui fe fera par la queftion V. Le fupplément de *C* fera la valeur du côté *F E* (336).

QUESTION XII. *Etant donnés les trois angles* E , F , G (fig. 182), *trouver l'un des côtés ; le côté* E G , *par exemple.*

Prenez les fupplémens des trois chofes données, & dans le triangle fupplémentaire *A B C*, vous connoîtrez les trois côtés *B C* , *A C* , *A B* ; il s'agira de calculer l'angle *B* , ce qui fe fera par la queftion VI. Le fupplément de *B* fera la valeur du côté cherché *E G* (336).

Avant de paffer aux exemples , remarquons que quoique plufieurs cas des triangles obliquangles exigent deux analogies, il y a cependant une efpèce de triangles obliquangles qui peut toujours être réfolue par une feule analogie, ce font ceux dont un côté eft de 90° ; car en employant le triangle fupplémentaire, ce triangle devient un triangle rectangle.

Donnons maintenant quelques exemples.

EXEMPLE de la queftion IV. Suppofons que le point F (*fig. 166*) marque la pofition de Paris fur la terre ; le point *G* celle de Toulon : on fait, par les obfervations aftronomiques, que la latitude de Paris, ou l'arc *BF* eft de 48° 50′ (*) ; que la latitude de Toulon, ou l'arc *GE*, eft de 43° 7′ ; & que la différence de longitude entre Paris & Toulon, ou l'arc *BE*, ou l'angle *BAE* ou *FAG* eft de 3° 37′. On demande quelle eft la plus courte diftance de Paris à Toulon.

Le chemin le plus court pour aller d'un point à un autre fur la furface d'une fphère, eft l'arc de grand cercle qui paffe par ces deux points. Imaginons l'arc *FG* de grand cercle. Si des arcs *AB*, *AE* de 90° chacun, nous retranchons les arcs *BF*, *GE*, qui font de 48° 50′ & 43° 7′, nous aurons les arcs *AF*, *AG*, de 41° 10′ & 46° 53′. Nous connoîtrons donc, dans le triangle *AFG*, les deux côtés *AF*, *AG* & l'angle compris *FAG* ; il eft queftion de calculer le troifième côté *FG*.

Repréfentons le triangle *FAG*, par le triangle *ABC* (*fig. 183*), & fuppofons *AB* de 41° 10′, *BC* de 46° 53′ & l'angle *B* de 3° 37′ ; alors, felon la règle donnée dans la queftion IV, je calcule le fegment *BD* par cette proportion :

$$R : \operatorname{cofin} 3° 37′ :: \operatorname{tang} 41° 10′ : \operatorname{tang} BD.$$

(1) Nous négligeons les fecondes dans cet exemple.

Opérant par logarithmes, j'ai..............

Log cof 3° 37'................. 9,9991342
Log tang 41° 10'................. 9,9417135
_____
Somme...................... 19,9408477
Log du rayon.................. 10........
_____
Refte ou log tang BD.......... 9,9408477

qui, dans la table, répond à 41° 7'; retranchant 41° 7' de BC, c'eft-à-dire, de 46° 53', nous aurons 5° 46' pour le fegment CD.

Pour trouver le côté AC, je fais, conformément à ce qui a été prefcrit dans la queftion VI, cette proportion :

cof 41° 7' : cof 5° 46' :: cof 41° 10' : cof AC.

Et opérant par logarithmes, j'ai...........

Log cof 41° 10'................ 9,8766785
Log cof 5° 46'................ 9,9977966
Complément arith. du log cof 41° 7'. 0,1229904
_____
Somme ou log cof AC........... 19,9974655

D'où, par les tables, on conclut que AC eft de 6° 11', qui, à raison de 20 grandes lieues par degrés, valent 124 grandes lieues, à très-peu-près ; mais en lieues moyennes ou de 25 au degré, cela revient à 154 lieues, environ.

EXEMPLE de la queftion VI. Nous avons dit
(138), en parlant de la manière de lever les plans,
que nous donnerions les moyens de réduire les
angles obfervés au-deſſus ou au-deſſous d'un
plan horizontal, à ceux qu'on obferveroit dans
ce plan même. En voici la méthode.

Suppofons que A, B, C (*fig. 184*), foient
trois points différemment élevés au-deſſus du plan
horizontal HE, & imaginons les perpendicu-
láires Bb, Aa, Cc fur ce plan; on aura un triangle abc dont les fommets a, b, c, repréfentent
les objets A, B, C de la manière dont ils doivent être repréfentés fur une carte.

Suppofant qu'on ait pu du point A obferver
les deux points B & C, on demande ce qu'il faut
faire pour déterminer l'angle a.

On mefurera au point A l'angle BAC & les
angles BAa, CAa; le premier peut être mefuré
fans aucune difficulté; à l'égard de chacun des
deux autres de l'angle BAa, par exemple, on
difpofera l'inftrument dans le plan vertical qu'on
imagine paſſer par AB, & plaçant un des diamètres, horizontalement, par le moyen du fil à
plomb qui alors marquera la ligne Aa, on dirige l'autre diamètre au point B, & on verra fur
l'inftrument combien il y a de degrés entre le fil
à plomb & le diamètre dirigé au point B, ce qui

donnera l'angle $B A a$; on trouvera de même l'angle $C A a$.

Cela pofé, fi l'on conçoit que d'un rayon quelconque $A D$ & du point A comme centre, on ait décrit les arcs $D F$, $D G$, $G F$, dans les plans des angles $B A C$, $B A a$, $C A a$, on aura un triangle fphérique $D G F$, dans lequel on connoîtra les côtés $D F$, $D G$, $G F$, mefures des angles $B A C$, $B A a$, $C A a$, qu'on a obfervés ; l'angle $D G F$ de ce triangle fera égal à l'angle $b a c$, puifque les deux droites $b a$, $a c$ étant perpendiculaires à l'interfection $A a$ des deux plans $A b$, $A c$, font le même angle que ces plans, & par conféquent (320) un angle égal à l'angle fphérique $D G F$.

Suppofons donc que les angles obfervés $B A C$, $D A a$, $C A a$, foient refpectivement de 82° 10′, 77° 42′, 74° 24′ ; il s'agit donc (*fig. 180*) de calculer l'angle B oppofé au côté $A C$ de 82° 10′ dans le triangle fphérique $A B C$, dont les trois côtés $A B$, $A C$, $B C$ font refpectivement de 70° 24′, 82° 10′, 77° 42′. Donc, conformément à ce qui a été dit dans la queftion VI, je calcule la demi-différence des deux fegmens $B D$ & $C D$, par cette proportion $tang \dfrac{BC}{2}$: $tang \dfrac{AC + AB}{2}$ ::

$tang \dfrac{AC - AB}{2}$: $tang \dfrac{CD - BD}{2}$, c'eft - à - dire ;

$tang\ 38°\ 51' : tang\ 78°\ 17' :: tang\ 3°\ 53' :$

$tang\ \dfrac{CD-BD}{2}.$

Opérant par logarithmes, j'ai............

Log tang 3° 53'................... 8,8317478

Log tang 78° 17'............... 10,6832050

Complément arith. du log tang 38° 51' 0,0939569

Somme ou _log tang_ $\dfrac{CD-BD}{2}$... 19,6089097

qui répond à 22° 7'.

Retranchant 22° 7' qui eſt la demi-différence de la moitié de _BC_, c'eſt-à-dire, de 38° 51', nous aurons (301) le plus petit ſegment _BD_ de 16° 44'; alors dans le triangle rectangle _ADB_, pour avoir l'angle _B_, je fais, conformément à ce qui a été dit dans la queſtion IV, cette proportion, _tang AB : BD :: R : coſ B_, c'eſt - à - dire, _tang 74° 24' : tang 16° 44' :: R : coſ B._

Et opérant par logarithmes, j'ai...........

Log tang 16° 44'............... 9,4780592

Log du rayon................. 10.......

Complément arith. du log tang 74° 24' 89,4459232

Somme _ou log coſ B_ 108,9239824

qui répond à 4° 48', dont le complément 85° 12' eſt la valeur de l'angle _B_, c'eſt-à-dire (_fig. 184_) de l'angle _bac._

Pour réduire l'angle C à l'angle c, on feroit un calcul femblable, en fuppofant qu'on eût obfervé l'angle ACB, l'angle ACc, & l'angle BCc.

A l'égard du troifième angle b, il n'eft pas néceffaire de le calculer, parce que le triangle abc étant rectiligne, fes trois angles valent deux droits.

REMARQUE.

En fuppofant toujours qu'aucune partie d'un triangle fphérique n'eft de plus de 180°, on peut déterminer par une règle affez fimple, fi ce qu'on cherche doit être moindre que 90°, ou s'il peut indifféremment être plus grand ou plus petit. Voici cette règle.

Si le quatrième terme de l'analogie ou proportion que vous êtes obligé de faire pour réfoudre un triangle fphérique, eft un finus, l'arc auquel il appartiendra peut indifféremment être de moins, ou de plus que 90°, excepté le cas où le triangle étant rectangle, parmi les trois chofes connues, il s'en trouveroit une qui feroit oppofée dans le triangle à celle que l'on cherche. Dans ce cas (344) ces deux dernières quantités font toujours de même efpèce entr'elles.

Mais fi le quatrième terme eft un cofinus ou une cotangente, ou une tangente, alors obfervez à l'égard des termes connus de la proportion, la règle fuivante. Donnez le figne + au rayon & à tous les finus, foit que les arcs auxquels ils appartiennent foient plus grands, foit qu'ils foient plus petits que 90°. Donnez pareillement le figne + à tous les cofinus, tangentes & cotangentes des arcs plus petits que 90°; & au contraire donnez le figne — à tous les cofinus, tangentes & cotangentes des arcs plus grands que 90°. Alors fi le nombre des fignes — eft zéro, ou pair, l'arc qui répond au quatrième terme fera toujours moindre que 90°; il fera au contraire plus grand que 90°, fi le nombre des fignes — eft impair.

Cette règle eft fondée, 1°. fur la règle pour la multiplication & la divifion des quantités confidérées par rapport à leurs fignes; on verra cette dernière dans l'Algèbre. 2°. Sur ce qui a été obfervé (273 & *fuiv.*) relativement aux finus, cofinus, &c. des arcs plus petits ou plus grands que 90°. (*aaa*).

F I N.

ADDITIONS.

(a^*) N°. 1 , page 1.

PAREILLEMENT, quand nous voulons juger de la quantité de fauciſſons qui entre dans la che-miſe d'une batterie, nous ne nous occupons que de ſa longueur & de ſa largeur, & point du tout de ſon épaiſſeur. *Bézout.*

(b) N°. 2 , page 3.

Les lignes droites ou courbes, que nous pou-vons tracer ſur le papier ou ſur toute autre ſur-face, ne peuvent être ſans quelque largeur, parce que le crayon, la plume, ou en général l'inſtru-ment dont nous nous ſervons n'eſt jamais terminé par une pointe que l'on puiſſe regarder comme n'ayant ni longueur ni largeur. Auſſi ces lignes ne doivent-elles être regardées que comme la repré-ſentation des lignes proprement dites. *Bézout.*

(c) N°. 3 , page 4.

On s'y prendroit d'une manière ſemblable s'il s'agiſſoit de prolonger la ligne droite *A B. Bézout.*

(*d**) N°. 21, page 14.

C'eſt par les angles qu'on détermine les poſi-
tions des objets les uns à l'égard des autres ; les
angles flanqués, les angles d'épaule & de courtine, ſervent à déterminer la poſition des différentes lignes d'un front de fortification. Le tir du
canon eſt réglé par l'angle que la ligne de mire
fait avec le prolongement de l'axe de la pièce.

Bézout.

(*e*) N°. 29, page 21.

Quant à la ſeconde partie de la démonſtration,
je dis que la ligne *A C* (*fig.* 224), eſt plus longue
que la ligne *A F*.

Sur le prolongement de la ligne *A E*, prenons
la ligne *E B* égale à la ligne *A E*, & menons les
lignes *C B* & *F B*. Si l'on renverſe la figure *C E B*
ſur la figure *C E A*, la ligne *C E* reſtant commune, la ligne *E B* s'appliquera ſur la ligne *E A*,
parce que l'angle *C E B* eſt égal à l'angle *C E A*,
le point *B* tombera ſur le point *A*, puiſque la
ligne *E B* eſt égale à la ligne *E A*. La ligne *C B*
s'appliquera donc exactement ſur la ligne *C A*,
& la ligne *F B* ſur la ligne *F A*. Donc la ligne
C B ſera égale à la ligne *C A*, & la ligne *F B*
égale à *F A*. Actuellement s'il étoit démontré que la
ſomme des deux lignes *C B* & *C A* fût plus grande

que la fomme des deux lignes FB & FA, il feroit évident que la ligne CA, moitié de la fomme
des deux lignes CB & CA feroit plus longue que
la ligne FA, moitié de la fomme des deux lignes
FB & FA. Il refte donc à démontrer que la fomme
des deux lignes CB & CA eft plus grande que la
fomme des deux lignes FB & FA. Pour cet effet
prolongeons la ligne BF jufqu'à la ligne CA. La
ligne FA eft plus courte que les fommes des deux
lignes FG & GA. Nous aurons donc $BF +
FA < BF + FG + GA$, ou $BF + FA <
BG + GA$. Pareillement la ligne BG eft plus
courte que la fomme des lignes BC & CG. Nous
aurons donc de même $BG + GA < BC + CG
+ GA$, ou $BG + GA < BC + CA$; mais
nous avons trouvé $BF + FA < BG + GA$.
Nous aurons donc à plus forte raifon $BF + FA
< BC + CA$; donc la fomme des deux lignes
$BC + CA$ eft plus grande que la fomme des lignes $BF + FA$. Donc la ligne CA, moitié de
la fomme des deux lignes $CB + CA$ eft plus longue que la ligne FA, moitié de la fomme des
deux lignes $FB + FA$; donc les lignes qui
s'écarteront davantage de la perpendiculaire font
plus longues; donc la perpendiculaire eft la plus
courte de toutes.

Concluons auffi que d'un même point, on ne
fauroit mener à une même ligne droite trois li-

gnes droites égales, parce qu'il faudroit qu'il y
eût.du même côté de la perpendiculaire deux obliques égales, ce qui est impossible.

(f) N°. 35, page 23.

Lorsqu'on a plusieurs perpendiculaires à tracer,
pour abréger & pour éviter en même temps la
confusion qui pourroit naître de la multitude des
traits dont il faudroit alors charger le dessin, on
emploie un instrument, construit & vérifié
d'après les méthodes précédentes; c'est l'équerre
qui est formée, tantôt de deux règles perpendiculaires l'une à l'autre, & assemblées par une
charnière, pour pouvoir être pliées l'une sur
l'autre lorsqu'on n'en fait point usage, tantôt d'une
seule pièce de bois ou de cuivre, dont deux côtés
font perpendiculaires l'un à l'autre. On applique
une des règles ou l'un des côtés de l'équerre sur la
ligne proposée, en observant de faire glisser ce côté
jusqu'à ce que le second passe par le point donné;
alors faisant glisser le crayon ou la plume le long
du second côté de l'équerre, on a la perpendiculaire demandée.

Sur le terrein où l'on opère en grand, on subs-
titue au compas des perches ou des cordeaux;
mais quand on fait usage de ces derniers, il faut
avoir l'attention de leur donner la même tension

autant qu'il est possible, pendant la même opération. Pour donner une idée de la manière dont
on les emploie, supposons qu'il s'agisse de placer
le heurtoir d'une batterie (*fig. 186*).

Comme c'est la pièce contre laquelle les roues
de l'affût doivent porter quand on met le canon
en batterie, elle doit être perpendiculaire à la ligne du tir, & par conséquent à la ligne du milieu
de l'embrasure.

Pour lui donner cette disposition, on tracera
sur sa surface, & parallèlement à sa longueur,
une ligne *B C*, sur laquelle on prendra arbitrairement les parties égales *A B*, *A C*, & l'on placera le point *A* sur la ligne du tir ; ayant fixé aux
points *B* & *C* deux cordeaux d'égale longueur,
on fera tourner le heurtoir sur le point *A*, jusqu'à
ce que leurs extrémités puissent se réunir en un
même point *D* sur la ligne du tir. Le heurtoir *B C*
sera perpendiculaire à la ligne du tir. *Bézout.*

(*g*) N°. 44, page 26.

Lorsqu'on a plusieurs parallèles à mener, on
peut, pour abréger, & pour éviter la multitude
des traits, faire de l'équerre l'usage suivant.

On placera un côté de l'équerre sur la droite
donnée, & tenant l'autre côté appliqué contre
une règle immobile, on fera glisser l'équerre le

long de cette règle, jusqu'à ce que le premier côté passe par le point donné ; la ligne tracée le long de ce même côté fera la parallèle demandée.

Sur le terrein, pour mener une parallèle à une ligne donnée, on s'y prend assez communément, en faisant en sorte que les deux lignes soient toutes deux perpendiculaires à une troisième ; c'est ainsi que si l'on demandoit (*fig. 187*) de mener une parallèle à l'une des faces d'un bastion, & à une distance de 200 toises ; on prendroit sur le prolongement de la face de ce bastion un point *F*, duquel on éleveroit sur ce prolongement même une perpendiculaire *FA* longue de 200 toises & à l'extrémité *A* de celle-ci, on éleveroit une perpendiculaire *AB*, qui seroit la parallèle demandée. *Bézout.*

(*h*) Nº. 46, page 27.

Une ligne droite ne peut rencontrer une circonférence en plus de deux points.

Car si une ligne droite rencontroit une circonférence de cercle en trois points, il faudroit que ces trois points fussent également distans du centre, & on auroit alors trois lignes droites égales, menées d'un même point sur une même ligne droite, ce qui est impossible.

Dans un même cercle le plus petit arc est soutendu par la plus petite corde , & réciproquement.

Supposons que l'arc BD (*fig.* 225) est plus petit que l'arc BA ; menons les cordes BA & BD, & les rayons CB, CD & CA ; l'angle BCD étant plus petit que l'angle BCA, le côté CD rencontrera nécessairement la corde BA en un point quelconque E. Or, la ligne BD est plus petite que la somme des lignes DE & BE, de même la ligne CA est plus petite que la somme des lignes AE & CE ; donc la somme des lignes $BD + CA$ sera plus petite que la somme des lignes $DE + BE + AE + CE$, ou ce qui revient à la même chose, la somme des lignes $BD + CA$ sera plus petite que la somme des lignes DC & AB.

Si donc l'on retranche de part & d'autre les lignes égales CA & DC, il restera $BD < BA$; donc la corde BD sera plus petite que la corde AB ; donc le plus petit arc est toujours soutendu par la plus petite corde.

Réciproquement, si la corde BD est plus petite que la corde BA, l'arc BD sera plus petit que l'arc BA.

Car si la corde BD est plus petite que la corde BA, l'angle BCD sera plus petit que l'angle BCA ; donc l'arc BD sera plus petit que l'arc BA.

Toute corde est plus petite que le diamètre.

Car fi l'on mène deux rayons aux extrémités de la corde, cette corde fera plus petite que la fomme des deux rayons, & par conféquent plus petite que le diamètre.

(*i*) Nº. 55, page 31.

Par trois points donnés, on ne peut faire paffer qu'une feule circonférence de cercle.

Car s'il y avoit une feconde circonférence qui pafsât par les trois points donnés *A*, *B*, *C* (*fig. 26*), il faudroit néceffairement que le centre de cette nouvelle circonférence fût fur la ligne *DE*, parce que, fans cette condition, le centre feroit inégalement diftant des points *A* & *B*. Il faudroit par une raifon femblable qu'il fût fur la ligne *FG*. Or le centre devant fe trouver à la fois fur les deux lignes *DE* & *FG*, il faut néceffairement que le centre fe trouve à l'interfection de ces deux lignes, & comme deux lignes droites ne peuvent fe rencontrer qu'en un point, il faut conclure qu'il n'y a qu'une feule circonférence qui puiffe paffer par trois points donnés.

(*k*) Nº. 59, page 33.

Quand une tangente H K (*fig. 30*) *eft parallèle à une corde* A B, *le point d'attouchement* I *eft au mi- lieu de l'arc* A I B

Au point du contact I, menons le rayon GI; ce rayon fera perpendiculaire à la tangente HK & à la corde AB. Le rayon GI étant perpendiculaire à la corde, le point I fera le milieu de l'arc AIB; donc les arcs AI & BI compris entre la corde AB, & la tangente HK qui lui eft parallèle, feront égaux.

Les propofitions que nous avons établies (49, 56 & 57), ont leur application dans la fortification & dans le tracé des bouches à feu, & de plufieurs attirails d'artillerie ; il y eft fouvent queftion d'arcs qui doivent fe toucher, ou toucher des lignes droites, & pafler par des points donnés.

(l) Nº. 62, page 34.

Un angle BAD (fig. 226, 227 & 228), *qui a fon fommet à la circonférence, & qui eft formé par deux cordes* BA & AD, *a toujours pour mefure la moitié de l'arc* BD *compris entre fes côtés.*

Cette propofition a trois cas, parce qu'il peut arriver que le centre fe trouve entre les deux cotés de l'angle, ou qu'un des côtés pafle par le centre, ou qu'enfin le centre foit hors des deux côtés.

I. CAS. Si un des côtés AB (*fig.* 226) pafle par le centre, menons par le centre C le diamètre EF parallèle au côté AD; l'angle BAD eft égal à l'angle BCF. Il a donc même mesure que celui-ci qui a son sommet au centre, c'est-à-dire, qu'il a pour mesure l'arc BF. Il ne s'agit donc plus que de faire voir que l'arc BF est la moitié de l'arc BD. Or BF comme mesure de l'angle BCF doit être égal à l'arc EA mesure de l'angle ECA qui est égal à BCF; mais l'arc EA est égal à l'arc FD à cause des parallèles EF & AD; donc BF est égal à FD; donc BF est la moitié de BD; donc l'angle BAD a pour mesure la moitié de l'arc BD qu'il comprend entre ses côtés.

II. CAS. Si le centre se trouve entre les deux côtés, menons par le sommet A de l'angle BAD (*fig.* 227), & par le centre C le diamètre AE. Cette ligne divisera l'angle BAD en deux autres BAE & DAE. Or l'angle BAE a pour mesure la moitié de l'arc BE & l'angle EAD, la moitié de l'arc ED; donc les deux angles BAE & EAD, ou ce qui est la même chose, l'angle total BAD a pour mesure la moitié des deux arcs BE & ED, c'est-à-dire, la moitié de l'arc BD.

III. CAS. Si le centre est hors des deux côtés, par le sommet A de l'angle BAD (*fig.* 228), & par le centre, menons le diamètre AE; l'angle EAD a pour mesure la moitié de l'arc ED, ou, ce qui est la même chose, la moitié de l'arc EB, plus la moitié de l'arc BD. Mais l'angle EAB,

qui eſt une partie de l'angle EAD, a pour meſure
la moitié de l'arc EB; donc l'angle BAD qui eſt
l'autre partie de l'angle EAD, aura pour meſure la moitié de l'arc BD, ſans cela l'angle total EAD n'auroit point pour meſure la moitié
de l'arc ED; d'où je conclus que dans tous les
cas, un angle qui a ſon ſommet à la circonférence, & qui eſt formé par deux cordes, a toujours pour meſure la moitié de l'arc compris entre
ſes côtés.

Un angle B A D (fig. 229) *qui a ſon ſommet à
la circonférence, & qui eſt formé par une tangente*
A B, *& par une corde* A D, *a toujours pour meſure
la moitié de l'arc compris entre ſes côtés.*

Menons la ligne DE parallèle à la tangente
GB. L'angle DAB eſt égal à l'angle ADE, ces
deux angles étant alternes internes, ils ont
donc même meſure; mais l'angle ADE formé
par les deux cordes DA & DE a pour meſure
la moitié de l'arc EA compris entre ſes côtés;
donc l'angle BAD qui lui eſt égal aura auſſi pour
meſure la moitié de l'arc AE; or l'arc AE eſt
égal à l'arc AD (59); donc l'angle BAD a
pour meſure la moitié de l'arc AD compris entre
ſes côtés.

L'angle GAD qui eſt le ſupplément de l'angle
BAD a auſſi pour meſure la moitié de AED
compris entre ſes côtés; car les deux angles DAB

& *D A G* valant enfemble 180 degrés, ont pour mefure la moitié de la circonférence entière ; mais l'angle *DAB* a pour mefure la moitié de l'arc *AD* ; donc l'angle *D A G* aura pour mefure la moitié du refte de la circonférence, c'eft-à-dire, la moitié de l'arc *A E D.*

(*m*) N°. 72 , page 39.

Sur une ligne donnée A B (fig. 230) *décrire un fegment de cercle capable d'un angle donné* M (fig. 231), *c'eft-à-dire, un fegment tel que tous les angles qui y feront infcrits feront égaux à l'angle donné* M.

Prolongeons la ligne *A B* jufqu'en *F*, & faifons au point *B* l'angle *F B H* égal à l'angle *M* ; par le point *B*, menons la ligne *B C* perpendiculaire à *G H*, & par le milieu de *A B* la perpendiculaire *E C* ; & du point de rencontre *C*, & du rayon *C B*, décrivons une circonférence de cercle ; *ADB* fera le fegment demandé. En effet, l'angle *F B H* eft égal à l'angle *A B G*, l'angle *A B G*, qui eft formé par une corde & une tangente, a pour mefure la moitié de l'arc *A I B* ; l'angle *ADB* a pour mefure la moitié du même arc ; donc l'angle *A D B* eft égal à l'angle *A B G* ; mais l'angle *A B G* eft égal à l'angle *F B H*, & celui-ci égal à l'angle *M* ; donc l'angle *A D B* eft égal à l'angle *M* ; donc tous les angles circonfcrits dans ce fegment, feront égaux à l'angle *M*, puifque tous ces angles feront égaux à l'angle *A D B* ; donc le fegment *ADB* fera capable de l'angle donné *M*.

(*n**) N°. 84 , page 49.

Les propriétés des polygones ont une application affez fréquente dans la fortification. Les termes d'*angle faillant* , *angle rentrant* , y font particulièrement appliqués aux angles du chemin couvert & des lignes de retranchement.

(*o*) N°. 88 , page 51.

On peut toujours faire paffer une même circonférence de cercle par tous les fommets des angles d'un polygone régulier : tout fe réduit à prouver qu'il y a au-dedans d'un polygone *A B C D E F (fig. 53)*, un point *O* également éloigné des fommets de tous les angles.

Partageons en deux également les angles *F A D* & *ABC* par les lignes *AO* & *BO*, & par le point *O* où ces deux lignes fe rencontrent , menons les lignes *O C , O D , O E , O F ;* je dis que tous les triangles *A O B , B O C , C O D* , &c. feront égaux & ifocèles. En effet, les deux angles *O A B* & *O B A* font égaux , puifqu'ils font moitiés d'angles égaux ; donc le triangle *A O B* eft ifocèle ; donc *O A* eft égal à *O B*. Le triangle *B O C* eft égal au triangle *B O A ;* car le côté *B O* eft égal au côté

A O, & le côté *B C* au côté *B A* ; l'angle *C B O*
eft égal à l'angle *B A O* ; donc ces deux triangles
font égaux ; donc le côté *OC* eft égal au côté *OB*.
Le triangle *C O D* eft égal au triangle *C O B*, car
le côté *C O* eft égal au côté *O B*, le côté *C D* au
côté *B C* ; l'angle *D C O* eft égal à l'angle *C B O*,
car, l'angle *BCO* étant la moitié de l'angle *DCB*,
l'angle *DCO* en eft l'autre moitié ; donc l'angle
D C O eft égal à l'angle *B C O* ; mais l'angle *B C O*
eft égal à *C B O* ; donc les deux triangles *C O D*,
C O B font égaux ; donc le côté *D O* eft égal au
côté *CO*. On démontreroit de même que le triangle *E D O* eft égal au triangle *D C O*, & ainfi de
fuite. Donc toutes les lignes *A O*, *B O*, *C O*, &c.
font égales ; donc le point *O* eft également éloigné
des fommets de tous les angles polygones.

On voit donc que pour circonfcrire un cercle à
un polygone régulier, il faut partager deux angles
F A B & *A B C* de ce polygone en deux parties
égales par les lignes *A O* & *O B*, & par leur
point de rencontre *O* & avec le rayon *A O*, décrire une circonférence de cercle.

(*p*) Nº. 101, page 56.

I. On appelle côtés *homologues* de deux triangles,
ou en général de deux figures femblables, ceux
qui ont des pofitions femblables chacun dans la
figure à laquelle ils appartiennent.

Lorfqu'on dit que deux triangles ou deux figures femblables ont leurs côtés homologues proportionnels , on entend que chaque côté de la
première figure contient le côté homologue de la
feconde , toujours le même nombre de fois ; en
forte que dans les proportions qu'on en déduit ,
lorfqu'on a comparé un côté de la première au
côté homologue de la feconde , il faut former le
fecond rapport , en comparant de même un autre
côté de la première au côté homologue de la feconde ; ou bien fi l'on a d'abord comparé l'un à
l'autre deux côtés de la première figure , les deux
côtés que l'on doit comparer pour former le fecond rapport , doivent être homologues à ceux-là,
& pris dans le même ordre , c'eft - à - dire , que
l'antécédent du fecond rapport doit être le côté
homologue de l'antécédent du premier.

II. *Deux triangles qui ont les angles homologues
égaux chacun à chacun, ont les côtés homologues
proportionnels , & font par conféquent femblables.*

Si les deux triangles ABC , abc (*fig.* 232) ,
font tels , que l'angle A du premier foit égal à
l'angle a du fecond , l'angle B égal à l'angle b ,
l'angle C à l'angle c ; je dis que le côté AB du premier triangle contiendra le côté homologue ab du
fecond , le même nombre de fois que le côté AC
contiendra le côté ac , & que le côté BC con-

tiendra le côté *b c*, c'eſt-à-dire, qu'on aura *A B* :
a b :: *A C* : *a c* :: *B C* : *b c*. Je ſuppoſe d'abord
que le côté *A B* contienne un nombre exaȼt de fois
le côté *a b*, trois fois par exemple : il faut prouver que le côté *A C* contiendra trois fois le côté
a c, & le côté *B C* trois fois le côté *b c*. Partageons en trois parties égales le côté *A B*, par les
points de diviſion *D* & *E*, menons les lignes *DF*
& *E G* parallèles au côté *B C*, & par les points
F & *G*, les lignes *F H* & *G K* parallèles au
côté *A B*. Cela poſé, les triangles *ADF*, *FIG* &
G K C feront égaux chacun au triangle *a b c*. En
effet, le côté *A D* du triangle *A D F* eſt égal au
côté *a b*, l'angle *A* eſt égal à l'angle *a*, l'angle *ADF*
eſt égal à l'angle *b*, puiſque l'angle *A D F* (137)
eſt égal à l'angle *B*, qui eſt égale à l'angle *b*. Le
triangle *ADF* eſt donc égal au triangle *a b c*, puiſque ces deux triangles ont un côté égal adjacent à deux angles égaux chacun à chacun ;
le côté *A F* eſt donc égal au côté *a c*, & le
côté *DF* au côté *b c*. Le côté *F I* du triangle
F I G eſt égal au côté *a b*, puiſque le côté *F I*
eſt égal à la ligne *D E* (82), laquelle eſt égale
au côté *a b*; l'angle *G F I* eſt égal à l'angle *a*,
car l'angle *G F I* eſt égal à l'angle *A*, qui eſt égal
à l'angle *a*; l'angle *F I G* eſt égal à *b*, puiſque l'angle *F I G* eſt égal à l'angle *B* (43), qui eſt égal à
l'angle *b*; donc ces deux triangles font égaux ; donc

le côté *FG* est égal au côté *a c*, & le côté *GI* au côté *bc*.

Je démontrerois de la même manière que le triangle *GK C* est égal au triangle *a b c*; donc les triangles *ADF*, *FIG* & *GKC* font égaux chacun au triangle *a b c*; d'où je conclus, 1°. que le côté *A C* contient trois fois le côté *a c*, puisque les lignes *AF*, *FG* & *G C* font égales chacune au côté *a b*; 2°. que le côté *B C* contiendra aussi trois fois le côté *a c*, puis les lignes *EI*, *IG* & *KC*, ou, ce qui est la même chose (82), les lignes *B H*, *H K* & *K C* font égales chacune à la ligne *bc*.

Au lieu de trois fois, si le côté *A B* contenoit exactement quatre fois, ou cinq fois, ou enfin tel autre nombre de fois qu'on voudroit, le côté *a b*, il seroit également facile de démontrer que les côtés *A C* & *B C* contiendroient le même nombre de fois les côtés *a c* & *b c*; mais si le côté *A B* du triangle *A B C* (*fig.* 233) au lieu de contenir exactement un certain nombre de fois le côté *a b*, le contenoit avec quelque fraction, trois fois & deux tiers, par exemple, je dis que le côté *A C* contiendroit le côté *a c* trois fois & deux tiers, & que le côté *B C* contiendroit aussi le côté *b c* trois fois & deux tiers. Je fais en allant de *A* vers *B* les lignes *AD*, *DE* & *EF* égales chacune au côté *a b*, la ligne *FB* qui restera vers la

droite fera égale aux deux tiers du côté *a b*, puifque le côté *A B* eft fuppofé contenir trois fois &
deux tiers le côté *a b*; partageant donc la ligne
F B en deux parties égales, chacune de ces deux
parties fera le tiers du c té *a b*. Je partage enfuite
le côté *a b* en trois parties égales; & par les points
de divifion des deux côtés *A B* & *a b*, je mène
des parallèles aux côtés *B C* & *b c*, & par les
points où ces parallèles rencontrent les côtés *A C*
& *a c*, je mène des paralièles aux côtés *A B* & *a b*.
La ligne *F L* étant parailèle au côté *B C*, l'angle
A F L fera égal à l'angle *B*, & par conféquent à
l'angle *b*, les deux triangles *AFL* & *a b c*, auront
leurs angles égaux chacun à chacun; mais le côté
A F contient trois fois le côté *a b*; donc le côté
AL contiendra trois fois le côté *a c* & le côté *FL*,
ou la ligne *B P* qui lui eft égale, contiendra auffi
trois fois le côté *b c*; donc pour que les côtés *A C*
& *B C* contiennent trois fois & deux tiers les côtés *a b* & *b c*, il faut néceffairement que les lignes
L C & *P C* contiennent les deux tiers des lignes
a c & *b c*, ou, ce qui eft la même chofe, il
faut néceffairement que les lignes *L C* & *P C*
foient les deux tiers des côtés *a c* & *b c*. Or la ligne *F B*, ou bien la ligne *L P* valant les deux tiers
du côté *a b*, il eft évident que la moitié de la ligne *L P* vaudra le tiers de la ligne *a b*; donc le
côté *ab* contiendra trois fois les lignes *L R*, &

trois fois auffi RP, ou MQ; mais les triangles
abc, LRM, MQC ont leurs angles égaux chacun à chacun; donc le côté ac contiendra trois
fois le côté LM, & trois fois auffi le côté MC; &
le côté bc contiendra de même trois fois le côté
RM ou PQ, & trois fois auffi le côté QC; donc
les deux lignes LM & MC étant chacune le tiers du
côté ab, la ligne LC fera les deux tiers du côté
ac, & par la même raifon la ligne CP fera auffi
les deux tiers du côté bc. Je conclus enfin que fi
les deux triangles ABC & abc ont leurs angles égaux
chacun à chacun, & fi le côté AB contient trois
fois & deux tiers le côté ab, les côtés AC & BC
contiendront chacun le même nombre de fois les
côtés ac & bc.

Si le côté AB contenoit le côté ab avec une
autre fraction, on démontreroit abfolument de
la même manière que les côtés AC & BC contiendroient chacun le même nombre de fois les
côtés ac & bc; d'où je conclus que, fi deux triangles ABC & abc ont leurs angles homologues
égaux, ces deux triangles auront leurs côtés homologues proportionnels.

La démonftration que je viens de donner, fuppofe que les côtés AB & ab font commenfura-
bles; fi ces côtés étoient incommenfurables, voici
de quelle manière je démontrerois que les côtés
homologues feroient encore proportionnels.

Je dis d'abord qu'on auroit cette proportion
(*fig.* 234) $AB : ab :: AC : ac$. Je fais la ligne AF
égale à la ligne ab, & par le point F je mène la
ligne FG parallèle au côté BC ; les deux triangles
AFG & abc feront égaux. La proportion ci-deſſus
fera donc celle-ci, $AB : AF :: AC : AG$. Si cette
proportion n'étoit pas vraie, les trois premiers
termes reſtans les mêmes, le quatrième terme feroit plus grand ou plus petit que AG. Suppoſons
qu'il ſoit plus grand, & que l'on ait $AB : AF$
$:: AC : AK$. Diviſons la ligne AC en parties
égales plus petites que GK, on aura au moins
un point de diviſion entre G & K ; & par ce
point menons la ligne LH parallèle au côté CB.
Les lignes AC & AL étant commenſurables entre
elles, on aura, par ce qui a été démontré, $AB :$
$AH :: AC : AL$; mais on a par ſuppoſition
$AB : AF :: AC : AK$. Changeant la place des
moyens de ces deux proportions, on aura $AB :$
$AC :: AH : AL$ & $AB : AC :: AF : AK$. Les deux
premiers termes de la première proportion étant
égaux aux deux premiers termes de la ſeconde,
les deux ſeconds termes de la première feront proportionnels aux deux derniers termes de la ſeconde, & l'on aura $AH : AL :: AF : AK$, ou
bien $AH : AF :: AL : AK$; mais la ligne AH
eſt plus grande que AF ; donc pour que cette proportion pût ſubſiſter, il faudroit que AL fût auſſi

plus grand que AK ; mais au contraire il eſt
plus petit ; donc la proportion eſt impoſſible ;
donc AB ne peut être à AF, comme AC eſt à
une ligne plus grande que AG. Par un raiſonnement entièrement ſemblable, on prouveroit que
le quatrième terme de la proportion ne peut être
plus petit que AE ; donc il eſt exactement AG.
On prouveroit d'une manière abſolument ſemblable que $AB : ab :: BC : bc$. Je conclus enfin
que, dans tous les cas, les triangles qui ont leurs
angles homologues égaux, ont auſſi leurs côtés
homologues proportionnels, & ſont par conſéquent ſemblables.

Puiſque lorſque deux angles d'un triangle ſont
égaux à deux angles d'un autre triangle, le troiſième angle de l'un eſt néceſſairement égal au troiſième de l'autre, nous concluons que deux triangles
ſont ſemblables lorſqu'ils ont deux angles égaux
chacun à chacun.

IV. On a vu que deux angles qui ont leurs côtés parallèles, & qui ſont tournés du même côté,
ſont égaux ; donc deux triangles qui ont les côtés
parallèles, ont les angles égaux chacun à chacun,
& ont par conſéquent les côtés homologues proportionnels.

V. *Deux triangles qui ont leurs côtés perpendicu-*
laires chacun à chacun ont leurs angles égaux cha-

cun, & par conséquent leurs côtés homologues proportionnels.

Je suppose le côté *F H* (*fig.* 235), perpendiculaire au côté *A C*, le côté *D E* au côté *B C* & le côté *F D* au côté *A B*. Dans le quadrilatère *CIEH*, les deux angles *CIE* & *CHE* font droits; or, les quatre angles d'un quadrilatère valent ensemble quatre angles droits; les deux angles *ICH* & *IEH* vaudront donc deux angles droits; mais les deux angles *DEF* & *IEH* valant aussi deux angles droits, l'angle *C* & l'angle *F E D* auront donc chacun pour supplément l'angle *F E H*; donc ces deux angles seront égaux. On démontreroit de la même manière que l'angle *F D E* est égal à l'angle *C B A*, & l'angle *D F E* à l'angle *C A B*; & l'on concluroit que ces deux triangles ont leurs angles égaux chacun à chacun, & leurs côtés homologues proportionnels.

Remarquons que dans le cas des côtés parallèles, les côtés homologues font les côtés parallèles; & que dans le cas des côtés perpendiculaires, les côtés homologues font les côtés perpendiculaires.

VI. *Deux triangles qui ont un angle égal compris entre deux côtés homologues proportionnels, ont aussi les angles égaux chacun à chacun, & font par conséquent semblables.*

Si les deux triangles *A B C* & *a b c* (*fig.* 232),

à

font tels que l'angle C du premier foit égal à l'angle c du fecond, & qu'en même temps les côtés qui comprennent ces angles , font tels qu'on ait $AC : ac :: BC : bc$, je dis qu'ils feront femblables , c'eft-à-dire, qu'ils auront les autres angles égaux chacun à chacun , & leurs troifièmes côtés AB & ab, en même rapport que AC & ac, ou que BC & bc. Je fais la ligne GC égale au côté ac, & par le point G je mène la ligne GK parallèle au côté AB. L'angle CGK fera égal à l'angle A, l'angle GKC égal à l'angle B ; les deux triangles ABC & GKC auront donc leurs angles égaux chacun à chacun , & par conféquent leurs côtés homologues proportionnels. Nous pourrons donc faire cette proportion $AC : CG :: BC : KC$; mais on a par fuppofition $AC : ac :: BC : bc$. Actuellement fi l'on compare ces deux proportions , & fi l'on fait attention que la ligne GC a été faite égale à ac, on verra que les trois premiers termes de la première proportion font égaux terme pour terme aux trois premiers termes de la feconde proportion , d'où l'on conclura que le quatrième terme CK de la première eft égal au quatrième bc de la feconde. Les deux triangles GKC & abc auront donc un angle égal compris entre deux côtés égaux chacun à chacun , & ils feront par conféquent égaux. Or le triangle GKC eft femblable au triangle ABC ; donc le triangle

a b c qui eſt égal au triangle *G K C* ſera auſſi ſemblable au triangle *A B C.*

VII. *Deux triangles qui ont leurs côtés homologues
proportionnels , ont leurs angles égaux chacun à chacun , & font par conféquent ſemblables.*

Si l'on ſuppoſe (*fig.* 232) que *A C* : *a c* :: *B C* :
b c :: *A B* : *a b* , je dis que l'angle *A* ſera égal
à l'angle *a* , l'angle *B* à l'angle *b*, l'angle *C* à l'angle
c. Je fais la ligne *G C* égale au côté *a c*, & par
le point *G* je mène la ligne *G K* parallèle au côté
A B ; l'angle *C G H* ſera égal à l'angle *A* , &
l'angle *G K C* égal à l'angle *B ;* les deux triangles
A B C & *G K C* auront donc leurs angles égaux
chacun à chacun , & par conféquent leurs côtés
homologues feront proportionnels. On aura donc
cette ſuite de termes proportionnels *A C* : *G C* ::
B C : *K C* :: *B A* : *G K ;* mais nous avons par
ſuppoſition *A C* : *a c* :: *B C* : *b c* :: *A B* : *a b.* Actuellement ſi l'on compare les quatre premiers
termes de ces deux ſuites, & ſi l'on fait attention
que la ligne *C G* a été faite égale au côté *a c*,
l'on verra que les trois premiers termes de la première ſuite font égaux terme pour terme aux trois
premiers termes de la feconde ſuite : & l'on conclura
que le quatrième terme *K C* de la première ſuite
eſt égal au quatrième terme *b c* de la feconde ſuite.
On s'aſſurera de même que le ſixième terme *G K*
de la première ſuite eſt égal au ſixième terme *a b*

de la feconde, en faifant attention que les cinq premiers termes de la première fuite font égaux terme pour terme aux cinq premiers termes de la feconde. Les deux triangles GKC & abc feront donc égaux, puifque le côté GC fera égal au côté ac, le côté KC au côté bc, & le côté GK au côté ab. Or le triangle GKC eft femblable au triangle ABC; donc le triangle abc qui eft égal au triangle GKC eft auffi femblable au triangle ABC; donc les triangles qui ont leurs côtés homologues proportionnels, ont auffi leurs angles égaux, & font par conféquent femblables.

VIII. *Si par un point* D (fig. 56) *pris à volonté fur un des côtés* AF *d'un triangle* AFL, *on mène une ligne* DI *parallèle au côté* FL, *les deux côtés* AF & AL, *feront coupés proportionnellement, c'eft-à-dire, qu'on aura toujours* AD : AF :: AI : IL & AD : DF :: AI : IL.

En effet, la ligne DI étant parallèle au côté FL, les deux triangles FLA & DIA feront femblables : on aura donc $AD : AF :: AI : AL$. Pour démontrer la feconde partie, menons la ligne IH parallèle au côté AF, le triangle IHL fera femblable au triangle AFL, & par conféquent au triangle ADI; on aura donc $AD : IH :: AI : IL$, ou à caufe que DF eft égal au côté IH, $AD : DF :: AI : IL$.

IX. Donc, 1°. *Si d'un point* A *pris à volonté hors*

de la ligne G L (fig. 57), *on tire à différens points de cette ligne, plufieurs lignes* A G , A H , A I , A K , A L ; *toute parallèle* B F *à la ligne* G L , *coupera toutes ces lignes, en parties proportionnelles,* c'eft-à-dire, qu'on aura.........................

$$AB : BG :: AC : CH :: AD : DI :: AE : EK :: AF : FL$$
$$\& \ AB : AG :: AC : AH :: AD : AI :: AE : AK :: AF : AL.$$

Car en confidérant fucceffivement les triangles *G A H , G A I , G A K , G A L* , comme on fait le triangle *FAL* dans la figure 56 , on démontrera de la même manière que tous ces rapports font égaux.

X. 2°. *La ligne* AD (fig. 56*.) *qui divife en deux parties égales un angle* B A C *d'un triangle, coupe le côté oppofé* BC *en deux parties* BD & DC, *proportionnelles aux côtés correfpondans* A B , A C , *c'eft-à-dire, de manière qu'on a* B D : D C :: A B : A C.

Car fi par le point *B* , on mène *B E* parallèle à *A D* , & qui rencontre *C A* prolongée en *E ;* les lignes *CE* & *C B* étant alors coupées proportionnellement (VIII), on aura *B D : C D :: A E : A C.*

Or, il eft facile de voir que *A E* eft égal à *A B* ; car à caufe des parallèles *A D* & *B E* , l'angle *E* eft égal à l'angle *D A C* (37), & l'angle *E B A* eft égal à fon alterne *B A D* (38); donc puifque *DAC* & *BAD* font égaux comme étant

les moitiés de BAC, les angles E & EBA seront égaux ; donc les côtés AE & AB font aussi
égaux ; donc la proportion $BD : CO :: AE :$
AC, se change en celle-ci $BD : CD :: AB :$
AC.

XI. *Si l'on coupe les lignes* A F & A L (fig. 56)
proportionnellement aux points D & I, *c'est-à-dire*,
de manière que l'on ait A F : A D :: A L : A I, *la*
ligne D I *sera parallèle à* F L.

En effet, l'angle A étant commun aux deux
triangles AFL & ADI, & de plus ayant cette
proportion $AF : AD :: AL : AI$, il est évident que les deux AFL & ADI seront semblables, puisqu'ils auront un angle égal compris entre
deux côtés proportionnels ; donc l'angle ADI
sera égal à l'angle AFL ; donc la ligne DI sera
parallèle à FL.

XII. Donc *si on coupe proportionnellement aux*
points B, C, D, E, F (fig. 57), *les lignes* A G,
A H, A I, A K, A L, *menées du point* A *à différens*
points de la ligne G L, *la ligne* B C D E F *qui pas-*
sera par tous ces points, *sera une ligne droite paral-*
lèle à G L.

XIII. *Si de l'angle droit* A *d'un triangle rectangle*
B A C (fig. 43), *on abaisse une perpendiculaire* A D
sur le côté opposé B C (*qu'on appelle* hypothénuse),
1°. *les deux triangles* A D B, A D C *seront sembla-*
bles entre eux & au triangle B A C. 2°. *La perpendi-*

culaire A D *fera moyenne proportionnelle entre les deux parties* B D & D C *de l'hypothénufe.* 3°. *Chaque côté* A B *ou* A C *de l'angle droit, fera moyen proportionnel entre l'hypothénufe & le fegment correfpondant* B D *ou* D C.

Car les deux triangles *A D B*, *A D C*, ont chacun un angle droit en *D*; comme le triangle *B A C* en a un en *A*; d'ailleurs ils ont de plus chacun un angle commun avec ce même triangle *B A C*, puifque l'angle *B* appartient tout-à-lafois au triangle *A D B* & au triangle *B A C*; pareillement l'angle *C* appartient tout-à-tois au triangle *A D C* & au triangle *B A C*; donc (III) ces trois triangles font femblables. Donc (III) comparant les côtés homologues des deux triangles *A D B* & *A D C*, on aura

$$B D : A D :: A D : D C.$$

Comparant les côtés homologues des deux triangles *A D B*, *B A C*, on aura

$$B D : A B :: A B : B C;$$

enfin, comparant les côtés homologues des triangles *A D C* & *B A C*, on aura

$$C D : A C :: A C : B C,$$

où l'on voit que *A D* eft (*Arith.* 174) moyenne proportionnelle entre *B D* & *D C*; *A B* moyenne proportionnelle entre *B D* & *C B*; & enfin *A C* moyenne proportionnelle entre *C D* & *B C*.

XIV. Nous avons prouvé ci-deffus (VIII) que

quand la ligne DI (*fig. 56*) , eſt parallèle au côté FL , les deux triangles ADI , AFL ſont ſembla-bles ; comme cette vérité a lieu, de quelque grandeur que puiſſe être l'angle A , on doit donc conclure (*fig. 57*) que les triangles AGH , AHI , AIK , AKL , ſont ſemblables aux triangles ABC, ACD , ADE , AEF chacun à chacun, & que par conſéquent (III) $KL : EF :: AK : AE :: KI : DE :: AI : AD :: IH : CD :: AH : AC :: GH : BC$; donc, en ne tirant de cette ſuite de rapports, que ceux qui renferment des parties des lignes GL & BF, on aura $KL : EF :: KI : DE :: IH : CD :: GH : BC$, c'eſt-à-dire, que *ſi d'un point* A , *on tire à différens points d'une ligne droite* G L , *pluſieurs autres lignes droites ; ces lignes couperont toute parallèle à* G L , *de la même manière qu'elles coupent* G L , *c'eſt-à-dire , en parties qui au-ront entr'elles les mêmes rapports que les parties cor-reſpondantes de* G L.

(*p* bis.*) N°. 104, page 63.

On peut faire uſage de cette propoſition pour déterminer les points du prolongement de la ca-pitale d'un baſtion.

On prendra ſur les prolongemens BD , BE (*fig. 188*) des deux faces, deux points D & E ; & ayant meſuré BD & BE, ou (lorſqu'on ne

peut les mefurer) en ayant déterminé les longueurs, par les moyens qui feront enfeignés par
la fuite, on mefurera auffi DE ; alors comme la
capitale divife l'angle ABC & fon oppofé DBE
en deux parties égales, on aura $DB : BE :: DF :$
EF, ce qui (*Arith. 184*) donne $DB + BE : BE$
:: $DE : EF$. On aura donc EF, & par conféquent
le point F. *Bézout.*

(*q*) Nº. 108, page 64.

Lorfqu'on dit que deux triangles ou deux figures femblables ont les côtés proportionnels, on
entend que chaque côté de la première figure contient le côté homologue de la feconde, toujours
le même nombre de fois; en forte que dans les
proportions qu'on en déduit, lorfqu'on a comparé un côté de la première au côté homologue
de la feconde, il faut former le fecond rapport,
en comparant de même un autre côté de la première au côté homologue de la feconde; ou bien
fi on a d'abord comparé l'un à l'autre deux côtés
de la première figure, les deux côtés que l'on doit
comparer pour former le fecond rapport, doivent être homologues à ceux-là, & pris dans le
même ordre, c'eft-à-dire, que l'antécédent du fecond rapport doit être côté homologue de l'antécédent du premier. *Bézout.*

(*q bis.*) N°. 121 , page 74.

La théorie des lignes proportionnelles, & des triangles femblables, eft la bafe d'un grand nombre d'opérations de la Géométrie-pratique. Nous ferons connoître les principales ; mais nous ne parlerons, pour le préfent, que de celles qui peuvent être exécutées fans la mefure des angles, c'eft-à-dire, uniquement avec le fecours de piquets & de cordeaux. Nous parlerons des autres, lorfqu'à l'occafion de la Trigonométrie, nous aurons fait connoître les inftrumens qui fervent à mefurer les angles.

1°. Suppofons qu'on ait deffein de jeter un pont fur une rivière, & que dans cette vue on veuille connoître la largeur AB de cette rivière (*fig. 189*). Dans l'alignement de AB, & à une diftance BC qui foit au moins le tiers de la largeur AB eftimée groffièrement, on plantera un piquet C, & l'on mefurera BC. A droite ou à gauche de BC, & fuivant telle direction qu'on le voudra d'ailleurs, on mefurera une diftance quelconque CE (la plus longue fera la meilleure). On fixera le milieu D de CE, & ayant déterminé le point F qui eft en même temps dans l'alignement BE & dans l'alignement AD, on mefurera BF & FE. Alors on déterminera AB par cette proportion $\frac{1}{2} BE - BF : \frac{1}{2} BC :: BF : AB.$

En effet, fi par le milieu D on conçoit DG parallèle à AB, le point G où elle rencontrera BE fera (102) le milieu de BE, & FG fera par conféquent égale à $FE - BF$. Mais les triangles FGD & ABF femblables, à caufe des parallèles, donnent $FG : GD :: BF : AB$. D'ailleurs à caufe des triangles femblables EDG, ECB, on a DG moitié de CB, puifque ED eft moitié de EC; donc FG ou $FE - BF : \frac{1}{2} BC :: BF : AB$.

2°. On peut s'y prendre de cette autre manière pour mefurer les diftances.

Suppofons qu'il foit queftion de mefurer la diftance d'un point B de la tranchée (*fig. 19?*) pris fur la capitale de la demi-lune, au fommet A de l'angle faillant du chemin couvert.

On fera BC perpendiculaire à AB, & d'une longueur arbitraire. On plantera un piquet en un point E de BC, tel que CE foit égal à BE, ou en foit partie aliquote comme la moitié, le tiers, &c. alors on s'éloignera fur la ligne CD perpendiculaire à BC, jufqu'à ce que de fon extrémité D on voie le piquet E fe confondre avec le point A. Alors AB fera égal à CD, fi on a fait BE égal à CE, & AB fera le double ou le triple de CD, fi on a fait CE la moitié ou le tiers de BE. Cela eft évident, fi l'on fait attention que les lignes CD & AB étant parallèles, les triangles ABE, ECD font femblables.

3°. S'agit-il de mefurer une diftance inacceffible AB (*fig. 191*).

On prendra un point C tellement fitué qu'on puiffe de ce point voir les deux points A & B, & mefurer fur les alignemens des parties CD, CE, qui foient le plus approchantes qu'il fera poffible de CA & CB, quoiqu'à la rigueur on puiffe les prendre petites à l'égard de CA & CB.

Par les moyens qu'on vient d'enfeigner, ou par d'autres femblables qu'on peut imaginer d'après ceux-là, on déterminera la longueur de CA & celle de CB; puis ayant placé fur les alignemens CA & CB, les piquets D & E, de manière que CD foit à CE, $::$ $CA : CB$ (ce qui eft facile, puifque l'on connoît CA & CB, & que l'on peut prendre arbitrairement CD) on mefurera DE; alors on aura AB, par cette proportion $CD : DE :: CA : AB$, fondée fur ce que les deux triangles CAB, CDE ayant un angle égal compris entre côtés proportionnels, font femblables (113).

4°. S'il eft queftion de mener par un point connu C (*fig. 193*) fur le terrein (n'ayant autre chofe que des piquets) une parallèle à une ligne inacceffible AB.

Ayant pris arbitrairement le point D, on prendra fur l'alignement AD un point E, qui foit en même temps dans l'alignement de B & C. De ce point E, on mènera une parallèle EG à la ligne fuppofée acceffible DB; puis du point C on mènera GCF parallèle à AD, & qui rencontrera BD en un point F. Sur EG, on marquera un point H qui foit dans l'alignement FA; & la ligne $KCHI$ que l'on fera paffer par ces points, fera la parallèle demandée.

Car, à caufe des parallèles FG & AD, les triangles FHG & FAD font femblables, & donnent FG ou $ED : GH :: AD : FD$. Par la même raifon, les triangles ECG, BED donnent EG ou $FD : GC :: BD : DE$. Ces deux proportions ayant les mêmes extrêmes, le produit des moyens fera égal dans l'une & dans l'autre, & l'on pourra par conféquent (*Arith.* *180*) former de ces quatre quantités la proportion fuivante $GC : GH :: AD : BD$; les deux triangles GCH & ABD ont donc un angle égal compris entre côtés proportionnels; car il eft évident, à caufe du parallélogramme $GEDF$, que l'angle G eft égal à l'angle D. Donc l'angle GCH ou fon oppofé KCF eft égal à l'angle BAD; donc CF ayant été faite parallèle à AD, CK l'eft néceffairement à AB.

$5°$. Connoiffant l'épaiffeur de l'épaulement d'une batterie (*fig. 192*), & l'ouverture exté-

rieure HK, & intérieure AB, d'une embrasure
que l'on veut dégorger, il s'agit de déterminer la
direction des joues HA & KB.

Si on imagine que P soit le point où prolongées
elles doivent se rencontrer, les triangles semblables HKP, ABP donneront $HK:AB::HP:$
AP. Et si par les milieux G & C on conçoit la ligne du tir GCP, les triangles semblables HGP,
ACP donnent $HP:AP::GP:CP$; donc $HK:$
$AB::GP:CP$, & par conséquent ($Arith$ 184)
$HK - AB:AB::GC:CP$; on connoîtra
donc CP, c'est-à-dire, la quantité dont il faut
s'éloigner du milieu de l'ouverture C perpendiculairement à AB, pour avoir le point P, qui avec
A & B, est dans les alignemens que doivent avoir
les joues AH, BK.

6°. C'est par une application à-peu-près pareille
des triangles semblables que l'on peut déterminer le
point de rencontre C ($fig.$ 194) de la ligne de
mire avec le prolongement de l'axe d'une pièce de
canon.

Le boulet, par sa pesanteur, s'écarte au sortir
de la pièce de la direction suivant laquelle il est
chassé; en sorte que si la ligne de mire GH étoit
parallèle à l'axe de la pièce, le boulet frapperoit
toujours au-dessous du point de mire. Pour préve-
nir cette erreur, on donne à la ligne de mire GH
une inclinaison telle que cette ligne rencontre

l'axe à une diſtance AC moindre que celle à laquelle le boulet pourra rencontrer cette ligne de mire prolongée. Pour déterminer ce point C, il ne s'agit que de connoître la longueur AB de l'axe de la pièce, comprise entre les deux points de mire G & H, & les hauteurs GA & HB de ces deux points au-deſſus de l'axe. Alors les triangles ſemblables GAC & HBC donnent $GA : HB :: AC : BC$, d'où (*Arith.* 184) on conclut $GA - HB : HB :: AB : BC$, où tout eſt connu, excepté BC. *Bézout.*

(*r*) N°. 1 29, page 80.

Si d'un point A (fig. 69), *pris hors du cercle, on mène une sécante* AC & *une tangente* AF, *cette tangente ſera moyenne proportionnelle entre la ſécante* AC & *la partie extérieure* EA *de cette même ſécante.*

Menons les cordes FC & FE, les deux triangles FAE, FAC feront ſemblables. En effet, l'angle A eſt commun aux deux triangles ; les deux angles FCE & AFE font égaux, puiſqu'ils ont chacun pour meſure la moitié de l'arc FE ; donc ces deux triangles ont leurs angles égaux chacun à chacun ; donc $AC : EA :: EA : AE$; donc la tangente AF eſt moyenne entre la ſécante AC, & la partie extérieure AE.

(r bis) N°. 130, page 81.

*Inscrire dans un cercle donné un pentagone régu-
lier.* Je divise le rayon AC (*fig.* 236) en moyenne
& extrême raison ; je porte le plus grand segment
CE de A en B , & de B en D , la corde AB sera
le côté du décagone régulier, & la corde AD sera
celui du pentagone régulier.

Je mène la ligne BE , les deux triangles
ABC , ABE seront semblables. En effet, l'angle EAB est commun , & à cause que le rayon
AC est partagé en moyenne & extrême raison
au point E , on a $AC : EC :: EC : AE$,
ou bien , la ligne AB étant égale à la ligne
EC , $AC : AB :: AB : AE$. Les triangles
ABC , AEB ont par conséquent un angle
égal compris entre deux côtés proportionnels,
ils sont semblables ; mais le triangle ACB est
isocèle ; donc le triangle ABE l'est pareillement ; donc la ligne AB est égale à la ligne BE ;
& par conséquent la ligne BE égale à la ligne EC,
puisque celle-ci est égale à la ligne AB ; donc le
triangle BEC est aussi isocèle ; donc l'angle C est
égal à l'angle EBC ; mais j'ai fait voir que l'angle
C étoit égal à l'angle ABE ; donc l'angle C est la
moitié de l'angle ABC ; donc l'angle C est encore
la moitié de l'angle BAC , puisque celui-ci est
égal à l'angle ABC ; donc l'angle C est la cin-

quième partie des trois angles du triangle ACB, c'est-à-dire, la cinquième partie de deux angles droits, ou la dixième de quatre ; donc l'arc AB est la dixième partie de la circonférence, & la corde AB le côté du décagone régulier ; donc la corde AD sera le côté du pentagone régulier.

(s) N°. 137, page 85.

Si deux cordes AB, ab (fig. 74) *soutendent des arcs qui soient chacun une portion égale de la circonférence à laquelle ils appartiennent, ces cordes seront entr'elles comme les circonférences* ABC, abc.

Je mène les rayons IA, IB, Ia, Ib, les deux triangles AIB, aib seront semblables. En effet, l'angle AIB est égal à l'angle aib, & la ligne IA étant égale à la ligne IB, & la ligne Ia égale à la ligne Ib, on aura cette proportion IA : IB :: Ia : Ib; donc ces deux triangles auront un angle égal compris entre des côtés proportionnels ; donc ils sont semblables ; donc AB : ab :: AI : aI; donc les cordes AB & ab sont entr'elles comme les rayons ; mais nous avons démontré que les rayons entr'eux sont comme les circonférences ; donc les cordes AB, ab seront entr'elles comme les circonférences.

Si dans les deux polygones semblables $ABCDE$, $abcde$ (*fig.* 237), on mène les deux lignes LM,

lm également inclinées à l'égard de deux côtés homologues AE, ae, & terminées à deux points femblablement placés à l'égard de ces côtés, les lignes LM, lm, feront entr'elles comme deux côtés homologues quelconques.

Je mène les lignes LD, ld. Puifque les points L, l font femblablement placés à l'égard des côtés AE, ac, on aura $EL : el :: EA : ea :: ED : ed$; les deux triangles LED, led feront donc femblables, puifqu'ils auront un angle égal compris entre deux côtés proportionnels.

Les deux angles DLM, dlm font égaux; car fi des deux angles égaux ELM, elm on retranche les angles égaux ELD, eld, les reftes feront égaux; mais ces reftes font les angles DLM, dlm; donc les angles DLM, dlm font égaux; les angles LDM, ldm font égaux par la même raifon; donc les triangles LMD, lmd, ont deux angles égaux chacun à chacun; donc ils font femblables : on a par conféquent $LM : lm :: LD : ld$; mais les deux triangles femblables LDE, lde donnent cette proportion $LD : ld :: ED : ed$; donc $LM : lm :: ED : ed$; donc les lignes LM, lm font entr'elles comme les côtés homologues ED, ed, & par conféquent comme deux côtés homologues quelconques de ces deux polygones.

Si dans deux polygones femblables, on tire

deux lignes LM, lm terminées à des points L, M, l, m femblablement placés à l'égard de quatre côtés homologues AE, DC, ac, dc, ces lignes feront entr'elles comme deux côtés homologues quelconques de ces deux polygones.

Puifque les points L, l font femblablement placés à l'égard des deux côtés homologues AE, ae, on a, $EL : el :: EA : ea :: ED : ed$; les deux triangles LED, led font donc femblables, puifqu'ils ont un angle égal compris entre deux côtés homologues proportionnels ; donc $LD : ld :: ED : ed$.

Les points M, m étant auffi femblablement placés à l'égard des côtés homologues Dc, dc, on a $DM : dm :: DC : dc :: ED : ed$; mais l'angle LDC eft égal à l'angle ldc; donc les deux triangles LMD, lmd font femblables, puifqu'ils ont un angle égal compris entre deux côtés proportionnels ; donc $LM : lm :: LD : ld$; mais $LD : ld :: ED : ed$; donc $LM : lm :: ED : ed$; donc les lignes LM, lm feront entr'elles comme les côtés ED & ed, & par conféquent comme deux côtés homologues quelconques de ces deux polygones.

(*t*) N°. 143 , page 100.

Et *pour transformer un triangle en un quarré de même surface*, la question se réduit à prendre (126) ou (*Arith 178*) une moyenne proportionnelle entre la base & la moitié de la hauteur, puisque (*Arith. 178*) le quarré de cette moyenne proportionnelle sera égal au produit de ces deux facteurs.

On peut donc transformer une figure quelconque en un quarré de même surface. Bézout.

(*u*) N°. 144 , page 102.

Si au lieu d'évaluer la surface *ABCD* (*fig. 90*) en parties quarrées, on vouloit l'évaluer en parties rectangulaires *a b c d ;* un raisonnement semblable fait voir qu'il faudra mesurer *A B* en parties telles que *a b*, & *BC* en parties telles que *b c*, & multiplier l'un par l'autre le nombre des parties de chaque espèce.

Par exemple, si on veut savoir combien il faut de fauciffons de 18 pieds de long & de 11 pouces de groffeur, pour le revêtement intérieur d'une batterie de mortier longue de 21 toifes & haute de 7 pieds 4 pouces, on verra que la groffeur 11 pouces est contenue 8 fois dans la hauteur 7 pieds 4 pouces, & que la longueur 18

pieds eſt contenue 7 fois dans la longueur 21
toiſes ; on multipliera donc 7 par 8 , & le produit 56 exprimera le nombre cherché de ſau-
ciſſons.

Au reſte, lorſqu'il s'agit de meſurer une ſurface en parties rectangles, on peut le faire auſſi
en meſurant d'abord en parties quarrées, & divi-
ſant le nombre de ces parties par celui des meſures quarrées pareilles que contient la meſure
rectangulaire que l'on emploie.   *Bézout.*

(*x*) N°. 157, page 125.

Selon ce qui a été dit (151), la ſurface du cercle eſt égale à celle d'un triangle qui auroit pour
hauteur le rayon , & pour baſe la circonférence,
& par conſéquent égale à un rectangle qui auroit
pour hauteur le rayon , & pour baſe la demi-circonférence; donc ſi l'on compare ce rectangle au
quarré du rayon qui eſt un rectangle de même hauteur, on verra évidemment (157) que le *quarré du
rayon eſt à la ſurface du cercle, comme le rayon eſt à
la demi-circonférence.* Ainſi pour avoir la ſurface
d'un cercle, il ſuffit de multiplier le quarré de ſon
rayon, par le rapport de la demi-circonférence
au rayon , ou de la circonférence au diamètre.

Ainſi dans l'exemple donné (147), je multiplie
100 quarré du rayon 10 par $\frac{22}{7}$, ce qui me donne

$\frac{2200}{7}$, ou $314\frac{2}{7}$ pieds quarrés pour la furface du cercle qui a 20 pieds de diamètre. *Bézout.*

(*γ*) N°. 163 , page 130.

La même méthode peut être employée à *déterminer le rayon d'un cercle qui auroit une furface propofée.*

On prendra arbitrairement un nombre que l'on confidérera comme le rayon d'un cercle, dont on calculera la furface par ce qui a été dit (151). Puis on fera cette proportion.... *La furface calculée eſt à la furface donnée , comme le quarré du rayon connu de la première eſt au quarré du rayon inconnu de la feconde.*

On peut auffi trouver ce rayon par la propofition donnée (157). *Bézout.*

Dans tout triangle rectangle , le quarré conſtruit fur l'hypothénufe eſt égal aux quarrés conſtruits fur les deux autres côtés.

Sur le côté *A C* (*fig. 238*) , conſtruifons le quarré *ACGF*, & fur le côté *CB*, le quarré *CBHI ;* prolongeons le côté *F G* & le côté *H I ;* aux extrémités *A* & *B* de l'hypothénufe *A B* , élevons les perpendiculaires *A D* & *B E* , & par les points *D* & *E* , menons la ligne *DE* , & enfin par les points *K* & *C ,* menons la ligne *K L.*

Le triangle ACB eſt égal au triangle AFD ; car le côté AC eſt égal au côté AF, & l'angle ACB à l'angle AFD ; l'angle CAB eſt auſſi égal à l'angle FAD, parce que ces deux angles ont pour complément l'angle DAC ; donc ces deux triangles ſont égaux ; donc le côté AB eſt égal au côté AD. Je démontrerois de la même manière que le côté AB eſt égal au côté BE, d'où je conclurai que la figure $ABFD$ eſt le quarré conſtruit ſur l'hypothénuſe.

Le triangle GCK eſt égal au triangle DFA. En effet, l'angle KGC eſt droit, ainſi que l'angle F ; le côté GC eſt égal à FA, le côté GK eſt égal au côté FD, parce que le côté GK eſt égal au côté CI, qui eſt égal au côté CB, qui eſt égal au côté DF. Or, le triangle GKC étant égal au triangle FDA, l'angle FKL ſera égal à l'angle FDA, & par conſéquent la ligne KL ſera parallèle au côté DA, & au côté EB.

Le quarré $ACGF$ eſt égal en ſuperficie au parallélogramme $ACKD$, puiſqu'ils ont même baſe & hauteur ; mais le parallélogramme $ACKD$ eſt égal au rectangle $ALMD$ par la même raiſon ; donc le quarré $FACG$ eſt égal au rectangle $ALMD$.

Je démontrerai de la même manière que le quarré $CBHI$ eſt égal au rectangle $LBEM$, & je conclurai que la ſomme des deux quarrés $ACGF$

& *C B H I* est égale à la somme des deux rectangles *A L M D* & *L B E M ;* mais la somme des deux rectangles est égale au quarré fait fur l'hypothénuse , donc la somme des deux quarrés *A C G F* & *B H I C* est égale au quarré fait fur l'hypothénuse ; donc dans tout triangle rectangle le quarré construit fur l'hypothénuse est égal aux quarrés construits fur les deux autres côtés.

(*z*) N°. 166, page 131.

Suppofons , par exemple , qu'on demande la longueur du talut intérieur d'un rempart qui auroit 18 pieds de bafe & 12 pieds de hauteur.

J'ajoute le quarré de 18............... 324
Avec le quarré de 12................. 144

La fomme......................... 468

est le quarré de longueur du talus, dont la racine 21,6 fera la longueur demandée.

Suppofons pour fecond exemple que *A* (*fig. 195*) foit un fourneau de mine, auquel on communique par la galerie *D B* , & le rameau *B A* de 9 pieds. L'effet de la poudre étant fuppofé pouvoir s'étendre en tous fens à une diftance de 25 pieds, il faut trouver quelle partie *B C* de la galerie on doit bourrer pour que la galerie réfifte autant que le refte du terrein.

Il eſt clair qu'on doit bourrer juſqu'à une diſtance *B C* telle que *A C* ſoit de 25 pieds ; *B C* eſt un côté de l'angle droit du triangle rectangle *ABC ;* on l'aura donc comme il ſuit : ·

Du quarré de 25 625
Je retranche celui de 9 81

Le reſte 544

eſt le quarré de *B C*, & ſa racine 23,3 eſt la longueur que doit avoir *B C*.

On peut faire uſage de la propriété du quarré de l'hypothénuſe pour élever facilement une perpendiculaire ſur une ligne droite en un point donné.

Par exemple, ſur le prolongement *E A* de la face d'un baſtion (*fig. 196*), on veut établir perpendiculairement une batterie au point *A*. On formera avec un cordeau un triangle rectangle *ABC*, ·en prenant *A B* de 3 toiſes par exemple, & faiſant *A C* de 4 toiſes, & *B C* de 5 toiſes, ce qui eſt facile. Alors *AC* ſera perpendiculaire ſur *BA ;* car le quarré de 5 vaut le quarré de 4, plus le quarré de 3. *Bézout.*

(aa) N°. 167 , page 133.

La propriété des trois côtés d'un triangle rectangle enseignée (164), n'est pas particulière aux
quarrés formés sur ces côtés ; en général , *si sur*
les trois côtés d'un triangle rectangle quelconque , on
forme trois figures semblables quelconques , par exem-
ple , trois triangles , trois cercles, &c. la figure for-
mée sur l'hypothénuse vaudra la somme des figures
semblables formées sur les deux autres côtés.

Cela se démontre absolument de même que
pour les quarrés, en partant de ce principe (161),
que les surfaces des figures semblables sont entr'elles comme les quarrés de leurs côtés homologues.

Donc aussi la surface d'une figure quelconque,
formée sur un des côtés de l'angle droit , est égale
à la différence des deux figures semblables , formées
sur l'hypothénuse & sur l'autre côté de l'angle
droit.

Cette démonstration , qui est de Bézout , doit être
remplacée par la suivante.

Je suppose qu'on ait construit trois cercles sur
les trois côtés triangles rectangles (*fig.* 239) ;
puisque les surfaces des cercles sont entr'elles
comme les quarrés des diamètres , nous aurons

cette suite de rapports égaux 2 $\times AFCA : \overline{AC}^2 ::$

$2 \times CGBC : \overline{CB}^2 :: 2 \times AEBA : \overline{AB}^2$, ce qui donne (*Arith.* 121) $2 \times AFCA + 2 \times CGBC : \overline{BC}^2 + \overline{CB}^2 :: 2 \times AEBA : \overline{AB}^2$; ou encore en changeant la place des moyens $2 \times AFCA + 2 + CGBC : 2 \times AEBA :: \overline{AC}^n + \overline{CB}^2 : \overline{AB}^2$; mais le fecond antécédent $\overline{AC}^2 + \overline{CB}^2$ eft égal au conféquent $\overline{AB}^2$; donc le premier antécédent $2 \times AFCA + 2 \times CGBC$ égalera auffi fon conféquent $2 \times AEBA$, c'eft-à-dire, que les deux cercles conftruits fur les côtés de l'angle droit égaleront le cercle conftruit fur l'hypothénufe.

La démonftration feroit abfolument la même, s'il s'agiffoit d'autres figures.

Puifque le cercle conftruit fur l'hypothénufe eft égal aux deux cercles conftruits fur les deux autres côtés, il eft évident que le dernier cercle conftruit fur l'hypothénufe égalera les deux demi-cercles conftruits fur les deux autres côtés. On aura donc $AEBA = AFCA + CGBC$. Or, fi de deux quantités égales on retranche la partie $ADCA$ & $CEBC$, il reftera $AFCDA + AGBEC = ACB$.

Si le triangle rectancle ACB étoit ifocèle, chacune des lunules feroit égale à la moitié du triangle ACB, on pourroit donc quarrer ces lunules.

(*bb*) N°. 208 , page 151.

*Toute coupe ou toute section de la sphère par un
plan est un cercle.*

Soit *B G E* (*fig. 128*) la section faite par un
plan dans la sphère dont le centre est en *C ;* du
centre *C* , je mène la perpendiculaire *C F* sur le
plan *B G E* , & différentes lignes *C E* , *C T* , *C X*
à la courbe formée par la section. Les obliques *C E* , *C T* , *C X* sont égales, puisqu'elles
sont des rayons de la sphère ; elles sont donc également éloignées de la perpendiculaire *C F ;* donc
toutes les lignes *F E* , *F T* , *F X* sont égales; donc
la section *E G B* est un cercle dont le point *F* est
le centre.

Si la section passe par le centre de la sphère , le
rayon de la section sera le rayon de la sphère ;
donc tous les grands cercles sont égaux entr'eux.

On appelle petit cercle , toute section de la
sphère , par un plan qui ne passe pas par le centre.

(*cc*) N°. 217 , page 156.

On peut dire aussi que la surface *d'un cylindre
droit est double de celle d'un cercle dont le rayon seroit
moyen proportionnel entre la hauteur de ce cylindre &
le rayon de sa base.*

Car fi l'on repréfente par H la hauteur, par r le rayon de la bafe, & par R le rayon moyen proportionnel, & qu'en même temps on repréfente par *cir. r*, & *cir. R*, les circonférences qui ont pour rayon r & R, on aura, par la fuppofition, $r : R :: R : H$; & puifque les circonférences font proportionnelles (136) aux rayons, on a *cir. r* : *cir. R* :: $R : H$. Or, le produit des extrêmes de cette proportion eft la furface du cylindre, & le produit des moyens eft le double de la furface du cercle qui a pour rayon R; donc (*Arith. 178*), &c.

Dorénavant pour marquer la furface d'un cercle qui a pour rayon une ligne quelconque R, nous emploierons auffi cette expreffion abrégée *cer. R*.

Bézout.

(*dd*) N°. 246, page 174.

Si on veut comparer la folidité de la fphère au cube de fon diamètre; en repréfentant par D le diamètre, on aura donc $\frac{2}{3} D \times$ *cer. D* pour cette folidité, ou bien $\frac{2}{3} D \times$ *cir. D* $\times \frac{1}{4} D$, ou $\frac{1}{6} \overline{D}^2 \times$ *cir. D*. Et le cube du diamètre fera $\overline{D}^3$, donc la folidité de la fphère eft au cube de fon diamètre, comme $\frac{1}{6} \overline{D}^2 \times$ *cir. D* : $\overline{D}^2$, ou :: $\frac{1}{6}$ *cir. D* : D, ou :: *cir. D* : $6 D$, c'eft-à-dire, comme la circon-

férence d'un cercle eſt à 6 fois ſon diamètre. Par
exemple, en prenant le rapport de 22 : 7 pour celui du diamètre à la circonférence, la ſolidité de
la ſphère eſt au cube de ſon diamètre, comme 22
eſt à 42, ou comme 11 eſt à 21. *Bézout.*

(*ce*) N°. 148, page 175.

A l'égard du ſegment (*fig. 128*), comme il vaut
le ſecteur *CBGEHA* moins le cône *CBGEH*,
il ſera toujours facile à calculer ; mais on peut calculer le ſegment d'une manière plus commode.

La ſolidité d'un ſegment ſphérique A B G E H A,
(fig. 128), *eſt égale à celle d'un cylindre qui auroit
la flèche* A F *pour rayon de ſa baſe, & qui auroit
pour hauteur le rayon* C A *de la ſphère moins le tiers
de la flèche* A F.

Concevons la ſolidité de ce ſegment comme
compoſée d'une infinité de tranches circulaires,
parallèles à *B G H E*, & d'une épaiſſeur infiniment petite ; le nombre des points ſolides de chaque tranche ne dépendant alors que de la ſection
circulaire, pourra être repréſenté par cette ſection même ; ainſi la tranche correſpondante à *IN*,
par exemple, pourra être repréſentée par *cer. IN*.

Menons la corde *AN* ; à cauſe du triangle
rectangle *A·IN*, on aura *cer. IN* égal à *cer.
AN — cer. AI* ; donc la ſomme des *cer. IN*, ou

la folidité du fegment, fera égale à la fomme des
cer. A N moins la fomme des *cer. A I* correfpondans. Voyons donc ce que vaut chacune de ces
deux fommes.

Puifque (170) *A I* eft moyenne proportionnelle entre *A I* & *A D*, *cer. A N* eft (217) moitié
de la furface d'un cylindre qui auroit *A I* pour
rayon de fa bafe, & *A D* pour hauteur, ou bien
eft égale à un cylindre qui auroit *A I* pour rayon
de fa bafe, & *A C* pour hauteur. Donc la fomme
des *cer. A N* fera égale à la fomme des enveloppes
cylindriques, qui ayant *A C* pour hauteur, auroient fucceffivement pour rayons de leurs bafes,
les différentes lignes *A I*. Donc la fomme des *cer.*
A N eft égale à la folidité d'un cylindre qui auroit
A C pour hauteur, & *A F* pour rayon de fa
bafe.

A l'égard de la fomme des *cer. A I* ; fi fur *A C*
on conçoit le quarré *A C P Q*, & qu'ayant tiré la
diagonale *A P*, on prolonge *A I* jufqu'en *R*, on
aura *A I* égale à *I R* ; donc la fomme des *cer. A I*
fera égale à la fomme des *cer. I R*, laquelle prife
de *A* en *F* compofe le cône qui auroit *A F* pour
hauteur, & *cer. F S* ou *cer. A F* pour bafe. Elle
eft donc égale à ce cône, ou à un cylindre qui
auroit auffi *cer. A F* pour bafe, & $\frac{1}{3}$ *A F* pour
hauteur. Donc la fomme des *cer. A N*, moins la
fomme des *cer. A I*, c'eft-à-dire, la fomme des

cer. N I, ou la folidité du fegment, eft égale au
cylindre qui auroit *cer. A F* pour bafe, & *AC*
pour hauteur, moins le cylindre qui auroit auffi
cer. A F pour bafe, & $\frac{1}{3}$ *A F* pour hauteur, c'eft-
à-dire, eft égale au cylindre qui auroit *cer. A F*
pour bafe, & *C A* — $\frac{1}{3}$ *A F* pour hauteur.

Donc, pour avoir la folidité d'un fegment
fphérique, il faut multiplier le cercle, qui a pour
rayon la flèche, par le rayon de la fphère moins
le tiers de la flèche.

Pour donner un exemple du calcul de la folidité de la fphère & de fes fegmens, fuppofons
que l'on demande le poids d'une bombe de 10
pouces de diamètre, ayant 18 lignes d'épaiffeur,
avec un culot renforcé de 6 lignes de flèche. Le
pied cube de fer coulé pèfe 519 ℔ $\frac{3}{4}$.

Nous calculerons d'abord la folidité de la
fphère de 10 pouces, & enfuite nous calculerons
celle d'une fphère de 7 pouces, c'eft-à-dire, de
10 pouces moins le double de l'épaiffeur de la
bombe; nous calculerons, dis-je, la folidité de
cette dernière, diminuée de celle du culot de 6
lignes de flèche, c'eft-à-dire, que nous ne calculerons de celle-ci que le fegment fphérique qui
auroit 7 pouces moins 6 lignes, ou 6 pouces $\frac{1}{2}$ de
flèche.

Pour avoir la folidité de la fphère de 10 pouces, il faut (246) multiplier le cube de fon dia-

mètre par $\frac{11}{21}$; ainſi opérant par logarithmes, j'ai

Log. 10.....	1,0000000
Log. 10. $^{-3}$.....	3,0000000
Log. 11.....	1,0413927
Complément - Log. 21.....	8 6777807
Somme.....	12,7191734

qui répond à 523,81 ; donc la ſphère de 10 pouces de diamètre, a une ſolidité de 523,81 pouces cubes.

Pour avoir la ſolidité du ſegment ſphérique de 6 pouces $\frac{1}{2}$ de flèche dans une ſphère de 7 pouces de diamètre, il faut (248) multiplier la ſurface du cercle de 6 pouces $\frac{1}{2}$ de rayon, par le rayon de la ſphère moins le tiers de la flèche, c'eſt-à-dire, par 1 pouce & $\frac{1}{3}$.

Donc, & d'après ce qui a été dit (remarq. x), opérant par logarithmes, on aura

Log. 6 $\frac{1}{2}$......	0,8129134
Log. 6 $\frac{1}{2}$ $^{-2}$......	1,6258268
Log. $\frac{22}{7}$......	0,4973247
Log. 1 $\frac{1}{3}$......	0,1249387
Somme.....	2,2480902
qui répond à	177,05

Donc, la ſolidité du vide de la bombe eſt de

177,05 pouces cubes, & par conféquent la folidité du plein eft de 346,76 pouces cubes.

Il ne s'agit donc plus, pour avoir le poids de
la bombe, que de multiplier par $519\frac{3}{4}$, & de
divifer par 1728, parce que le poids d'un pouce
cube eft la 1728e partie de celui du pied cube; ainfi

$$
\begin{array}{lr}
\text{Log. } 346,76 \ldots & 2,5400290 \\
\text{Log. } 519\frac{3}{4} \ldots & 2,7157945 \\
\text{Complément - Log. } 1728 \ldots & 6,7624563 \\
\hline
\text{Somme} \ldots & 12,0182798 \\
\text{qui répond à } \ldots & 104\text{lb},3
\end{array}
$$

qui eft le poids de la bombe, non compris le vide
de l'œil ni le poids des anfes & anneaux. *Bézout.*

(*ff*) Nº. 253, page 178.

Par exemple, s'il s'agit de trouver la folidité du
corps *A B C D H E F G* (*fig. 137 & 198*), compofé de deux prifmes triangulaires tronqués,
dont les arêtes *A E, B F, C G, D H*, foient
perpendiculaires à la bafe qui fera d'ailleurs un
quadrilatère quelconque.

On imaginera la diagonale *E G*, correfpon-
dante à l'arête *AC*, & l'on aura $EFG \times \dfrac{AE+BF+CG}{3}$
pour la folidité de la partie qui répond au triangle

EFG ; on aura pareillement $EHG \times \dfrac{AE + DH + CG}{3}$
pour la solidité de la partie qui répond au triangle EHG.

Si les deux triangles EFG, EGH font égaux, comme il arrive, lorfque la bafe eft un parallélogramme, on aura $\frac{1}{2} EFGH \times$
$\dfrac{2 AE + 2 CG + BF + DH}{3}$ pour la folidité totale.

Si les perpendiculaires AE, BF, &c. reftant les mêmes, la furface fupérieure, au lieu d'être terminée par les deux plans ADC, ABC qui ont pour feâion commune AC, étoit terminée par deux plans qui euffent pour feâion commune BD ; alors la folidité feroit exprimée par $\frac{1}{2}$
$EFGH \times \dfrac{2 BF + 2 DH + AE + CG}{3}.$

Si après avoir ajouté ce folide au précédent, on prend moitié du tout, on aura $EFGH \times$
$\dfrac{BF + DH + AE + CG}{4}$ pour la valeur du folide
qui tiendroit le milieu entre les deux que nous venons de confidérer pour chaque figure.

Cette dernière expreffion renferme la règle que fuivent plufieurs praticiens pour mefurer la folidité des corps tels que ceux des *fig.* *137* & *198* ; d'où l'on voit que cette règle n'eft pas rigoureufement exaâe ; on peut même ajouter qu'elle peut fouvent conduire à une erreur affez forte ; pour nous en convaincre, prenons un cas fort fimple; fuppofons, *fig. 198*, que AE & GC foient cha- cune zéro ; on aura $\frac{1}{2} EFGH \times \frac{BF+DH}{3}$ ou $EFGH \times \frac{BF+DH}{6}$ pour la folidité du corps repréfenté par la *fig. 132*; mais par la règle dont il s'agit, on auroit $EFGH \times \frac{BF+DH}{4}$; or ces deux folides font l'un à l'autre :: $\frac{1}{6} : \frac{1}{4}$ ou :: $4 : 6$ :: $2 : 3$; cette règle feroit donc trouver la foli- dité trop forte de moitié en fus de fa véritable va- leur ; il eft vrai que dans ce cas, où il eft facile de voir que le folide eft compofé de deux pyra- mides triangulaires, on verroit facilement que l'on ne doit point admettre cette règle ; mais il n'en eft pas moins à conclure, de cet exemple fimple, que l'application aux cas plus compofés ne donne point une approximation fuffifante.

Tout ce que nous venons de dire, ne fuppo- fant point que ABC & ADC (*fig. 137 & 198*), foient dans des plans différens, a également lieu lorfqu'ils font dans un même plan ; & puifque ce qui a été dit a lieu, lorfque la bafe eft un quadrilatère quelconque, il eft facile d'en con- clure la mefure de la folidité d'un ponton (*fig. 199*).

L'avant & l'arrière du ponton, fes flancs, fon fond, & fon ouverture fupérieure, font tous des furfaces planes ; & les arêtes formées par les flancs, le fond & l'ouverture, font des lignes parallèles ; l'ouverture a plus de largeur que le fond ; en forte que la fection faite perpendiculairement à la longueur eft un trapèze tel que *EFGH*.

Si donc on conçoit le ponton coupé perpendiculairement à fa longueur, & au milieu, il réfulte évidemment de ce qui a été dit (254), que chaque moitié eft un compofé de deux prifmes triangulaires tronqués, dont l'un a pour expreffion $EHG \times \dfrac{AE + DH + CG}{3}$, ou $EHG \times$ $\dfrac{2AE + CG}{3}$, parce que AE eft égal à DH. Pareillement le fecond prifme triangulaire aura pour expreffion $EFG \times \dfrac{2CG + AE}{3}$; donc le ponton entier aura pour expreffion $EHG \times \dfrac{2AI + CL}{3}$ $+ EFG \times \dfrac{2CL + AI}{3}$. Or, la profondeur du ponton étant connue, on aura la hauteur commune des deux triangles, qui par conféquent feront faciles à calculer ; il fera donc facile d'avoir la folidité du ponton : nous en verrons un exemple dans peu.

L'avant & l'arrière du ponton font communément inclinés de 45 degrés fur le fond ; cette circonftance peut fournir une autre expreffion ;

mais comme elle n'eſt pas plus ſimple que la précédente, nous ne nous y arrêterons pas.

Bézout.

(gg) Nº. 259, page 191.

Si au lieu de rapporter la ſolidité à la toiſe-
cube, on vouloit la rapporter au pied-cube, on
le pourroit également, en concevant le pied-
cube comme compoſé de douze parallélipipèdes,
qui ont tous 1 pied quarré de baſe, ſur 1 pouce
de hauteur chacun, & qu'on marqueroit ainſi
P P p, pour exprimer *pied-pied-pouces* ; c'eſt ainſi
que nous allons en uſer dans l'exemple ſuivant.

Exemple appliqué à la ſolidité d'un ponton.

Soit (*fig.* 199), la plus grande lar-geur *E H*, de.	4ᴾ	4ᴾ
La plus petite *F G*, de.	4	2
Leur diſtance ou le creux du ponton.	2	4
La plus grande longueur *A I*.	18	0
La plus petite *C L*.	13	4
Donc 2 *A I* + *C L*.	49ᴾ	4ᴾ
Et 2 *C L* + *A I*.	44	8

Je calcule la ſurface du triangle *EHG*, & celle
du triangle *EFG*, qui ont pour hauteur com-

mune le creux du ponton, & je trouve comme il
suit :

$4^P.4^P$	$4^P.2^P$
2. 4	2. 4
8. 8	8. 4
Pour 4^P... 1. 5. 4	Pour 4^P... 1. 4. 8
Somme 10. 1. 4	Somme 9. 8. 8
Moitié $5^{PP}0^{Pp}8^{Pl}$Tr. *EHG*.	Moitié $4^{PP}10^{Pp}4^{Pl}$Tr. *EFG*.

Je multiplie la première par 2 *AI* + *CL*, &
la seconde par 2 *CL* + *AI*, & prenant le tiers
du tout, j'ai la solidité du ponton, comme il
suit.

$5^{PP}0^{Pp}8^{Pl}$	$4^{PP}10^{Pp}4^{Pl}$
49. 4.	$44^P. 8^P$
247. 8. 8.	213. 10. 8.
Pour 4^P...1. 8. 2. 8.	Pour 6^P.. 2. 5. 2.
	Pour 2^P.. 0. 9. 8. 8.
Som. $249^{PPP}4^{PPp}10^{PPl}8^{PPpt}$	Som. $217^{PPP}1^{PPp}6^{PPl}8^{PPpt}$

Réunissant ces deux sommes, & prenant le
tiers, on a $155^{PPP}6^{PPp}1^{PPl}9^{PPpt}4^{PP'}$ pour la solidité du ponton.

Exemple appliqué au toisé d'une Batterie.

Pour donner encore une application des prismes tronqués & du toisé, supposons que l'on demande la quantité de terre nécessaire à la construction de l'épaulement d'une batterie de quatre pièces de canon.

La longueur d'une pareille batterie est de 13^T 2 par le bas. La hauteur de l'épaulement, en dedans, est ordinairement de $1^T 1^P$, & en dehors elle est $1^T 0^P 4^P$. Le talud intérieur est le tiers de la hauteur intérieure, & l'extérieur est la moitié de la hauteur extérieure ; ainsi le premier est de $2^P 4^P$, & le second de $3^P 2^P$; la largeur de la base est de $3^T 5^P 6^P$, ainsi la largeur au sommet extérieur de l'épaulement, est de $3^T 0^P 0^P$. On donne aux deux côtés de l'épaulement le même talud qu'au-dedans, c'est-à-dire, le tiers de la hauteur intérieure vers le dedans, & le tiers de la hauteur extérieure vers le dehors ; ainsi la longueur intérieure de l'épaulement, vers le haut, est de $12^T 3^P 4^P$, & sa longueur extérieure vers le haut, est de $12^T 3^P 9^P 4^l$.

Ces dimensions établies, on peut considérer le massif de la batterie (abstraction faite des embrasures), comme un prisme tronqué, dont la coupe faite perpendiculairement à sa longueur, seroit le trapèze E F G H (*fig.* 200), dont

La bafe *H E* eſt de.............. 3^T 5^P 6^v

Le talud intérieur *H K*........ 0. 2. 4

La hauteur *G K* de l'angle *G*.... 1. 1. 0

Le talud extérieur *I E*......... 0. 3. 2

La hauteur *I F* de l'angle *F*..... 1. 0. 4

Et ſi on conçoit que cette coupe ſoit faite au milieu de la longueur, ce priſme total eſt partagé en deux priſmes droits, tronqués, parfaitement égaux, & qui ont chacun pour baſe le trapèze *E F G H*. Si l'on imagine donc la diagonale *G E*, il ſuit de ce qui a été dit, qu'on aura la ſolidité d'une des moitiés en multipliant le triangle *E F G* par le $\frac{1}{3}$ de la ſomme des trois arêtes, qui, d'un même côté, répondent aux angles *F*, *E*, *G*, y ajoutant le produit du triangle *E G H*, multiplié pareillement par la ſomme des trois arêtes, qui, du même côté, répondent aux angles *E*, *G*, *H*, & doublant le tout ; mais puiſque ces arêtes ſont moitié des longueurs qui répondent à ces mêmes angles, ou des arêtes du priſme total, il s'enſuit que l'opération conſiſte à multiplier le triangle *E F G* par le tiers de la ſomme des trois arêtes totales qui répondent aux angles *E*, *F*, *G*, & le triangle *E G H* par le tiers de la ſomme de celles qui répondent aux trois angles *E*, *G*, *H*, & à ajouter ces deux produits.

Or, ces arêtes ſont reſpectivement comme il ſuit.

Arêtes $\begin{cases} \text{En } E \ldots\ldots\ldots\ldots & 13^{T}\ 2^{P}\ 0^{P}\ 0^{l} \\ \text{En } G \ldots\ldots\ldots\ldots & 12\ \ 3\ \ 4\ \ 0 \\ \text{En } F \ldots\ldots\ldots\ldots & 12\ \ 3\ \ 9\ \ 4 \\ \text{En } H \ldots\ldots\ldots\ldots & 13\ \ 2\ \ 0\ \ 0 \end{cases}$

Le tiers des trois arêtes en

E, F, G, fera donc......... $12^{T}\ 5^{P}\ 0^{P}\ 5^{P}\ 4^{pt}$

Et le tiers des trois arêtes en

E, G, H, fera............. $13^{T}\ 0^{P}\ 5^{P}\ 4^{l}$

Il ne s'agit donc que d'avoir la furface du triangle EFG, & celle du triangle EGH; or la feconde eft évidemment égale $\dfrac{HE \times GK}{2}$, & la première qui eft la différence entre le quadrilatère $EFGH$ & le triangle EGH, fera $EK \times \frac{1}{2}FI - EI \times \frac{1}{2}GK$, d'où & d'après les mefures ci-deffus, on trouvera, comme il fuit.

Le triangle EGH.. $\quad 2^{TT}\ 1^{TP}\ 8^{Tp}\ 6^{Tl}\ 0^{Tpt}.$

$EK \times \frac{1}{2}FI$..... $\quad 1 \quad 5 \quad 2 \quad 0 \quad 8$

$EI \times \frac{1}{2}GK$..... $\quad 0 \quad 1 \quad 10 \quad 2 \quad 0$

Triangle EFG... $\quad 1 \quad 3 \quad 3 \quad 10 \quad 8$

Donc le prifme correfpondant au triangle EGH.. $29^{TTT}\ 5^{TTp}\ 2^{TTp}\ 8^{TTl}\ 2^{TTpt}\ 8^{TT'}$

Et le prifme correfpondant au triangle FGE.. $19.\ 5.\ 8.\ 7.\ 2.\ 1$

Maffif de la batterie......... $49^{TTT}\ 4^{TTP}\ 11^{TTp}\ 5^{TTl}\ 4^{TTpt}\ 9^{TT'}$

À l'égard des embrafures, fi l'on fuppofe que leur fond eft horizontal, que l'ouverture intérieure eft de deux pieds haut & bas, l'extérieur de 9^P en bas, & 12 pieds 6^P en haut ; que la hauteur de l'embrafure eft de 3^P 6^P du côté intérieur de la batterie ; en concevant chacune coupée perpendiculairement à la longueur de la batterie, on verra que le profil peut en être repréfenté par le quadrilatère $F G D M$, dans lequel on aura $G O$ de 3^P 6^P, $F N$ de 2^P 10^P, & les taluds $D O$ & $N M$ feront, favoir, $D O$ de 1^P 2^P, & $N M$ de 1^P 5^P ; d'où on conclura que $D M$ eft de 3^T 2^P 7^P ; & comme le folide de l'embrafure eft auffi un prifme tronqué, dont toutes les dimenfions font actuellement connues ; on conclura, par un calcul femblable au précédent, que le folide des quatre embrafures eft de 6^{TTT} 3^{TTP} 1^{TTp} 6^{TTl} 3^{TTpt} 1$^{TT'}$, lequel retranché du maffif trouvé ci-deffus, il refte 43^{TTT} 1^{TTP} 9^{TTp} 9^{TTl} 1^{TTpt} 8$^{TT'}$ pour la totalité des terres néceffaires à la conftruction de l'épaulement, d'où il eft facile de conclure le nombre de travailleurs néceffaires pour conftruire cette batterie dans un temps déterminé, fachant par expérience que trois hommes, fans trop fe fatiguer, peuvent creufer & rapporter fur la batterie une toife-cube en 18 heures.

Bézout.

(*hh*) N°. 262, page 195.

Quelques toifeurs divifent autrement la folive.
En fe la repréfentant comme un parallélipipède
de 2 toifes de haut fur 36 pouces quarrés de bafe,
ils la divifent en douze parties qu'ils appellent
des pieds ; ils divifent ce pied en 12 pouces, &
le pouce en trois parties qu'ils appellent *chevilles*.
Ainfi leur pied de folive eft la moitié du pied de
folive ordinaire ; il en eft de même du pouce, &
chaque cheville vaut 2 lignes de folive.

Pour les bois qu'on reçoit dans l'artillerie, on
entend par équarriffage, le quarré infcrit au cercle qu'on a pris pour bafe dans un corps d'arbre
non équarri ou en grume. Ce quarré qui a pour
diagonale le diamètre eft (167) la moitié du quarré
du diamètre ou du quarré circonfcrit. Comme les
arbres vont en diminuant de groffeur à mefure
qu'on s'éloigne du pied, on les regarde dans la
pratique, comme des cylindres de même longueur que le corps de l'arbre, mais d'un diamètre
égal à celui de l'arbre vers le milieu de fa hauteur.
On diminue encore ce diamètre de quelques pouces par rapport à l'écorce & à l'aubier, mais cette
diminution varie felon la nature des bois & le
pays.

Lorfqu'on a mefuré ce diamètre, on le rend

12 fois plus grand, & on le multiplie par ce même diamètre rendu fix fois plus grand ; la moitié de ce produit qu'on appelle *bafe de folive* du bois équarri, exprime en fous-entendant une toife de longueur, le nombre des folives & parties de folives que contient une toife de longueur de l'arbre équarri. En forte que pour avoir le nombre total des folives de cet arbre, il ne s'agit plus que de multiplier par le nombre des toifes & parties de toife de fa longueur.

Et pour avoir le nombre des folives du même arbre en *grume*, on multiplie le quarré du diamètre rendu 72 fois plus grand comme il vient d'être dit par $\frac{11}{7}$, & on en prend moitié ; ce qui donne la furface du cercle qui fert de bafe au cylindre dont la folidité eft prife pour celle de l'arbre ; on appelle cette furface, *bafe de folive du bois en grume*. Enfin on multiplie cette bafe de folive par le nombre des toifes & parties de toife de la longueur de l'arbre.

E X E M P L E.

On demande la bafe de folive tant équarrie, qu'en grume, pour un arbre de 25 pouces de diamètre.

A 25 pouces je fubftitue 25 pieds, ou... 4^T 1^P

D'un autre côté, à 25 pouces, je fubftitue 25 demi-pieds, ou........................... 2^T 0^P 6_P.

Je multiplie l'un par l'autre, & j'ai $8^{TT}4^{TP}1^{Tp}$ dont la moitié............... $4^{TT}2^{TP}0^{Tp}6^{Tp}$ comptée en folives, donne pour la bafe de folive équarrie................ $4^{fol}2^{P}0^{P}6^{l}$.

Puis pour avoir la bafe de folive en grume, je multiplie par $\frac{11}{7}$, la quantité $8^{TT}4^{TP}1^{Tp}$, ce qui donne................... $13^{TT}3^{TP}10^{Tp}2^{Pl}$ dont la moitié............... 6 4 11 1 comptée en folives, donne pour la bafe de folive en grume................... $6^{fol}4^{P}11^{P}1^{l}$.

Bézout.

(*ii*) Nº. 265, page 198.

Ces principes peuvent fervir à réfoudre plufieurs queftions de la nature des fuivantes.

1º. *Connoiffant le poids d'un pied cube de poudre, trouver le côté d'un fourneau cubique qui doit contenir un poids donné de poudre.*

Les poids de différens volumes d'une même efpèce de matière étant proportionnels à ces volumes, font proportionnels aux cubes de leurs dimenfions, lorfqu'ils font femblables.

Ainfi, fuppofant que le pied cube de poudre contienne 64 ℔, fi l'on veut avoir le côté d'un fourneau cubique contenant 10 ℔ de poudre, on fera cette proportion, 64 : 10 comme le cube de 1 eſt à un quatrième terme qui ſera le cube du côté cherché, lequel ſera donc $\frac{10}{64}$, dont la racine cubique $\frac{2,154}{4}$, ou 0^P, 538, ou $0^P\,6^P\,5^l$ eſt le côté cherché.

Si dans cette opération on veut employer les logarithmes, au logarithme de 10, on ajoutera (*Arith.* 242) le complément arithmétique du logarithme de 64; ce qui donne 9,193820, à la caractériſtique duquel (*Arith.* 242) j'ajoute 20; & prenant le tiers de la ſomme 29,193820, j'ai 9,731273 pour le logarithme de la racine cubique, ou du côté cherché; la caractériſtique étant trop forte de 10 unités. Je la diminue donc d'autant d'unités qu'il eſt néceſſaire pour trouver le reſte dans les tables, & je trouve 5386 pour le nombre qui correſpond au logarithme reſtant 3,731273, dont la caractériſtique étant trop forte encore de 4 unités, me fait connoître que le nombre cherché, eſt à moins d'un dix-millième près, 0,5386 qui donne, comme ci-deſſus, 0^P. $6^P\,5^l$.

Dans l'exemple précédent, nous avons pris 64 ℔ pour le poids d'un pied cube de poudre; & ce l'eſt en effet à-peu-près. Mais dans les charges des fourneaux on ne doit pas compter ſur ce pied à cauſe de la paille, des ſacs à terre, &c. qu'on emploie néceſſairement. Mais en ſuppoſant qu'on emploie toujours de ces derniers, proportionnellement à la quantité de poudre, il fuffit de favoir, une fois pour toutes, quel eft le poids de la poudre qui entre dans un fourneau d'un pied cubique, pour pouvoir déterminer de la même manière le côté de tout autre fourneau qui contiendroit un poids connu de poudre, avec les autres matières qui doivent y entrer.

2°. *Connoiffant les poids de deux boulets, & le diamètre de l'un, pour avoir le diamètre de l'autre, on fe conduira comme il fuit.*

Par exemple, le diamètre du boulet de 24, eft de $5^p 5^1$, $4^{pts} 5^p$, ou 444; on demande le diamètre du boulet de 12.

Les folidités doivent donc être :: 24 : 12 ou :: 2 : 1. Donc les cubes des diamètres doivent auffi être :: 2 : 1; ainfi du triple du logarithme de 5,444, je retranche le logarithme de 2, & j'ai 1,906724 dont le tiers 0,635575 cherché avec une caractériftics plus forte de trois unités, répond à 4321; donc le diamètre cherché, eft de $4^p,321$ ou $4^p 3^1 10^{pts}$.

Si l'on n'avoit pas de tables de logarithmes, on cuberoit $5^p 444$; & l'ayant divifé par 2, on extrairoit la racine cubique du quotient.

Par les mêmes principes, on peut réfoudre les deux queftions fuivantes; mais le principe donné (246) peut en fournir encore une folution plus facile comme il fuit.

Trouver le diamètre d'une fphère qui auroit une folidité connue. Par exemple, pour faire une fphère qui contienne 10 pieds cubes de matière, on fera cette proportion, 11 : 21 :: 10 eft à un quatrième terme, qui fera le cube du diamètre cherché; extrayant donc la racine cubique de ce quatrième terme, on aura le diamètre.

Si on opère par logarithmes, on trouvera comme il fuit..........

Log. 10...... 1,000000
Log. 21...... 1,322219

Somme....... 2,322219
Log. 11...... 1,041393

Refte........ 1,280826

dont le tiers.......... 0,426942

étant cherché avec une caractériftique plus forte de trois unités, donne 2^P,673, ou 2^P 8^P 0^l 11^{plt} pour le diamètre cherché.

Le même principe peut être employé à *déterminer le diamètre des balles de plomb fuivant leur nombre à la livre.*

Par exemple, fachant que le pied cube de plomb pèfe 828 ℔, on demande le diamètre d'une balle de 16 à la livre.

Puifqu'il doit y en avoir 16 dans la livre, il y en aura donc 16 fois 828, ou 13248 dans un pied

2

cube; la folidité de chacune fera donc la $\frac{1}{13248}$e partie d'un pied cube. Je fais donc cette proportion $11 : 21 :: \frac{1}{13248}$ eft à un quatrième terme qui fera le cube du diamètre cherché; ou bien réduifant le pied cube en lignes cubes, je fais cette proportion $11 : 21 :: \frac{1728 \times 1728}{16 \times 828}$ eft à un quatrième terme qui fera $\frac{1728 \times 1728 \times 21}{16 \times 828 \times 11}$.

Opérant par logarithmes.......

		Log. $\overline{1728}^2$...	6,475088
Log. 16...	1,204120	Log. 21.....	1,322219
Log. 828..	2,918030	Somme.....	7,797307
Log. 11...	1,041393		5,163543
Somme...	5,163543	Dif. des 2 Som.	2,633764
		dont le tiers..	0,877921

étant cherché avec une caractéristique plus forte de deux unités feulement, donne $7^l,55$, ou 7^k $64^{pts}\frac{3}{5}$ pour le diamètre de chaque balle.

Puifque les furfaces des corps femblables font entr'elles comme les quarrés des lignes homologues, les lignes homologues feront donc entr'elles comme les racines quarrées de ces furfaces; & les folides qui font comme les cubes des lignes homologues, feront donc comme les cubes des racines quarrées des furfaces. Les furfaces feront donc auffi entr'elles, comme les quarrés des racines cubiques des folidités. *Bézout.*

(*kk*) N°. 277, page 212.

Si la ligne CA étoit le rayon d'après lequel on auroit conftruit les tables, & fi le finus AP de l'arc AB valoit 45000 parties du rayon CA que nous avons fuppofé divifé en 100000 parties, il eft évident que, fi au lieu du rayon CA, on avoit pris le rayon CD, le finus de l'arc DG vaudroit encore 45000 parties de fon rayon CD.

En effet, les deux lignes AP, DE étant perpendiculaires à la ligne CE, les deux triangles CPA, CED feront femblables : on aura donc la proportion fuivante $CA : CP :: CD : DE$, ou bien $100,000 : 45000 :: 1000000 : x = 45000$; d'où je conclus que, quels que foient les rayons, les finus des arcs qui auront le même nombre de degrés, feront les mêmes portions des rayons de ces arcs, avec cette feule différence que lorfque les rayons feront plus grands, les parties des rayons & des finus feront plus grandes, & *vice verfa.*

(*ll*) N°. 294, page 232.

Avant que d'enfeigner l'ufage des principes précédens, pour la réfolution des triangles, il eſt à propos de faire connoître comment on meſure les angles qui font partie de ces triangles.

L'inſtrument qu'on emploie lorſqu'on veut meſurer les angles avec une préciſion ſuffiſante pour la plupart des pratiques , eſt le *Graphomètre* (*fig. 9*).

C'eſt un demi-cercle de cuivre diviſé en 180ᵈ , & ſur lequel on marque même les demi-degrés , ſelon la grandeur de ſon diamètre.

La demi-circonférence *D H B* ſur laquelle les diviſions ſont marquées , n'eſt pas une ſimple ligne ; c'eſt une couronne demi-circulaire à laquelle l'ouvrier donne plus ou moins de largeur ; & cette couronne eſt ce qu'on appelle le *limbe* de l'inſtrument.

Le diamètre *D B* fait corps avec l'inſtrument ; mais le diamètre *E C* qu'on nomme *alidade* , n'y eſt aſſujetti que par le centre *A*, autour duquel il peut tourner & parcourir , par ſon extrémité *C*, toutes les diviſions de l'inſtrument. Chacun de ces deux diamètres eſt garni à ſes deux extrémités , de *pinnules* , à travers leſquelles on regarde les objets. Quelquefois, au lieu de pinnules , chacun de ces deux diamètres porte une lunette. Celle qui répond au diamètre *B D* eſt parallèle à ce diamètre. L'autre, fixée à l'alidade *E C* peut ſe mouvoir avec elle , & s'incliner un peu ſur elle , afin de n'être pas obligé de déranger le plan de l'inſtrument pour appercevoir les objets qui feroient un peu élevés ou abaiffés à l'égard de ce plan.

L'inftrument eft porté fur un pied, & peut, fans rien changer à la pofition du pied, être incliné dans tous les fens, felon le befoin.

Pour rendre le graphomètre propre à mefurer les angles avec plus de précifion, à indiquer les parties de degrés, on fait, le plus fouvent, fur la largeur & à l'extrémité du diamètre mobile, des divifions qui, felon la manière dont elles correfpondent à celles du limbe, fervent à connoître les parties de degré, de 5 en 5 minutes, ou de 4 en 4 minutes, &c.

Pour les faire marquer de 5′ en 5′, par exemple, on prend fur la largeur & à l'extrémité de l'alidade une étendue de 11 degrés, & on la divife en douze parties égales, dont chacune eft par conféquent de 55′. Lorfque la première divifion de l'alidade correfpond à l'une des divifions du limbe, alors l'angle compris entre les deux diamètres, eft mefuré par les divifions du limbe. Mais lorfque la première divifion de l'alidade ne s'accorde pas avec une des divifions du limbe, alors on cherche fur l'une & fur l'autre, quelle eft la divifion qui approche le plus de fe correfpondre, & l'on ajoute au nombre de degrés marqués fur le limbe entre la première divifion de celui-ci, & celle de l'alidade, autant de fois 5

minutes qu'il y a d'intervalles fur l'alidade entre
fa première divifion , & celle qui a fa correfpon-
dance fur le limbe , parce que pour chaque intervalle il y a 5 minutes de différence entre le limbe
& l'alidade.

Si on vouloit évaluer les minutes de 4 en 4,
on prendroit un arc de 14 degrés que l'on diviferoit en quinze parties; & pour évaluer de 3 en
3 , on prendroit 19 degrés que l'on diviferoit en
vingt parties.

Pour mefurer un angle avec cet inftrument ;
par exemple , pour mefurer l'angle que forme-
roient au point *A* (*fig. 9*) les lignes qu'on ima-
gineroit tirées de ce point aux deux objets *G* &
F, on place le centre du graphomètre en *A* , &
on difpofe l'inftrument de manière que regardant
à travers les pinnules du diamètre fixe *B D* , l'on
apperçoive l'un *F* de ces objets , & qu'en même
temps l'autre objet *G* fe trouve dans le prolongement du plan de l'inftrument , ce qu'on fait en
inclinant plus ou moins le graphomètre : alors on
fait mouvoir l'alidade *EC* jufqu'à ce qu'on puiffe
appercevoir l'objet *G* à travers les pinnules *E* & *C;*
l'arc *B C* compris entre les deux diamètres eft la
mefure de l'angle *G A F.*

Lorfqu'on veut employer le graphomètre à
mefurer des angles dans un plan vertical, c'eft-
à-dire , des angles formés dans un plan qui paffe

par ce qu'on appelle une ligne *à-plomb* on donne au plan de l'inſtrument la poſition verticale à l'aide d'un poids ſuſpendu par un fil dont on attache une extrémité au centre du graphomètre. Lorſque le fil raſe le bord de l'inſtrument, & répond à 90ᵈ, le graphomètre a la diſpoſition convenable. *Béʒout.*

(*mm**) Nº. 297, page 238.

B D C (fig. 211) *eſt l'arrondiſſement de la contreſcarpe, compris entre les prolongemens égaux* A B, A C *des deux faces d'un baſtion ; on demande la corde* B C *& la flèche* D E *de cet arrondiſſement, en ſuppoſant connus* A B, A C, *& l'angle* B A C *égal à l'angle flanqué du baſtion.*

Soient *A B* & *A C*, chacun de 20ᵀ ou 120ᴾ, & l'angle *B A C* de 83ᵈ 8′.

Dans le triangle *B E A*, rectangle en *E*, on aura (295)

1°. *R* : ſin. *BAE* :: *A B* : *B E*.

2°. *R* : ſin. *A B E* ou coſ. *BAE* :: *A B* : *A E*.

Donc, 1°.....................

Log. *AB*, ou log. 120ᴾ........ 2,0791812

Log. ſin. *BAE*, ou log. ſin. 41ᵈ 34′. 9,8218351

Somme moins log. du rayon..... 11,9010163

qui, dans les tables, répond à 79^P, 62 ; donc la corde $B\,C$ eft de 159^P, 24........

2°. Log. 120^d	2,0791812
Log. cof. 41^P $34'$	9,8740085
Somme — log. du rayon.......	11,9531897

qui répond à 89^P,78 ; donc la flèche $D\,E$ ou $AD - AE$ eft de 30^P,23.

Par la même méthode que nous venons d'employer pour déterminer la corde $D\,E$, on peut réfoudre, par le calcul, cette autre queftion.... *Déterminer le vent du boulet dans les pièces d'un calibre connu.*

La méthode graphique que l'on fuit pour cela, confifte à élever à l'extrémité A (*fig.* 202) d'une ligne $A\,B$, égale au diamètre du boulet, une perpendiculaire $A\,D$ égale au rayon $A\,C$; puis du point A comme centre, & du rayon $A\,D$, on décrit l'arc $D\,C\,E$ qui rencontre en E la circonférence qui a $A\,B$ pour diamètre; on porte la corde $D\,E$ de B en F, & $A\,F$ eft le vent du boulet, c'eft-à-dire, que $A\,F$ eft la quantité, dont le diamètre intérieur de la pièce doit être plus grand que celui du boulet.

Pour déterminer $A\,F$ par le calcul, il ne s'agit, en imaginant la corde $A\,E$, que de calculer $D\,E$ dans le triangle ifocèle $D\,A\,E$, dont on connoît les côtés $A\,D$, $A\,E$, égaux chacun au demi-diamètre du boulet, & l'angle $D\,A\,E$ qui (63 & 93) eſt de 150^d; en imaginant donc du point A une perpendiculaire ſur DE, on aura deux triangles-rectangles égaux, par l'un deſquels on calculera, comme dans l'exemple précédent, la valeur de la demi-corde DE. Doublant & retranchant de la valeur de AB, on aura celle de AF.

Par exemple, pour les pièces de 4, dont le boulet a 3$^{po.}$ 0^l 3^{pts} $\frac{3}{4}$, ou 3$^{po.}$,026; on trouvera DE de 2$^{po.}$923; le vent du boulet, dans les pièces de ce calibre, eſt donc de 0^{po},103 ou de 0$^{po.}$ 1^l 2^{pts} $\frac{4}{5}$.

Le cable ou cordage d'ancre AC *(fig. 203) étant de* 32^T *ou* 192^P, *& la profondeur* AB *de la rivière de* 12^P, *trouver l'angle* ACB *que fait le cordage avec le lit* BC *de la rivière, ſuppoſé horizontal, & abſtraction faite de la courbure que ce cordage peut prendre tant par l'impulſion de l'eau, que par l'excès de ſon poids ſur celui de l'eau dont il occupe la place.*

On imaginera le triangle-rectangle ABC, dans lequel on connoît AC de 192 pieds, AB de 12 pieds, & l'angle droit B. Et pour trouver l'angle ACB, on fera (295) cette proportion, $AC : AB$ :: R : ſin. ACB.

Donc par logarithmes,

Log. AB...................... 1,0791812
Log. du rayon............... 10,0000000
Complément arithm. log. AC... 7,7166988
          Somme.............. 18,7958800

ou log. finus de ACB, qui, dans les tables, répond à 3^d $35'$.

*Trouver l'angle que la ligne de mire fait avec l'axe
prolongé, dans une pièce d'un calibre & de dimenfions
connus.*

Si par le point H (*fig. 194*) le plus élevé du
renflement du boulet, on imagine la droite HI
parallèle à l'axe AB, l'angle GHI fera égal
à l'angle GCA que la ligne de mire fait avec l'axe
prolongé. Connoiffant donc dans le triangle rectangle GIH, le côté GI & le côté HI, il fera
facile d'avoir l'angle GIH, par cette proportion (296) $IH : GI :: R : tang. GHI$.

Par exemple, dans la pièce de 12 légère, on a
AG de.............................. $6^{po},231$
BH.............................. 4, 926
& par conféquent GI.............. 1, 305
d'ailleurs HI.................... 77, 254
on aura donc 77,254 : 1,305 ou 77254 : 1305
$:: R : tang. GHI$: donc par logarithmes,

Log. 1305...................... 3,1156105
Log. du rayon..............
Log. 1305...................... 10,0000000
Complément arith. log. 77254... 5,1120790
        Somme................ 18,2279895

C'eft le logarithme de la tangente de l'angle
cherché, lequel fera par conféquent de 0^d $58'$.

Une pièce de 12 légère étant pointée à 3 degrés,

trouver la hauteur à laquelle la ligne de mire s'élève à la distance de 600 toises, qui est à-peu-près la portée de cette pièce sous l'angle de 3 degrés.

La ligne de mire faisant avec l'axe un angle de 58′, ainsi qu'on vient de le voir, ne fera donc avec l'horizon qu'un angle de 2^d $2′$; ainsi sa hauteur, à la distance horizontale de 600 toises, fera le second côté de l'angle droit dans un triangle rectangle, dont l'angle adjacent au premier côté 600 toises est de 2^d $2′$. On aura donc ce côté (296) par la proportion R : *tang.* 2^d $2′$ :: 600^T est à un quatrième terme que l'on trouvera de $21_T,3$.

La première embrasure d'une batterie A C *à ricochet* (fig. 204) *étant directe, trouver l'inclinaison de la septième embrasure, c'est-à-dire, l'angle que la ligne du tir fait avec l'épaulement* A C *à la septième embrasure; on suppose que toutes les pièces de cette batterie sont dirigées vers un même point* B *éloigné de 250 toises ou 1500 pieds.*

La ligne AB du tir de la première embrasure est supposée perpendiculaire à l'épaulement AC; ainsi la question est de déterminer l'angle BCA de triangle-rectangle BAC dont l'angle A est droit; le côté AB est de 1500 pieds, & le côté AC est déterminé par la grandeur, la distance & le nombre des embrasures.

Supposons, par exemple, qu'il y ait 20 pieds

de diftance du milieu d'une embrafure au milieu de fa voifine, alors on fera cette proportion, 120: 1500 :: R : tang. BCA. Donc par logarithmes;

Log. 1500..................... 3,1760913

Log. du rayon................. 10,0000000

Complément arith. log. 120..... 7,9208188
_____

Somme................ 11,0969101

C'eft le logarithme de la tangente de l'angle BCA, qui eft donc de 85ᵈ 26'.

Comme le heurtoir DF doit toujours être per-pendiculaire à la ligne du tir, & qu'il doit être appuyé contre l'épaulement, au moins par une de fes extrémités, il fait donc avec l'épaulement un angle ADF, qui eft le complément de celui DCE ou ACB que nous venons de déterminer; ainfi connoiffant la longueur DF du heurtoir, & par conféquent fa moitié DE, il fera facile de calculer la diftance CE de l'épaulement, à la-quelle doit être placé, fur la ligne de tir, le mi-lieu E du heurtoir. *Bézout.*

(*nn*) Nº. 298, page 244.

Dans tout triangle rectiligne, le finus d'un angle eft au côté oppofé à cet angle, comme le finus de tout autre angle du même triangle eft au côté qui lui eft oppofé.

On a démontré (295) que dans tout triangle

rectangle, le rayon ou le finus de l'angle droit étoit à l'hypothénufe, comme le finus d'un des angles aigus étoit au côté qui lui étoit oppofé. Je ne parlerai donc que des triangles obliquangles.

Des fommets des trois angles du triangle *ABC* (*fig. 153*), je décris trois arcs avec la même ouverture de compas; & d'une des extrémités de ces arcs, je mène des perpendiculaires fur les côtés qui paffent par l'autre extrémité de ces arcs; ces perpendiculaires feront le finus des angles de ces triangles. Il s'agit de démontrer qu'on aura toujours *L M : A B :: E G : B C :: N K : A C.*

Je circonfcris une circonférence de cercle au triangle *A B C*, & après avoir mené les rayons *D A, D B, D C*, je décris le cercle *a b c* avec un rayon égal à celui avec lequel j'ai décrit trois arcs des fommets du triangle *ABC*. Enfin, je mène les cordes *a b, b c, a c*, par les points de fection *a, b, c.*

Le triangle *a b c* eft femblable au triangle *ABC.* En effet les lignes *D a, D b* étant égales, & les lignes *DA, DB* étant auffi égales, les deux triangles *a D b, A D B* feront femblables; donc l'angle *D a b* fera égal à l'angle *D A B*; donc le côté *a b* fera parallèle au côté *A B*. On démontrera de même que le côté *b c* eft parallèle au côté *B C*, & que le côté *a c* l'eft auffi au côté *A C*; donc ces deux triangles *a b c, A B C* font femblables,

puifqu'ils ont leurs côtés parallèles ; donc ab :
$AB :: bc : BC :: ac : AC$, ou $ab : AB :: bc :$

$BC :: \underset{2}{ac} : AC$. Par le centre D, je mène des perpendiculaires fur les cordes ab, bc, ac. Ces cordes,
ainfi que les arcs qu'elles foutendent, étant partagés en deux parties égales, au lieu de $\underset{2}{ab} : AB$

$:: \underset{2}{bc} :: BC : \underset{2}{ac} : AE$, on aura donc $ai : AB$

$:: bg : BC :: ch : AC$. Il me refte à faire voir
que les lignes ai, bg, ch, font égales aux finus
LM, EG, NK, des angles C, A, B.

Pour démontrer que les lignes ai, bg, ch font
égales aux finus des angles C, A, B, il faut
prouver que les triangles aiD, bgD, ahD font
égaux chacun à chacun aux triangles LMC,
EGA, NKB, je dis d'abord que le triangle
aiD eft égal au triangle LMC. En effet, la ligne
Da eft égale à la ligne LC, puifque ces deux
lignes font deux rayons égaux ; les deux angles
aiD, LMC font droits ; l'angle aDi eft égal à
l'angle acb, puifqu'ils ont tous les deux pour
mefure la moitié de l'arc ab ; mais l'angle acb eft
égal à l'angle C ; donc l'angle aDi eft égal à
l'angle C ; donc ces deux triangles font égaux ;
donc la ligne ai eft égale au finus LM. Je démontrerai de la même manière que les triangles
bgD, ahD font égaux aux triangles EGA,

NKB, & je conclurai de leur égalité, que les lignes bg, ch, sont égales aux sinus EG NK; donc au lieu de cette suite de termes proportionnels $ai : AB :: bg : BC :: ch : AC$, nous aurons $LM : AB :: EG : BC :: NK : AC$; donc les sinus des angles du triangle ABC sont proportionnels aux côtés qui leur sont opposés.

Si le triangle MNP (*fig. 152*) avoit un angle MNP obtus, je ferois la même construction que ci-dessus, avec cette seule différence que l'arc décrit du sommet de l'angle obtus, au lieu d'être compris par les deux côtés de cet angle, seroit compris entre l'un de ses côtés, & le prolongement de l'autre. Après avoir démontré que les deux triangles mnp, MNP sont semblables, & que l'on a cette suite de termes proportionnels, $mh : MP$ $:: me : MN :: ng : NP$, je ferai voir que les lignes mh, me, ng sont égales aux sinus GH, IL, EF, des angles MNP, MPN, NMP, en prouvant que les triangles mCh, mCe, nCg sont égaux aux triangles NGH, PIL, MEF. Je dis d'abord que le triangle mCh est égal au triangle NGH. En effet, le côté mC est égal au côté NG, l'angle mhC est droit, ainsi que l'angle NHG, l'angle mCr est égal à l'angle pnq, puisqu'ils ont chacun pour mesure la moitié de l'arc mnp; mais l'angle pnq est égal à l'angle GNH, puisque ces deux angles sont supplémens des angles égaux mnp, MNP;

donc les deux triangles mCh, NGH font égaux ; donc la ligne mh eft égale au finus GH.

Le triangle mCe eft égal au triangle PIL, car le côté mC eft égal au côté PI, l'angle meC eft droit, ainfi que l'angle ILP, l'angle mCs eft égal à l'angle mpn, puifque ces deux angles ont chacun pour mefure la moitié de l'arc mn ; mais l'angle mpn eft égal à l'angle IPL ; donc l'angle mCs eft égal à l'angle IPL ; donc les deux triangles mCe, PIL font égaux ; donc la ligne me eft égale au finus IL de l'angle MPN. Je démontrerai de la même manière que la ligne ng eft égale au finus EF de l'angle PMN ; donc les lignes mh, me, ng font égales aux finus GH, IL, EF, des angles MNP, MPN, PMN ; donc au lieu de cette fuite de termes proportionnels, mh : $MP :: me : MN :: ng : NP$, nous aurons celle-ci, $GH : MP :: IL : MN :: EF : NP$; donc dans tout triangle obtus-angle, les finus des angles font proportionnels aux côtés oppofés à ces angles.

(oo) Nº. 300, page 245.

EXEMPLE I. *On veut connoître les diftances* CA, CB (fig. 205) *d'une galiote à bombes* C, *à deux batteries de côté* A & B.

Des points A & B on obfervera (au même inftant, fi la galiote C eft en mouvement) les an-

gles CAB, CBA; puis on mefurera la diftance
AB des deux batteries A & B. Alors dans le
triangle CAB, dont on connoît deux angles & un
côté, on retranchera de 180 degrés la fomme des
deux angles connus, pour avoir le troifième, &
l'on déterminera AC & CB par les deux proportions fuivantes.

$$\text{fin. } C : AB :: \text{fin. } B : AC$$
$$\text{fin. } C : AB :: \text{fin. } A : BC.$$

Suppofons, par exemple, que AB ait été
trouvé de 256 toises; l'angle A, de 84^d $14'$;
l'angle B, de 85^d $40'$; on aura l'angle C, de 10^d
$6'$; & pour avoir AC & BC, on opérera par
logarithmes comme il fuit.

Log. fin. B...	9,9987567		Log. fin. A...	9,9977966
Log. AB.....	2,4082400		Log. AB.....	2,4082400
Compl. arith. log. fin. C. }	0,7560528		Compl. arith. log. fin. C. }	0,7560528
Log. AC....	×3,1630495		Log. CB....	×3,1620894
Donc AC...	1456 toises.		Donc CB...	1452 toifes.

EXEMPLE II. *Connoiffant la diftance* AC
(fig. 206) *d'un point* C *à l'angle flanqué d'un baf-*
tion, la diftance AB *des fommets des angles flanqués*
de deux baftions voifins, ou le côté extérieur du po-
lygone; & ayant obfervé l'angle C, *trouver la dif-*
tance BC.

2.

Soit le côté extérieur AB, de 200 toifes, la diftance AC de 130 toifes, & l'angle C de 59ᵈ 16′. On commencera par calculer l'angle B par cette proportion AB fin. $C :: AC :$ fin. B. Opérant donc par logarithmes, on aura :

Log. fin. 59ᵈ 16′.............. 9,9342737
Log. 130.................... 2,1139434
Complément. arith. log. 200.... 7,6989700
Somme................ 19,7471871

C'eft le logarithme du finus de l'angle B ; mais comme un finus (275) appartient également à un angle aigu & à l'angle obtus qui en eft le fupplément, & que rien dans l'énoncé de la queftion ne détermine fi l'angle B doit être aigu ou obtus, on n'eft pas plus en droit de prendre pour valeur de l'angle B, la quantité 33ᵈ 58′ qui répond dans les tables, au logarithme trouvé, que fon fupplément 146ᵈ 2′. Mais fuppofons que l'on sache d'ailleurs que l'angle B doit être aigu ; alors nous devons prendre 33ᵈ 58′ pour fa valeur, d'où nous conclurons que l'angle BAC eft de 86ᵈ 46′. Ainfi pour avoir le côté BC, il ne s'agit donc plus que de faire cette proportion, fin. $C : AB$ :: fin. $BAC : BC$; donc

Log. 200.................... 2,3010300
Log. fin. 88ᵈ 46'............. 9,9993081
Complém. arith.-log. fin. 59ᵈ 16'.. 0,0659263
                                    ——————
Somme.................. 12,3660644

C'eft le logarithme du côté BC que l'on trouve par conféquent de 232ᵀ,3.   *Bézout.*

(*pp*) N°. 304, page 253.

Dans tout triangle reĉtiligne, la fomme de deux côtés eft à leur différence, comme la tangente de la moitié de la fomme des deux angles oppofés à ces côtés eft à la tangente de la moitié de leur différence.

Si les deux côtés AB, AC (*fig.* 240) étoient égaux, les deux angles ABC, ACB feroient égaux ; donc fi l'on connoiffoit auffi l'angle compris BAC, il eft évident que l'on connoîtroit tous les angles. Je dis en outre que dans ce cas la propofition ci-deffus ne nous apprendroit rien, puifqu'elle auroit deux termes égaux à zéro.

Sur la ligne BD je prends AD égal au côté AC ; je joins les deux points D & C par la ligne DC ; par le point A, je mène la ligne AE parallèle au côté BC, & de ce même point A j'abaiffe fur la ligne DC la perpendiculaire AF, & du point F, je tire la ligne FH parallèle au côté BC. Enfin, du point A, & avec le rayon AF, je décris l'arc FG.

Cela posé, il est évident que la ligne DB est égale à la somme des côtés AB & AC, puisque par la construction, la ligne DA égale AC.

La ligne AH est égale à la moitié de la différence des deux côtés AB & AC, ou des deux lignes AB & DA; car la ligne AF étant perpendiculaire sur DC, & les deux lignes AC & AD étant égales, la ligne DC sera partagée en deux parties égales au point F.

Par conséquent, la ligne DB sera partagée aussi en deux parties égales au point H par la ligne FH parallèle à la ligne BC. En effet, les deux triangles DBC & DHF étant semblables, & la ligne DF étant la moitié de la ligne DC, il faut bien que la ligne DH soit la moitié de la ligne DB, c'est-à-dire, de la moitié de la somme des deux côtés AB & AC; mais AH est la quantité qu'il faut ajouter à la moitié de la somme de ces deux côtés pour avoir le plus grand; donc (301) la ligne AH est la moitié de la différence de ces deux côtés; donc $2AH$ est égale à leur différence.

L'angle extérieur DAC est égal aux deux angles intérieurs ABC & ACB opposés. L'angle DAC, qui est partagé en deux parties égales par la perpendiculaire AF, fera donc la moitié de la fomme des deux angles ABC & ACB ; & la ligne FD, qui eft perpendiculaire à l'extrémité du rayon AF, fera la tangente de l'angle DAF, & par conféquent la tangente de la moitié de la fomme des deux angles ABC & ACB.

L'angle DAE étant égal à l'angle ABC, l'angle CAE fera égal à l'angle ACB, puifque les deux angles DAE & CAE valent enfemble les deux angles ABC & ACB. Or, fi de l'angle DAF, qui eft la moitié de la fomme des deux angles ABC & ACB, on retranche l'angle FAE, il reftera l'angle DAE égal à l'angle B ; donc l'angle FAE eft la moitié de la différence des deux angles ABC & ACB, puifque cet angle eft la quantité qu'il faut retrancher de la moitié de la fomme de deux quantités pour avoir la plus petite (301); mais la ligne FE eft la tangente de l'angle FAE ; donc la ligne FE eft la tangente de la moitié de la différence des deux angles ABC & ACB. Ainfi la ligne DH fera la moitié de la fomme des deux côtés AB & AC ; le double de la ligne AH fera la différence de ces deux côtés ; la ligne DF fera la tangente de la moitié de la fomme des deux angles ABC & ACB, & enfin la ligne FE fera la tangente de la moitié de leur différence.

La ligne AE étant parallèle à la ligne HF, on

aura $DH : AH :: DF : EF$, ou bien en dou-
blant les deux premiers termes $2 \times DH : 2 \times AH$
$:: DF : EF$, & enfin $AB + AC : AB - AC$
$:: tang. \dfrac{ABC + ACB}{2} : tang. \dfrac{ABC - ACB}{2}$;

donc dans tout triangle la fomme de deux côtés eft
à leur différence, comme la tangente de la moitié
de la fomme des deux angles oppofés à ces côtés
eft à la tangente de la moitié de leur différence.

(qq^*) Nº. 311, page 258.

D'après ces méthodes & l'infpection de la *figure*
207, il eft facile de voir comment on s'y prendroit pour établir une batterie fur le prolongement
de la courtine AB. *Bézout.*

(rr^*) Nº. 312, page 259.

A, B, C (fig. 208) *font trois points connus ;*
c'eft-à-dire, dont les diftances & les angles que for-
ment ces diftances, font connus ; on veut établir une
batterie hors de ces trois points, mais de manière que
du point D *où elle fera placée, on voie* A B *fous un*
angle connu, & B C *fous un angle connu. On de-*
mande la pofition du point D.

On imaginera un cercle, dont la circonférence
paffe par les trois points A, C & D ; puis conce-

vant la droite DBF, on imaginera les deux cordes AF & CF.

Dans le triangle AFC, on connoît AC, l'angle FAC égal à FDC, & l'angle FCA égal à FDA; on pourra donc calculer FC & FA (300).

Dans le triangle FBC, on connoît FC, BC, & l'angle FCB, compofé de FCA, égal à FDA, & de ACB connu; on pourra donc (306) calculer l'angle CBF, dont le fupplément eft CBD.

Alors dans le triangle CBD, où l'on connoît CB, l'angle CBD & l'angle BDC, il fera facile de calculer DC. On s'y prendra de même pour calculer AD, par le moyen des triangles AFC, ABF & ABD.

Si la fomme des deux angles obfervés ADB, BDC étoit égale à l'angle ABC, ou à fon fupplément, le problême feroit indéterminé, ou fufceptible d'une infinité de folutions; le point B fe trouveroit alors fur la circonférence.

Parmi les exemples que les commençans peuvent prendre pour s'exercer aux calculs trigonométriques, nous croyons devoir leur indiquer le calcul des lignes & des angles d'un front de fortification régulière; par exemple, dans un pentagone conftruit felon le premier fyftême de M. de Vauban.

Nous fuppoferons le côté extérieur AB (*fig. 211*) de 180 toifes; la perpendiculaire CD de 30 toifes;

les faces de baftion AE, BF, de 50 toifes. La
largeur AG du foffé, vis-à-vis de l'angle flanqué, ou le rayon de l'arrondiffement de la contrefcarpe, de 18 toifes ; la capitale HI de la
demi-lune, de 55 toifes ; la diftance ET de l'angle
de l'épaule, à la rencontre T de la face QI de la
demi-lune, trois toifes.

Alors le triangle ACD, rectangle en C, dans
lequel on connoît AC & CD, fera connoître
les angles DAC, ADC, par ce qui a été dit (296),
& le côté AD, par ce qui a été dit (166) ; l'angle
DAC étant connu, on aura fes égaux DBC,
ELK, FKL; & du même angle DAC, comparé à la moitié de l'angle intérieur du pentagone,
on conclura la moitié de l'angle flanqué VAE.

AD & AE étant connu, on aura DE & fon
égal DF; ainfi dans le triangle ADF, où l'on
connoît AD & DF, & l'angle ADF, double
de ADC, on calculera (306) les angles DFA,
DAF, & le côté AF; & comme dans cette
conftruction le triangle AFL eft ifocèle, par le
moyen du triangle LAF, on aura facilement
les deux angles ALF & AFL. Ajoutant au premier de ces deux angles, l'angle KLE égal à
DAC, on aura l'angle KLF de la courtine. Et
retranchant de l'angle AFL, l'angle calculé
AFD, on aura KFL, dont le fupplément LFB
eft l'angle de l'épaule.

Si de AL égale à AF calculé, on retranche AD, on aura DL; & les triangles femblables ADB, KDL, donneront KL ou la courtine.

Dans le triangle KLF dont tous les angles font connus, & le côté KL, on aura aifément KF & LF (300).

De KF retranchant FD, on aura KD; & dans le triangle rectangle KMD où l'on connoît KD & KM, on aura MD (166). On connoîtra donc MC.

Dans le triangle AOC (en imaginant que O eft le centre du polygone), on connoît AC & les angles; on calculera donc facilement AO & OC (295 & 296).

Dans le triangle rectangle AGF, où l'on connoît AF & AG, on calculera FAG (299), qui étant ajouté à FAD & à DAO actuellement connus, donnera le fupplément de GAN.

On aura donc GAN & fon complément ANG ou ONH, d'où par le triangle ONH, dont l'angle NOH eft connu, il fera facile de conclure l'angle NHO, & par conféquent fon fupplément QHI.

Dans le triangle rectangle NAG, il fera donc facile de calculer AN; ce qui donnera ON dans le triangle ONH, où les angles étant d'ailleurs connus, on pourra calculer OH. On aura donc CH; & comme on connoît HI, on aura CI.

Ajoutant CI à CD, on aura DI dans le triangle TDI, où l'on connoît d'ailleurs DT ou $DE +$ ET, & l'angle TDI; on pourra donc (310) calculer l'angle DIT ou HIQ du triangle HIQ dont on connoît actuellement HI & l'angle QHI. D'où il fera facile de calculer dans ce triangle QHI, la demi-gorge QH, & la face QI de la demi-lune QIP.

Ufages de la Trigonométrie pour lever & tracer les plans.

L'art de tracer les plans confifte à déterminer fur le papier, des points qui foient placés en-tr'eux, comme le font, fur le terrein, les objets que ces points doivent repréfenter. On fuppofe alors que tous les objets dont il s'agit font fitués dans un même plan horizontal; mais s'ils n'y étoient pas, en forte que les opérations qu'on aura faites pour déterminer les fituations refpec-tives de ces objets, n'euffent pas été faites toutes dans un même plan horizontal, ou à-peu-près, il faudroit avant que de tracer le plan, ramener ces obfervations à ce qu'elles auroient été, fi on les eût faites dans un plan horizontal. Nous allons d'abord expliquer comment on doit s'y prendre quand les obfervations ont été faites dans un plan horizontal, ou y ont été réduites;

nous ferons voir enfuite comment on les y réduit.

Soient donc A, B, C, D, E, F, G, H, I, K, (*fig. 75*), plufieurs objets remarquables, dont on veut repréfenter les pofitions refpectives fur un plan.

On deffinera groffièrement, fur un papier, ces objets, dans les pofitions qu'on leur juge à l'œil; & pour cet effet, on fe tranfportera aux différens lieux où il fera néceffaire, pour prendre une connoiffance légère de tous ces objets: ce premier deffin qu'on appelle un *croquis* ou *brouillon*, fervira à marquer les différentes mefures qu'on prendra dans le cours des opérations.

On mefurera une bafe AB, dont la longueur ne foit pas trop difproportionnée à la diftance des objets les plus éloignés qu'on peut voir de fes extrémités, & qui foit telle, en même temps, que de fes mêmes extrémités on puiffe appercevoir le plus grand nombre d'objets que faire fe pourra; alors avec le graphomètre, on mefurera au point A les angles EAB, FAB, GAB, CAB, DAB, que font au point A, avec la bafe AB, les lignes qu'on imaginera menées de ce point aux objets E, F, G, C, D, qu'on fuppofe pouvoir être apperçus des extrémités A & B de la bafe: on mefurera de même, au point B, les angles EBA, FBA, GBA, CBA, DBA, que font en ce point, avec la ligne AB, les lignes qu'on imaginera menées de ce même point *B*, aux mêmes objets que ci-deſſus.

S'il y a des objets, comme *H*, *I*, qu'on n'ait pas pu voir des deux extrémités *A* & *B*, on ſe tranſportera en deux des lieux *E* & *F* qu'on vient d'obſerver, & d'où l'on puiſſe voir ces objets *H* & *I*; alors regardant *EF* comme une baſe, on meſurera les angles *HEF*, *IEF*, *HFE*, *IFE*, que font avec cette nouvelle baſe les lignes qui iroient de ſes extrémités aux deux objets *H* & *I*. Enfin, s'il y a quelqu'autre objet, comme *K*, qu'on n'ait pu voir, ni des extrémités de *AB*, ni de celles de *EF*, on prendra encore pour baſe quelqu'autre ligne, comme *FG*, qui joint deux des points obſervés, & on meſurera de même, à ſes deux extrémités, les angles *KFG*, *KGF*.

Cela poſé, dans les triangles *ACB*, *ADB*, *AEB*, *AFB*, *AGB*, dans chacun deſquels on connoît le côté *AB*, & les deux angles adjacens à ce côté, il ſera facile (300) de calculer les deux autres côtés.

A l'égard des triangles *HEF*, *IEF*, comme on n'y a meſuré que les angles ſur *EF*, on commencera par calculer *EF*, à l'aide du triangle *EAF*, dans lequel on connoît l'angle *EAF*, différence des deux angles obſervés *EAB*, *FAB*, & les côtés *AE*, *AF*, qu'aura donné le calcul précédent : il sera donc facile d'avoir EF, par ce qui a été dit (306) ; alors, dans chacun des triangles HEF, IEF, on connoîtra le côté EF, & les deux angles adjacens ; on calculera les deux autres côtés, comme il vient d'être dit pour les premiers ; on se conduira de même pour le triangle KFG.

Ces calculs étant faits, on tirera (*fig. 76*) sur le papier, une ligne ab, que l'on fera d'autant de parties de l'échelle qui doit déterminer la grandeur que l'on veut donner au plan, d'autant de parties, dis-je, qu'on a trouvé de toises ou de pieds dans AB ; puis pour déterminer l'un quelconque des points que l'on a pu voir des extrémités A & B de la base, le point E, par exemple, on prendra sur l'échelle autant de parties que le calcul a donné de toises ou de pieds pour AE, & du point a, comme centre, & d'un rayon ae, égal à ce nombre de parties, on décrira un arc. On prendra pareillement sur l'échelle autant de parties, qu'on a trouvé de toises ou de pieds dans BE, & du point b, comme centre, & d'un rayon égal à ce nombre de parties, on décrira un arc qui coupe celui qui a été déduit du rayon ae, en un point e, lequel représentera sur le papier, la position du point e à l'égard de ab, semblable à celle de E, à l'égard de AB ; car, par cette construction, le triangle aeb a les côtés

proportionnels à ceux du triangle AEB ; il lui
eſt donc ſemblable : on s'y prendra de même pour
déterminer les points f, g, c, d, qui doivent
être la repréſentation des points F, G, C, D.

A l'égard des points h, i, k, qui doivent être
la repréſentation des objets H, I, K, qui n'ont
pu être apperçus des points A & B ; les points
e, f, g, ayant été déterminés comme il vient
d'être dit, les lignes ef & fg, ſerviront de baſe,
comme ab en a ſervi pour c, d, e, f, g ; en ſorte
que l'opération ſe réduira de même à tracer des
points e & f, comme centres, & des rayons
he, hf, qui contiennent autant de parties de
l'échelle, que HE & HF ont été trouvés (par
le calcul) contenir de toiſes ou de pieds ; à tracer,
dis-je, deux arcs dont l'interſection h marquera le
point H, & ainſi des autres. Alors la figure tracée
ſur le papier ſera ſemblable au terrein que l'on a
levé (133), puiſqu'elle ſera compoſée d'un même
nombre de triangles que celui-ci, ſemblables à
ceux de ce dernier, & ſemblablement diſpoſés ; il
ne s'agira plus que de deſſiner, à chacun de ces
points, les objets qu'on y aura remarqués ; &
on remplira les parties intermédiaires, qui demandent moins de ſcrupule, par les moyens dont
nous parlerons plus bas.

Il faut obſerver encore, que cette méthode
devant être employée pour fixer les points princi-

paux & fondamentaux du plan, il eſt à propos
d'employer un graphomètre à lunettes, plutôt
qu'un graphomètre à pinnules.

*De la manière de réduire les Angles obſervés
dans des plans inclinés à l'horizon, à
ceux qu'on obſerveroit ſi les objets étoient
dans un plan horizontal.*

Lorſque, dans les opérations précédentes, les
objets ne ſont pas tous ſitués dans un même plan
horizontal, il faut, avant que de former le plan
qui doit les repréſenter, réduire les angles à ce
qu'ils auroient été obſervés ſi tous les objets euſ-
ſent été dans un même plan horizontal : **voici**
comment cela peut s'exécuter.

Soient *A*, *B*, *C* (*fig. 209*) trois points différemment élevés au-deſſus de l'horizon, & dont
les hauteurs reſpectives ſoient *AD*, *BF*, *CE*;
en ſorte que *FDE* ſoit un plan horizontal : on a
meſuré l'angle *BAC*; mais comme le plan ſur
lequel on veut rapporter ces objets, eſt *FDE*,
on imagine que *B* eſt placé en *F*, *A* en *D*, & *C*
en *E*; & l'on demande l'angle *FDE*.

A la ſtation qu'on fera pour meſurer l'angle
BAC, on meſurera auſſi les angles *BAD*, *CAD*,
que font les rayons viſuels *AB*, *AC*, avec le
fil-à-plomb au point *A*; ce que l'on fera, comme

il a été expliqué dans l'exemple relatif à la *fig. 150*, *page 235.*

Cela posé, concevons que *A B* & *A C* prolongés, s'il est nécessaire, rencontrent le plan horizontal *F D E*, aux points *G* & *I* ; dans les triangles *A D G*, *A D I*, rectangles en *D*, si on regarde *A D* comme le rayon des tables, *D G* & *D I* feront les tangentes des angles observés *G A D*, *I A D*, & *A G*, *A I* en seront les sécantes ; donc, si on prend dans les tables les sécantes & les tangentes des angles *G A D* & *I A D*, on connoîtra 1°. dans le triangle *G A I*, les côtés *G A* & *A I*, & l'angle observé *G A I* ; on pourra donc, par ce qui a été dit (306), calculer le côté *G I*. 2°. Dans le triangle *G D I*, on connoîtra les côtés *G D* & *D I*, & le côté *G I* que l'on vient de calculer ; on pourra donc, par ce qui a été dit (306), calculer l'angle *G D I*.

On s'y prendroit d'une manière semblable pour réduire l'angle observé au point *B* ; & lorsque dans un triangle on aura réduit deux angles, il sera inutile de faire un semblable calcul pour réduire le troisième, parce que les trois angles du triangle réduit, ne pouvant valoir que 180^d, le troisième sera toujours facile à avoir.

Ayant ainsi réduit les angles, il sera facile de réduire les distances, ou l'une d'entr'elles (car il suffit d'en réduire une pour chaque triangle).

En effet, fi on imagine l'horizontale BO, dans le triangle BAO, rectangle en O, on connoît BA qui a été mefuré, l'angle droit & l'angle BAO; on aura donc (295) facilement BO ou FD.

EXEMPLE.

On a trouvé l'angle BAC de 62^d $37'$; l'angle BAD de 88^d $5'$, & l'angle CAD de 78^d $17'$.

Je cherche dans les tables, les fécantes & les tangentes des angles BAD & CAD, & je trouve, comme il fuit, en négligeant les trois dernières décimales;

Sec. 88^d $5'$ ou AG.......... 29,90
Sec. $78.$ 17 ou AI.......... 4,92
Tang. $88.$ 5 ou DG.......... 29,88
Tang. $78.$ 17 ou DI.......... 4,82

Alors, dans le triangle AGI, je calcule (310) la demi-différence des deux angles AGI, AIG, par cette proportion $AG + AI : AG - AI ::$ tang. 58^d $41'$, demi-fomme de ces deux angles, eft à un quatrième terme; je trouve donc que cette demi-différence eft 49^d $42'$, ce qui donne l'angle AGI, de 8^d $59'$; d'où (304) on trouvera GI de $27,98$.

Connoiffant les trois côtés DG, DI, GI, on trouvera (304) que l'angle GDI eft de 62^d $27'$.

2

Si les tables dont on fait usage ne contenoient pas les sécantes, on les auroit néanmoins facilement par le principe donné (278).

Des méthodes par lesquelles on supplée à la Trigonométrie, dans l'art de lever les Plans.

L'usage du calcul trigonométrique, dans l'art de lever les plans, n'est indispensable, que lorsque les points principaux de l'espace dont on veut former la carte, sont à des distances assez considérables les uns des autres.

Mais lorsque les distances sont médiocres, après avoir mesuré une base, & observé les angles, comme il vient d'être dit (pag. 413), au lieu de calculer les triangles pour former, à l'aide des côtés calculés & réduits à l'échelle du plan, des triangles semblables à ceux qu'on a observés sur le terrein, on se contente de former ces triangles semblables par le moyen des angles observés, ainsi que nous allons le dire.

Cette méthode est moins exacte que la précédente, en ce que le rapporteur, ou en général l'instrument que l'on emploie pour former sur le papier des angles égaux à ceux qu'on a observés sur le terrein, ne pouvant être que d'un assez petit rayon, on ne peut apporter dans la formation de ces angles, la même précifion qu'on peut apporter en mefurant fur l'échelle la valeur que le calcul a déterminée pour les côtés.

Mais comme il eft peu ordinaire qu'on ait befoin d'une exactitude auffi fcrupuleufe, & que d'ailleurs la méthode de rapporter les angles fur le papier eft beaucoup plus expéditive, cette dernière doit être regardée comme étant d'un ufage fort étendu & fuffifamment exact. Elle confifte à tirer (*fig. 76*) une ligne *a b* qui contienne autant de parties de l'échelle du plan, qu'on a trouvé de mefures dans la bafe *A B*. Puis aux extrémités *a*, *b*, on fait les angles *e a b*, *e b a*, *f a b*, *f b a*, &c. égaux aux angles obfervés *E A B*, *E B A*, *F A B*, *F B A*, &c. que font avec la bafe *A B*, les objets que l'on a pu voir des points *A*, *B*. Puis joignant les points *e*, *f* par la droite *e f*, on forme aux extrémités de cette ligne comme bafe, des angles égaux à ceux qu'on a obfervés des deux points *E* & *F*, & ainfi de fuite.

On peut auffi fe difpenfer du calcul trigonométrique pour réduire à des angles horizontaux ceux qu'on auroit obfervés dans des plans inclinés à l'horizon. En voici la méthode.

Les mêmes obfervations étant fuppofées qu'à la pag. 417 pour la *fig. 210*, au point *A* (*fig. 210*) de la ligne quelconque *A D*, on fera les angles *D A G*, *D A I* égaux aux angles verticaux obfer-

vés DAG & DAI de la *fig.* 209 ; au point quelconque D, *fig.* 210, on élèvera fur AD la perpendiculaire indéfinie IDG. Au point A, on
mènera la ligne AM faifant avec AI l'angle IAM
égal à l'angle BAC qu'il s'agit de réduire ; &
ayant fait AM égale à AG, on tirera IM. Puis
du point I comme centre, & du rayon IM, du
point D comme centre, & du rayon DG, on
décrira deux arcs qui fe coupent en O ; l'angle
IDO fera l'angle demandé.

De la Bouffole & de fon ufage pour lever les parties de détail d'un plan.

La principale pièce de la bouffole (*fig.* 212)
eft une aiguille aimantée foutenue en fon milieu
par un pivot fur lequel elle a toute la mobilité
poffible. Cette aiguille eft renfermée dans une
boîte de cuivre ou de bois. Sur le bord intérieur
de cette boîte on marque les 360 degrés ; &
vers le bord extérieur & aux divifions 180 degrés
& 360 degrés, ou parallèlement à la ligne qui
paffe par ces deux divifions, on place deux pinnules qui forment enfemble ce qu'on appelle la
vifière.

L'ufage de la bouffole eft fondé fur la propriété qu'a l'aiguille aimantée de refter conftamment dans une même pofition, ou d'y revenir

quand elle en a été écartée (du moins dans un même lieu & pendant un affez long intervalle de temps). D'où il fuit que fi on fait tourner la boîte de la bouffole, on pourra juger de la quantité dont elle a tourné, en comparant le point de la graduation auquel l'aiguille répondra à celui auquel elle répondoit d'abord.

On applique affez ordinairement une bouffole au graphomètre, non dans la vue de fuppléer au graphomètre, mais pour *orienter* les objets, c'eft-à-dire, pour connoître, à environ un demi-degré, leur pofition à l'égard des quatre *points cardinaux*, ou à l'égard de la ligne *nord* & *fud*, avec laquelle l'aiguille aimantée fait conftamment le même angle dans un même lieu, du moins pendant le cours d'environ une année.

La bouffole eft employée aux mêmes ufages que le graphomètre, c'eft-à-dire à la mefure des angles ; mais plufieurs raifons ne permettant pas de donner beaucoup de longueur à l'aiguille, les degrés de la graduation occupent trop peu d'étendue fur l'inftrument, pour qu'on puiffe mefurer les angles avec autant de précifion qu'avec le grapho-mètre : c'eft ce qui fait qu'on n'emploie la bouf-fole que pour déterminer les points de détail d'un plan ou d'une carte dont les points principaux ont été fixés par les moyens précédemment dé-crits.

Suppofons donc qu'il s'agit de lever le cours
d'une rivière, par exemple ; on plantera des pi-
quers aux coudes les plus fenfibles *A* , *B* , *C* , *D* ,
E , *F* (*fig.* 213) ; & ayant placé la bouffole au
point *A* , en forte que la vifière foit dirigée le
long de *AB* , on obfervera fur la graduation, quel
eft le nombre des degrés compris entre la ligne
A B , & la direction actuelle de l'aiguille ; puis on
mefurera *A B.* On établira enfuite la bouffole au
point *B ;* on dirigera de même la vifière le long
de *B C,* & l'on obfervera de même l'angle que
B C forme avec *B N* , direction de l'aiguille, qui
eft parallèle à la première direction *A N ;* on
mefurera *B C* , & on fera pareilles opérations à
chaque détour ; ayant ainfi mefuré tous les angles
& toutes les diftances , on les rapportera fur le
papier , de la manière fuivante.

On prendra arbitrairement le point *a* (*fig.* 214),
qui doit repréfenter le point *A* , & l'on mènera
arbitrairement la ligne *a n* , pour repréfenter la
direction de l'aiguille aimantée. Au point *a* , on
fera, à l'aide du rapporteur, l'angle *n a b* égal à
l'angle obfervé *N A B ;* & on donnera à *a b* autant de parties de l'échelle du plan , qu'on a
trouvé de mefures pour *A B.* Au point *b* , on
mènera *b n* , parallèle à *a n* , & l'on fera l'angle
n b c égal à l'angle obfervé *N B C* , & on donnera
à *b c* autant de parties de l'échelle, qu'on a trouvé

de mefures pour *B C*. On continuera de même pour tous les autres points, après quoi on figurera les parties intermédiaires à-peu-près telles qu'on les a jugées à la vue.

Ce que nous difons des détours d'une rivière, s'applique évidemment aux détours d'un chemin, à l'enceinte d'un bois, au contour d'un marais, &c.

De la Planchette, & de fon ufage pour lever les Plans.

Il y a encore une autre manière de lever, qui eft d'autant plus commode, qu'elle exige peu d'appareil, & qu'en même temps qu'on obferve les différens points dont on veut avoir les pofitions, on les trace fur le plan fans les perdre de vue. L'inftrument qu'on emploie à cet effet, eft repréfenté par la *fig. 78. A B C D*, eft une planche de 16 à 18 pouces de long, & à-peuprès de pareille largeur, portée fur un pied comme le graphomètre. Sur cette planche on étend une feuille de papier, qu'on arrête par le moyen d'un chaffis qui entoure la planche. *L M* eft une règle garnie de pinnules placées à fes deux extrémités & dans un alignement parallèle au bord de la règle.

Lorfqu'on veut faire ufage de cet inftrument, qu'on appelle *planchette*, pour tracer le plan d'une

campagne, on prend une bafe *m n*, comme dans
les opérations ci-deffus ; & pofant le pied de
l'inftrument en *m*, on fait planter un piquet en
n. On applique la règle *L M* fur le papier, & on
la dirige de manière à voir le piquet placé en *n*,
à travers des deux pinnules ; alors on tire le long
de la règle une ligne *E F* à laquelle on donne autant de parties de l'échelle du plan, qu'on aura
trouvé de mefures entre le point *E*, d'où l'on
obferve d'abord, & le point *f*, d'où l'on obfervera à la feconde ftation. On fait enfuite tourner
la règle autour du point *E*, jufqu'à ce qu'on rencontre, en regardant au travers des pinnules quelqu'un des objets *I*, *H*, *G* ; & à mefure qu'on en
rencontre un, on tire le long de la règle une ligne
indéfinie. Ayant ainfi parcouru tous les objets
qu'on peut voir lorfqu'on eft en *m*, on tranfporte l'inftrument en *n*, & on laiffe un piquet en
m ; alors on fait au point *n* les mêmes opérations
à l'égard des objets *I*, *H*, *G*, qu'on a faites à
l'autre ftation. Les lignes *fi*, *fh*, *fg*, qui dans
ce fecond cas vont, ou font imaginées aller à
ces objets, rencontrent les premières aux points
g, *h*, *i*, qui font la repréfentation des objets
G, *H*, *I*.

La planchette s'emploie principalement pour
lever les détails d'un pays dont les points principaux ont déjà été déterminés exactement par les

moyens ci-deſſus, & rapportés enſuite ſur le papier ; ou pour ajouter à une carte déjà conſtruite, des objets dont la poſition auroit été omiſe.

Par exemple, ſuppoſant que *A*, *B*, *C* (*fig.* 215), ſont des points qui ont été déjà déterminés & marqués ſur la carte en *a*, *b*, *c*; que *D* ſoit un point dont la poſition eſt inconnue : voici comment avec la planchette on déterminera ſa poſition *d*. On établira la planchette au point *D*, & on l'orientera de la manière qui va être expliquée ci-deſſous ; alors on dirigera l'alidade dans l'alignement *A a*, & enſuite dans l'alignement *B b*, & traçant une ligne le long de l'alidade, dans chaque alignement, la rencontre *d* marquera ſur la carte, la poſition du point *D* à l'égard des objets *A*, *B*, *C*. On vérifiera cette poſition en dirigeant l'alidade ſuivant *C c*, & obſervant ſi cette ligne prolongée paſſe par le point *d*.

On marque ordinairement ſur la carte la direction de l'aiguille aimantée ; & pour cet effet on emploie une bouſſole de figure rectangulaire, telle qu'on voit (*fig.* 216), dont la largeur eſt environ le tiers de la longueur ; dans le milieu du fond eſt gravée une ligne parallèle au long côté de la boîte : c'eſt ſur cette ligne qu'eſt placé le pivot qui porte l'aiguille.

Pour marquer ſur le plan la direction de l'aiguille aimantée, on établit l'alidade de la plan-

chette dans l'alignement de deux objets marqués
sur ce plan, & de manière que la représentation
de ces objets sur le plan, soit sur ce même alignement; alors on place la boussole sur la planchette,
& on la tourne jusqu'à ce que l'aiguille s'arrête
dans la ligne nord & sud de la boîte, c'est-à-dire,
dans la ligne du milieu du fond de la boîte; enfin,
on trace une ligne selon la direction du long côté
de la boîte; c'est la direction de l'aiguille.

Réciproquement, lorsque la direction de l'aiguille est marquée sur la carte, & qu'on veut
donner à la carte ou à la planchette, la même
disposition qu'ont les objets sur le terrein, il ne
s'agit que de faire convenir la ligne nord & sud
de la carte, avec la ligne nord & sud de la boussole.

Au lieu de déterminer la position des objets
par deux stations, comme nous l'avons expliqué
ci-dessus pour la *figure 78*, on se contente souvent d'une seule station; mais alors on mesure
pour chaque objet la distance de la planchette à
cet objet, & on la rapporte en parties de l'échelle
du plan, le long de la règle dirigée sur cet objet.

Du Quart-de-cercle.

Quoique le quart-de-cercle dont il s'agit ici,
n'ait aucun rapport avec la trigonométrie, ni
avec l'art de lever les plans, nous n'en placerons

pas moins ici la defcription parmi les inftrumens qui fervent à la mefure des angles.

On appelle *quart-de-cercle* dans l'artillerie, tout inftrument propre à faire connoître le degré d'inclinaifon des bouches à feu, quoique quelques-uns de ces inftrumens ne foient compofés que d'un arc de 45 degrés.

Celui dont on a fait le plus d'ufage, eft le quart-de-cercle *A C D*, *fig.* 217, qui, outre fes deux rayons ou règles *C A*, *C D*, & fon limbe *A D*, divifé en 90 parties, porte une règle *A B* perpendiculaire à l'extrémité du rayon *C A*; au centre *C* eft attaché un fil qui porte le plomb *I*, dont nous allons voir l'ufage.

Lorfqu'on veut mefurer l'inclinaifon d'un mortier, avec ce quart-de-cercle, on lui donne l'une ou l'autre des deux difpofitions, repréfentées par les *fig.* 218 & 219; dans la première (*fig.* 218), la règle *A B* eft appliquée fur la coupe du mortier, & dans la feconde (*fig.* 219), elle eft placée fur la plate-bande, & parallèlement à l'axe; dans l'une & dans l'autre, on s'affure que le plan du quart-de-cercle eft vertical, lorfque le fil-à-plomb *C I* ne fait que rafer le limbe de l'inftrument.

Dans la *fig.* 218, l'inclinaifon du mortier eft mefurée par l'angle *D C I* ou l'arc *D I*, compris entre le fil-à-plomb & le rayon *C D*, parallèle à la règle *A B*, parce que cette inclinaifon eft le

complément de l'angle, que l'axe du mortier, ou
ſa parallèle *C A*, fait avec la verticale ou *C I*.

Dans la *fig.* 219, l'inclinaiſon du mortier eſt
meſurée par l'angle *A C I* que fait le fil-à-plomb
avec le rayon *C A* perpendiculaire à la règle *AB*.

Les *fig.* 220 & 221 repréſentent le même inſtrument réduit à 45^d. Dans la poſition indiquée
par la *fig.* 220, on ne peut meſurer que les inclinai-
ſons au-deſſous de 45^d; & la poſition indiquée
par la *fig.* 221, ne peut ſervir que pour celles
qui ſont au-deſſus de 45 degrés.

Dans la *fig.* 220, l'angle *A C I* meſure l'inclinaiſon du mortier; & dans la *fig.* 221 l'inclinaiſon eſt meſurée par le complément de *A C I*.

La *fig.* 222 repréſente l'inſtrument que l'on emploie pour meſurer l'inclinaiſon de l'axe des
pièces de canon.

A B eſt une règle de fer, large d'environ 15
lignes, épaiſſe de 4, & de 3 à 4 pieds de longueur. A ſon extrémité *B* eſt fixé un plateau de
fer *B E*, auquel, & ſur ſon bord, la règle *A B*
eſt perpendiculaire. Ce plateau, de même épaiſſeur que la règle, eſt circulaire, & d'un diamètre
un peu moindre que celui de la pièce. Il eſt percé
en ſon milieu d'un trou, pour donner paſſage à
l'air quand on l'introduit dans le canon.

L'autre extrémité *A* de la règle *A B*, porte
fixement un ſecteur circulaire de cuivre, d'envi-

ron 15 pouces de rayon, dont le limbe CD eſt divifé en degrés & demi-degrés. La graduation commence à l'extrémité C du rayon A C perpendiculaire à la règle, & s'étend juſqu'à 45ᵈ de C vers D.; & feulement juſqu'à 4 ou 5 degrés à l'oppoſite. Du centre, pend un fil ou un cheveu chargé d'un plomb, renfermé dans un garde-filet, pour le mettre à l'abri du vent. Ce garde-filet eſt une boîte de cuivre longue & étroite, mobile autour du centre A; il eſt percé vers le bas d'un petit trou, dont l'ouverture eſt garnie d'un verre ou d'une loupe, pour mieux reconnoître la diviſion du limbe qui répond au fil. Le fond de ce garde-filet peut auſſi loger un petit vafe rempli d'eau, dans laquelle on fait plonger le plomb, afin d'arrêter fes vibrations.

Cet inſtrument n'eſt pas deſtiné pour la guerre ; mais on l'emploie utilement pour des expériences qui demandent de la préciſion.

(tt) Nº. 318, page 264.

L'ufage de cet inſtrument exige une autre pièce que l'on appelle la *mire*. C'eſt un carton ou une feuille de fer-blanc (*fig. 164*), d'environ un pied en quarré, partagé en deux également par une ligne horizontale M N qui fépare la partie inférieure noircie, de la partie fupérieure qui reſte blanche. On attache ce carton fur une règle, de manière que MN foit perpendiculaire à la longueur de la règle. Celle-ci doit entrer à couliffe dans une rainure le long d'une double toife OP, divifée en pieds, pouces & lignes ; la règle, en parcourant ainfi la rainure, permet de porter la ligne de mire où il en eft befoin, & de l'y fixer.

Pour faire ufage de ce niveau, on le place à diftances à-peu-près égales des deux points dont on veut avoir la différence de niveau. Il n'eft pas néceffaire que ce foit dans l'alignement de ces deux points. On pofe la mire fucceffivement à chacun de ces points, de manière que la double toife foit verticale. On hauffe ou baiffe la mire MN, jufqu'à ce que l'obfervateur, qui eft au niveau $CABD$, apperçoive la ligne MN dans le prolongement de la ligne CD; alors la différence de hauteur de la mire MN, dans chacune des deux pofitions, fera la différence de niveau des deux points dont il s'agit.

Si l'on trouve, par exemple, qu'à l'un de ces points la ligne de mire MN a été élevée jufqu'à $4^P\ 8^{po}$, & qu'à l'autre elle ait été élevée jufqu'à $3^P\ 9^{po}$, on en conclura que la différence de niveau de ces deux points eft de 11 pouces.

On s'y prendra de même pour tous les autres points qui feront à-peu-près à la même diftance de la même ftation, qui pourront en être apperẽus, & dont la différence de niveau avec CD n'excédera pas celle que l'on peut mefurer avec la double toife OP.

Mais lorfque les autres objets feront trop éloignés, ou que la différence de niveau fera trop grande, on prendra à la feconde ftation l'un des points qu'on a nivellés à la première, afin d'y comparer les autres, & l'on fe placera autant qu'on le pourra en un lieu qui foit à-peu-près également éloigné de ce point & des autres.

Si on ne pouvoit pas fe placer à diftances égales, ou à-peu-près égales des points qu'on veut niveller, alors la différence de niveau entre deux points quelconques ne feroit pas exprimée par la différence des hauteurs de la ligne de mire à chaque point, parce que la différence du niveau vrai au niveau apparent, n'eft la même qu'à des diftances égales ; c'eft pourquoi il faudroit, de la hauteur obfervée pour chaque point, retrancher la *correction du niveau*, c'eft-à-dire, la différence du niveau vrai au niveau apparent.

Par exemple, fi la mire eft placée à 250 toifes ou 1500 pieds, & que l'on ait trouvé 4^P 8^{po} pour la hauteur de la ligne de mire, au lieu de 4^P 8^{po} on ne comptera que 4^P 7^{po} 4^l, en retranchant 8 lignes, qui eft la correction du niveau trouvée par ce qui a été dit (315 & 316).

Pour donner quelqu'application, nous fuppoferons qu'il foit queſtion de *lever & tracer le profil d'un ouvrage de fortification* AGHIOP (fig. 223).

On imaginera cet ouvrage coupé par un plan vertical $A\,A'\,P'\,P$, dans lequel on concevra à une hauteur arbitraire $A\,A'$, une ligne horizontale $A'\,P'$.

De tous les angles A, B, C, D, E, &c. on imaginera les verticales $A\,A'$, $B\,B'$, $C\,C'$, $D\,D'$, $E\,E'$, &c. on meſurera immédiatement les diſtances horizontales qui ſéparent ces verticales.

A l'égard des diſtances verticales, on placera le niveau ſur le terre-plein $B\,C$ du rempart, & la mire ſucceſſivement à chacun des angles A, B, C, D, E, pour déterminer les hauteurs $A\,a$, $B\,b$, $C\,c$, $D\,d$, $E\,e$; & ayant retranché la première de la hauteur $A\,A'$ de la ligne arbitraire $A'\,P'$, on ajoutera les autres au reſte $A'\,a$, & l'on aura les verticales $B'\,B$, $C'\,C$, &c. juſqu'en E.

On placera enſuite le niveau ſur le parapet, & la mire ſucceſſivement aux points E, F, G, pour avoir les différences de niveau $E\,e'$, $F\,f$, $G\,g$. On retranchera la première de $E\,E'$, & ajoutant les autres au reſte, on aura les verticales $F\,F'$, $G\,G'$.

On ſe conduira de la même manière pour la partie $K\,L\,M\,N\,O\,P$, en plaçant le niveau ſur le glacis.

A l'égard de la partie $G\,H\,I\,K$, comme les

points H & I font trop bas pour qu'on puiffe faire ufage de la double toife ; le moyen le plus fimple eft de fufpendre un poids à un cordeau, attaché au bout d'une perche, que l'on pofera horizontalement en G & en K, de manière que ce poids defcende aux pieds H de l'efcarpe, & I de la contrefcarpe, & de mefurer la longueur du cordeau dans chaque pofition. On ajoutera la première à GG', & la feconde à KK', pour avoir HH' & II'.

Toutes ces diftances, tant horizontales que verticales, étant ainfi mefurées, on formera facilement le profil, en tirant fur le papier une ligne pour repréfenter $A'P'$; portant fucceffivement fur cette ligne des nombres de parties de l'échelle égaux aux nombres de mefures trouvées pour les diftances horizontales, & élevant à l'extrémité de chacune une perpendiculaire à laquelle on donne autant de parties de l'échelle qu'on a trouvé de mefures pour la diftance verticale correfpondante.

Joignant les extrémités de ces verticales, on a le profil demandé.

Si l'on trouvoit quelque difficulté à mefurer les diftances horizontales ; par exemple, pour le talud intérieur AB, on mefureroit la longueur abfolue de ce talud ; & le triangle-rectangle AQB,

2

dont on connoît *A B* par la mesure actuelle, &
Q B par le nivellement, donneroit *A Q*, pag. 363.

Le nivellement a encore d'autres usages ; nous
ne les parcourrons pas ici, mais nous nous en oc-
cuperons dans le Traité de pratique qui terminera
ce Cours. Nous y ferons connoître aussi quelques
autres espèces de niveau. *Bézout.*

(*uu*) N°. 325, page 269.

Cette proposition peut être fausse , lorsque les
deux points pris dans un arc de grand cercle sont
éloignés l'un de l'autre de la moitié de la circonférence. Pour que cette proportion fût généralement vraie, il faudroit l'énoncer de la manière
suivante : *Un point quelconque* A *de la surface de la
sphère, est le pole d'un grand cercle, lorsque ce point
se trouve éloigné de* 90° *de deux points* B & E *pris
dans un arc de ce grand cercle, pourvu que cet arc
soit plus petit que la moitié de la circonférence.*

(*xx*) N°. 337, page 277.

Sans avoir recours au triangle supplémentaire,
il seroit facile de se convaincre que la somme des
trois angles d'un triangle sphérique, ne peut jamais être égale à trois fois 180°. En effet, pour
que la somme des trois angles d'un triangle sphérique fût égale à trois fois 180°, il faudroit, ou

que ces trois angles fuſſent chacun de 180°, ou bien que l'un de ces angles étant plus petit, les deux autres fuſſent chacun plus grands que 180°, ou enfin que deux de ces mêmes angles étant chacun plus petit que 180°, l'autre fût encore plus grand que 180°. Or, un angle ne peut être ni égal à 180°, ni plus grand que 180°; donc il faut néceſſairement que la ſomme des trois angles d'un triangle ſphérique ſoit plus petite que trois fois 180°.

(*yy*) N°. 350, page 285.

Dans tout triangle ſphérique rectangle, le rayon eſt au ſinus de l'hypothénuſe, comme le ſinus d'un des angles obliques eſt au ſinus du côté oppoſé.

Je ſuppoſe (*fig.* 241) que le triangle ABC ſoit rectangle en A, & que les côtés BA & BC ſoient prolongés juſqu'à ce qu'ils aient 90°. L'arc FH ſera la meſure de l'angle B, FG en ſera le ſinus, FE, ou HE, ou BE ſera le rayon de la ſphère, CL ſera le ſinus de l'hypothénuſe, & CK le ſinus de l'arc perpendiculaire CA. Or, en menant la ligne KL, on voit que le triangle CKL rectangle en K, eſt ſemblable au triangle FGE rectangle en G, puiſqu'ils ont leurs côtés parallèles. On a donc $FE : CL :: FG : CK$, c'eſt-à-dire, que le rayon eſt au ſinus de l'hypothénuſe, comme le ſinus de l'angle B eſt au ſinus de l'arc oppofé *CA*. On prouveroit de même que le rayon eſt au ſinus de l'hypothénuſe , comme le ſinus de l'angle *C* eſt au ſinus de l'arc oppoſé *A B*.

(77) Nº. 351 , page 286.

Dans tout triangle ſphérique rectangle , le rayon eſt au ſinus d'un des côtés de l'angle droit , comme la tangente de l'angle oblique oppoſé à l'autre côté de l'angle droit eſt à la tangente de ce même côté.

Soit le triangle *CAB* rectangle en *A* (*fig. 241*) prolongeons les côtés *BA* & *BC* juſqu'à ce qu'ils aient 90°. *H I* ſera la tangente de l'arc *H F*, ou de l'angle *B*. *A N* ſera la tangente de l'arc *A C*, *A M* ſera le ſinus de l'arc *A B*. Les deux triangles *I H E* & *A M N*, rectangles en *H* & en *A*, ſeront ſemblables , puiſqu'ils auront leurs côtés parallèles. On aura donc *H E* : *A M* :: *H I* : *A N*, c'eſt-à-dire, le rayon eſt au ſinus de l'arc *A B*, comme la tangente de l'angle *B* eſt à la tangente de l'arc *A C*. On démontreroit de la même manière que le rayon eſt au ſinus de l'arc *A C*, comme la tangente de l'angle *A C B* eſt à la tangente de l'arc *A B*.

(aa) N°. 362, page 317.

D'un point quelconque C *de la surface de la sphère, décrire un grand cercle* F H G.

D'un point *C*, & avec un rayon quelconque *CB* (*fig.* 242), je décris un petit cercle *B I K* , & sur ce petit cercle je marque trois points *B, I, N*. Les distances *N B , N I , I B* étant connues, je trace un triangle dont les côtés seront égaux aux distances *N B , N I , I B* , & ensuite je fais passer une circonférence de cercle par les trois sommets des angles de ce triangle. Cette circonférence sera égale à celle du petit cercle *BINK* , & son diamètre sera par conséquent égal à la ligne *BK*.

Sur une ligne *o c*, j'élève la perpendiculaire *m b*, que je fais égale au rayon du petit cercle *B I K ;* du point *b*, & avec un rayon égal à la distance *C B*, je décris un arc de cercle, qui coupera la ligne *o c* au point *c*. Les deux triangles *b m c* & *B M C* seront égaux, puisque le côté *B M* sera égal au côté *b m*, le côté *B C* au côté *b c*, & que les deux angles *c m b* & *C M B* font droits.

Actuellement sur le milieu de la corde *b c*, j'élève la perpendiculaire *d o*. Les deux triangles *c o d* & *C O D* seront égaux. En effet, le côté *d c* est égal au côté *D C*, l'angle *c d o* est droit, ainsi que l'angle *CDO*, l'angle *ocd* eſt égal à l'angle *OCD* ; donc la ligne *co* eſt égale à la ligne *CO* qui eſt le rayon de la ſphère. Du point *o*, de la ligne *oc*, j'élève la perpendiculaire *oe*, & du point *C* & avec le rayon *ec*, je décris ſur la ſurface de la ſphère la circonférence *FHG*. Cette circonférence ſera celle du grand cercle demandé.

TABLE DES DIFFÉRENTES MESURES.

MESURES DES SURFACES.

CARACTÈRES.

Toife quarrée...................... T T
Pied de toife quarrée ou toife-pied..... T P
Pouce de toife quarrée ou toife-pouce... T $_p$
Ligne de toife quarrée ou toife-ligne.... T l
Point de toife quarrée ou toife-point... T $_{pt}$
Prime de toife ou toife-prime......... T'

SUBDIVISIONS.

					T'
				1 T $_{pt}$	12
			1 T l	12	144
		1 T $_p$	12	144	1728
	1 T P	12	144	1728	20736
1 TT	6	72	864	10368	124419

Pied quarré.......................... P P
Pouce de pied quarré ou pied-pouce... P p
Ligne de pied quarré ou pied-ligne..... P l
Point de pied quarré ou pied-point..... P pt
Prime de pied quarré ou pied-prime..... P'

				P'
			1 P pt	12
		1 P l	12	144
	1 P p	12	144	1728
1 PP	12	144	1728	20736

MESURES DES SOLIDES.

Toise-cube......................... TTT
Pied de toise-cube ou toise-toise-pied.... TTP
Pouce de toise-cube ou toise-toise-pouce. TT p
Ligne de toise-cube ou toise-toise-ligne.. TT l
Point de toise-cube ou toise-toise-point.. TT pt
Prime de toise-cube ou toise-toise-prime.. TT'

T T′

					12
1 T T pt					
1 TTl				12	144
1 T T p			12	144	1728
1TTP		12	144	1728	20736
1TTT	6	72	864	10368	124416

Pied-cube........................... PPP
Pouce de pied-cube ou pied-pied-pouce.... P P p
Ligne de pied-cube ou pied-pied-ligne..... PPl
Point de pied-cube ou pied-pied-point.... PPpt
Prime de pied-cube ou pied-pied-prime.... P P′

P P′

				12
1 P P pt				
1 PPl			12	144
1 P P p		12	144	1728
1PPP	12	144	1728	20736

Solive...................................... S
Pied de folive............................. S P
Pouce de folive........................... S p
Ligne de folive........................... S l
Point de folive........................... S pt

				1 S pt
			1 S l	12
		1 S p	12	144
	1 S P	12	144	1728
1 PPP	2	24	288	3456
1 Solive 3	6	72	864	10368

CIRCONFÉRENCE DU CERCLE.

Circonférence....................... Cir.
Degré................................. d
Minute................................ '
Seconde............................... ''
Tierce .... '''

	1 degré	1 minute	1 feconde	Tierces
				60
			60	3600
		60	36000	216000
Circonfér.	360	21600	1296000	77760000

Rapport du diam. ⎫ fuiv. Archimède :: 7 : 22
à la circonférence. ⎭ fuiv. Metius :: 113 : 355

Le même rapport approché à
moins d'un 100000000ᵉ près 1 : 3,14159265

Valeur de l'arc de ⎧ 1ᵈ 0,01745329 ⎫
⎨ 1′ 0,00029089 ⎬ le rayon étant 1.
⎩ 1″ 0,00000485 ⎭

Logarithme du rapport de la circonfér.
au diamètre..................... 0,4971499

MESURES ITINÉRAIRES.

Le degré terreſtre................ 57030^{ts}

Diamètre de la Terre............. 65335157

La lieue de 25 au degré........... 2281

La lieue marine ou de 20 au degré.. 2851,$\frac{1}{2}$

La grande lieue d'Allem. de 15 au deg. 3802

La lieue commune d'Allemagne.... 3333

La petite lieue d'Allem.$=\frac{4}{5}$de la grande. 3042

Le mille de Flandre.............. 3221

Le mille de France, d'Angl. & d'Italie. 950$\frac{1}{2}$

Le ſtade....................... 85

FIN.

TABLE DES PRINCIPES.

L'angle obtus est plus grand que l'angle droit, & l'angle aigu est moindre que l'angle droit, *ibid.*

Deux angles de suite valent ensemble deux angles droits, n°. 17.

Tous les angles rectilignes qui ont leur sommet au même point, & sont tracés dans un même plan, valent ensemble quatre angles droits, n°. 18.

Le supplément d'un angle est sa différence à deux angles droits; & le complément d'un angle est sa différence à un droit, n°ˢ. 19 & 21.

Les supplémens ou complémens du même angle, ou d'angles égaux, sont égaux, *ibid.*

Les angles opposés au sommet sont égaux, n°. 20.

Une ligne est perpendiculaire à une autre quand elle la rencontre sans pencher plus d'un côté que de l'autre, & quand elle penche de l'un ou de l'autre côté, elle est oblique, n°ˢ. 23 & 28.

D'un même point, pris dans une ligne ou hors d'une ligne, on ne peut mener dans le même plan qu'une seule perpendiculaire à cette ligne, n°ˢ. 25 & 26.

De toutes les droites menées d'un même point sur une ligne, la perpendiculaire est la plus courte; les obliques qui s'éloignent le plus de la perpendiculaire, sont les plus longues; les obliques également éloignées de la perpendiculaire sont égales, & réciproquement, n°. 27.

Tout point d'une perpendiculaire élevée sur le milieu d'une ligne, est également éloigné des extrémités de cette ligne, & tout point hors de cette ligne perpendiculaire n'est pas également éloigné de ces mêmes extrémités, n°ˢ. 29 & 30.

Deux lignes droites sont parallèles lorsqu'elles sont par-tout également éloignées l'une de l'autre, n°. 36.

Deux droites parallèles étant coupées par une sécante, les angles internes-externes du même côté sont égaux; les angles alternes-internes ou externes font égaux ; les angles internes du même côté, pris enfemble, valent deux droits, ainfi que les externes du même côté, & réciproquement, n°. 37 & fuiv.

Deux angles tournés d'un même côté, & qui ont leurs côtés parallèles, font égaux, n°. 43.

Une ligne droite ne peut rencontrer la circonférence en plus de deux points, n°. 46.

Dans un même demi-cercle les plus grandes cordes foutendent les plus grands arcs, & réciproquement, *ib.*

Une fécante eft une ligne qui eft en partie au-dehors & en partie au-dedans du cercle. Une tangente eft une ligne appliquée contre la circonférence, *ibid.*

Une tangente ne peut rencontrer la circonférence qu'en un feul point, n°. 47.

Le rayon mené du centre au point d'attouchement, eft perpendiculaire à la tangente, & réciproquement, *ibid.*

Le point d'attouchement de

GÉOMÉTRIE.

deux circonférences eft dans la droite qui joint leurs centres, n°. 49.

Le centre d'un cercle, le milieu d'une corde & le milieu de fon arc, font dans une même droite perpendiculaire à cette corde ; en forte qu'une droite perpendiculaire à la corde qui paffe par un de ces points, paffe auffi par les deux autres, & réciproquement, n°. 52 & fuiv.

Deux cordes parallèles interceptent entr'elles des arcs égaux, n°. 59.

Un angle qui a fon fommet à la circonférence, & qui eft formé par deux cordes ou par une tangente & une corde, a pour mefure la moitié de l'arc compris entre fes côtés, n°. 63.

Les angles à la circonférence, qui comprennent entre leurs côtés des arcs égaux ou le même arc, font égaux entr'eux, n°. 64.

Un angle à la circonférence eft droit quand fes côtés paffent par les extrémités du diamètre, n°. 65.

Un angle à la circonférence

F f

formé par une corde & le prolongement d'une autre, a pour mesure la moitié des deux arcs soutendus par ces cordes , n°. 69.

Un angle qui a son sommet entre le centre & la circonférence, a pour mesure la moitié des deux arcs compris entre ses côtés & leurs prolongemens , n°. 70.

Un angle qui a son sommet hors du cercle , a pour mesure la moitié de la différence des deux arcs compris entre ses côtés, n°. 71.

Un triangle rectiligne est un espace renfermé par trois lignes droites , n°. 73.

Dans tout triangle, la somme de deux côtés est plus grande que le troisième , *ibid.*

Un triangle est équilatéral quand ses trois côtés sont égaux, isocèle quand deux seulement sont égaux , scalène quand les trois côtés sont inégaux , *ibid.*

Un triangle qui a un angle droit est nommé *rectangle ;* celui qui a un angle obtus, *obtus-angle ;* & celui qui a

ses trois angles aigus , *acutangle*, n°. 75.

La somme des trois angles de tout triangle rectiligne , vaut deux angles droits, n°. 74.

L'angle extérieur d'un triangle vaut la somme des deux angles intérieurs opposés, n°. 75.

Dans tout triangle , les angles opposés aux côtés égaux, sont égaux , & réciproquement, n°. 77.

Dans un même triangle , le plus grand côté est opposé au plus grand angle , & le plus petit côté au plus petit angle , & réciproquement , n°. 78.

Deux triangles sont parfaitement égaux ; 1°. quand ils ont un angle égal compris entre deux côtés égaux chacun à chacun , n°. 80.

2°. Quand ils ont un côté égal adjacent à deux angles égaux chacun à chacun, n°. 81.

3°. Lorsqu'ils ont les trois côtés égaux chacun à chacun, n°. 83.

Si deux parallèles sont interceptées entre deux autres

Une droite eſt coupée en moyenne & extrême raiſon, lorſqu'elle eſt coupée en deux parties, dont l'une eſt moyenne proportionnelle entre la ligne entière & l'autre partie, n°. 130.

Si de deux angles correſpondans de deux polygones ſemblables, on mène des diagonales aux autres angles, les deux polygones feront partagés en un même nombre de triangles ſemblables chacun à chacun, & réciproquement, n°ˢ. 132, 133.

Les contours des figures ſemblables ſont entr'eux comme leurs côtés homologues, n°. 134.

Les cercles étant des figures ſemblables, leurs circonférences ſont entr'elles comme leurs rayons, ou comme leurs diamètres, n°. 136.

Un parallélogramme eſt un quadrilatère, dont les côtés oppoſés ſont parallèles, n°. 139.

On l'appelle *rhomboïde* quand ſes côtés contigus ne ſont pas égaux entr'eux, &

qu'aucun de ſes angles n'eſt droit, *ibid.*

Rhombe, quand les quatre côtés ſont égaux entr'eux, & qu'il n'a point d'angles droits, *ibid.*

Rectangle, quand les angles ſont droits & les côtés contigus inégaux, *ibid.*

Quarré, quand tous les côtés ſont égaux & les angles droits, *ibid.*

Le trapèze eſt un quadrilatère qui n'a que deux côtés oppoſés parallèles, *ibid.*

Un triangle rectiligne eſt la moitié d'un parallélogramme de même baſe & de même hauteur, n°. 140.

Les parallélogrammes de même baſe & de même hauteur ſont égaux en ſurface, n°. 141.

Il en eſt de même des triangles, 142.

La ſurface d'un parallélogramme eſt égale au produit de ſa baſe par ſa hauteur, 145.

La ſurface d'un triangle eſt égale à la moitié du produit de ſa baſe par ſa hauteur, n°. 147.

La ſurface d'un trapèze eſt

égale au produit de fa hauteur , par une ligne menée parallèlement aux deux bafes & à diftance égale de ces bafes , n°. 148.

La furface d'un polygone régulier eft égale à la moitié du produit de fon contour , par l'apothême , n°. 150.

La furface d'un cercle eft égale à fa circonférence multipliée par la moitié du rayon , n°. 151.

Un fecteur circulaire eft une portion de cercle terminée par un arc & deux rayons ; & l'on nomme *fegment circulaire* une furface terminée par un arc & fa corde , n°. 153.

On appelle *toifé des furfaces* la manière de trouver la valeur d'une furface , dont les dimenfions font évaluées en toifes & parties de la toife , n°. 155.

On trouve à la table les différentes fubdivifions de la toife quarrée , pag. 441.

Les furfaces des parallélogrammes & des triangles , font entr'elles comme les produits de leurs bafes &

de leurs hauteurs , n°s. 157 & 158.

Les parallélogrammes de même bafe font entr'eux comme leurs hauteurs , & ceux qui ont même hauteur font entr'eux comme leurs bafes , *ibid.*

Il en eft de même des triangles , *ibid.*

Le quarré du rayon eft à la furface du cercle , comme le diamètre eft à la circonférence , *add. x.*

Les furfaces des parallélogrammes ou des triangles femblables , font entr'elles comme les quarrés de leurs côtés homologues , n°s 159 & 160.

Cette propriété s'étend à toutes les figures femblables , n°. 161.

Les cercles étant des figures femblables , leurs furfaces font entr'elles comme les quarrés de leurs rayons ou de leurs diamètres , n°. 162.

Dans tout triangle rectangle, le quarré de l'hypothénufe eft égal à la fomme des quarrés conftruits fur les deux autres côtés , n°. 164.

Un parallélipipède est un prisme, dont la base est un parallélogramme; on le nomme *parallélipipède rectangle* lorsqu'il est droit, & que sa base est un rectangle, *ibid.*

Le cube est un parallélipipède rectangle, dont la base est un quarré, & la hauteur égale au côté de ce quarré, *ibid.*

Le cylindre est un prisme, dont la base est un cercle, & l'on nomme *axe du cylindre* la droite qui joint les centres des deux bases opposées, n°. 205.

La pyramide est un solide terminé par un polygone qui lui sert de base, & par autant de faces triangulaires, qu'il y a de côtés dans cette base, lesquelles se réunissent en un même point, qu'on appelle le *sommet de la pyramide*, n°. 206.

Une pyramide est régulière lorsque le polygone qui lui sert de base est régulier, & qu'en même temps la perpendiculaire abaissée du sommet passe par le cen-

tre de ce polygone, *ibid.*

Le cône est une pyramide, dont la base est un cercle; il est droit ou oblique, suivant que la droite menée du sommet au centre de la base est perpendiculaire ou oblique à cette base, n°. 207.

La sphère est un solide, engendré par la révolution d'un demi-cercle autour de son diamètre, n°. 208.

On appelle *grand cercle de la sphère* celui qui a même diamètre que la sphère, *ibid.*

Le secteur sphérique est un solide engendré par la révolution d'un secteur circulaire autour du rayon; & l'on nomme *calotte sphérique* la surface engendrée dans cette révolution, par l'arc du secteur circulaire, *ibid.*

Le segment sphérique est un solide formé par la révolution d'un demi-segment circulaire autour de sa flèche, *ibid.*

On appelle *solides semblables* ceux qui sont terminés par un même nombre de faces

cylindre, qui a pour rayon la flèche, & pour hauteur le rayon moins le tiers de la flèche, n°. 248.

On appelle *prisme tronqué* le solide qui reste lorsqu'on a séparé une partie d'un prisme par un plan incliné à la base, n°. 250.

Si des trois angles de l'une des bases d'un prisme triangulaire tronqué, on abaisse des perpendiculaires sur l'autre base, sa solidité est égale au produit de cette dernière base, multipliée par le tiers de la somme des trois perpendiculaires, n°. 252.

On appelle *toisé des solides* la manière de trouver la valeur d'un solide dont les dimensions sont évaluées en toises & parties de la toise, n°. 256.

Les différentes divisions de la toise-cube sont rapportées dans la table, pag. 443.

La mesure en usage pour les bois, s'appelle *solive*; on en trouve les subdivisions dans la table, n°. 261.

Les prismes sont entr'eux comme les produits de leurs bases & de leurs hauteurs, n°. 263.

Les prismes de même hauteur sont entr'eux comme leurs bases, & ceux qui ont même base sont entr'eux comme leurs hauteurs, *ibid.*

Les solidités de deux corps semblables, sont entr'elles comme les cubes de leurs lignes homologues, n°. 266.

Les solidités de deux sphères sont entr'elles comme les cubes de leurs rayons ou de leurs diamètres, *ibid.*

La trigonométrie plane enseigne à déterminer trois des six parties d'un triangle rectiligne, par la connoissance des trois autres parties, parmi lesquelles il doit se trouver au moins un côté, n°. 267.

Quand on connoît deux côtés d'un triangle, & l'angle opposé à l'un de ces côtés, on ne peut déterminer l'angle opposé à l'autre, qu'autant que l'on connoît si le troisième angle est aigu ou obtus, *ibid.*

Le sinus droit, ou simple

ment le finus d'un arc ou d'un angle, eft la moitié de la corde d'un arc double de celui qui mefure cet angle, n°. 268.

Le cofinus d'un arc ou d'un angle, eft le finus du complément de cet arc ou de cet angle, *ibid.*

Le finus-verfe d'un arc eft la différence entre le rayon & le cofinus de cet arc, *ibid.*

Le finus & le cofinus d'un angle font les mêmes que le finus & le cofinus de fon fupplément, n°. 275.

Le finus de 90ᵈ eft égal au rayon; on le nomme auffi *finus total*, n°. 274.

Le finus de 30ᵈ eft égal à la moitié du finus total, & la tangente de 45ᵈ eft égale au rayon, n°. 271.

La tangente & la fécante d'un angle, font les mêmes que la tangente & la fécante de fon fupplément, n°. 278.

Le cofinus d'un arc eft égal à la racine quarrée de la différence du quarré de fon finus au quarré du rayon, n°. 281.

Le finus de la moitié d'un arc eft égal à la moitié de la racine quarrée du quarré du finus de l'arc entier, joint au quarré de fon finus-verfe, n°. 282.

Le finus d'un arc double eft égal à deux fois le finus de l'arc fimple, multiplié par fon cofinus, & divifé par le rayon, n°. 283.

Le finus de la fomme ou de la différence de deux arcs, eft égal à la fomme ou à la différence des produits du finus de l'un, multiplié par le cofinus de l'autre, divifée par le rayon, n°. 284.

Le cofinus de la fomme ou de la différence de deux arcs eft égal à la différence ou à la fomme des produits des deux finus & des deux cofinus de ces arcs, divifée par le rayon, n°. 285.

La fomme des finus de deux arcs eft à la différence de ces mêmes finus, comme la tangente de la moitié

de la fomme de ces deux
arcs à la tangente de la
moitié de leur différence,
n°. 286.

Dans tout triangle-rectangle,
1°. Le rayon ou finus total,
eft au finus d'un des angles
aigus, comme l'hypothé-
nufe eft au côté oppofé à
cet angle aigu, n°. 295.

2°. Le rayon eft à la tangente d'un des angles ai-
gus, comme le côté adja-
cent à cet angle eft au côté
qui lui eft oppofé, n°.
295.

Dans tout triangle-rectiligne,
les finus des angles font
proportionnels aux côtés
qui leur font oppofés, n°.
298.

La plus grande de deux quantités eft égale à la moitié
de leur fomme, plus la
moitié de leur différence ;
& la plus petite eft égale
à la moitié de leur fomme,
moins la moitié de leur
différence, n°. 301.

Dans tout triangle-rectiligne,
fi d'un angle on abaiffe
une perpendiculaire fur le

côté oppofé, ce côté fera
à la fomme des deux au-
tres, comme leur différence
eft à la différence ou à la
fomme des fegmens, for-
més par la perpendicu-
laire, n°. 306.

Dans tout triangle-rectiligne,
la fomme de deux côtés eft
à leur différence, comme
la tangente de la moitié de
la fomme des deux angles
oppofés à ces côtés, eft à
la tangente de la moitié de
la différence de ces mêmes
angles, n°. 305.

Un triangle fphérique eft une
partie de la furface de la
fphère comprife entre trois
arcs de cercle qui ont tous
trois pour centre commun
le centre même de la fphère,
n°. 319.

Un angle fphérique n'eft autre chofe que l'angle compris entre les plans de fes
côtés, n°. 320.

Les angles que forment les
arcs de grands angles qui fe
rencontrent fur la furface
de la fphère, ont les mê-
mes propriétés que les

Deux triangles fphériques tracés fur une même fphère, ou fur des fphères égales, font égaux ; 1°. lorfqu'ils ont un côté égal adjacent à deux angles égaux chacun à chacun ; 2°. lorfqu'ils ont un angle égal compris entre deux côtés égaux chacun à chacun ; 3°. lorfqu'ils ont les trois côtés égaux chacun à chacun ; 4°. lorfqu'ils ont les trois angles égaux chacun à chacun, n°. 340.

Dans un triangle fphérique ifocèle, les deux angles oppofés aux côtés égaux, font égaux ; & réciproquement fi deux angles d'un triangle fphérique font égaux, les côtés qui leur font oppofés, font auffi égaux, n°. 341.

Dans tout triangle fphérique, le plus grand côté eft oppofé au plus grand angle, & réciproquement, n°. 342.

Chacun des deux angles obliques d'un triangle fphérique rectangle, eft de même efpèce que le côté qui lui eft oppofé, c'eft à-dire, qu'il eft de 90°, fi ce côté eft de 90° ; & plus grand ou plus petit que 90°, felon que ce côté eft plus grand ou plus petit que 90°, n°. 344.

Si les deux côtés, ou les deux angles d'un triangle fphérique rectangle font tous deux plus petits ou tous deux plus grands que 90°, l'hypothénufe fera toujours plus petite que 90° ; & au contraire, elle fera plus grande que 90°, fi les deux côtés, ou les deux angles font de différente efpèce, n°. 345.

Selon que l'hypothénufe fera plus petite ou plus grande que 90°, les côtés feront de même ou de différente efpèce entr'eux ; & il en fera de même des angles obliques, n°. 347.

Selon que l'hypothénufe & un côté feront de même ou de différente efpèce, l'autre côté fera plus petit ou plus grand que 90°,

& il en fera de même de l'angle oppofé à ce dernier côté, n°. 347.

Dans tout triangle fphérique, on a toujours cette proportion : Le finus d'un des angles, eft au finus du côté oppofé à cet angle, comme le finus d'un autre angle, eft au finus du côté oppofé à celui-ci, n°. 349.

Le rayon eft au finus de l'hypothénufe, comme le finus d'un des angles obliques eft au finus du côté oppofé, n°. 350.

Dans tout triangle fphérique rectangle, le rayon eft au finus d'un des côtés de l'angle droit, comme la tangente de l'angle oblique adjacent à ce côté, eft à la tangente du côté oppofé, n°. 351.

Dans tout triangle fphérique, fi d'un angle quelconque on abaiffe un arc de grand cercle perpendiculairement fur le côté oppofé, on aura toujours cette proportion : le cofinus de l'un des feg-

mens eft au cofinus de l'autre fegment, comme le cofinus du côté contigu au premier fegment, eft au cofinus du côté contigu au fecond fegment, n°. 357.

Les mêmes chofes étant fuppofées que dans la propofition précédente, on a cette autre proportion : le finus de l'un des fegmens eft au finus de l'autre fegment, comme la cotangente de l'angle adjacent au premier fegment eft à la cotangente de l'angle adjacent au fecond fegment, n°. 358.

Dans tout triangle fphérique, fi d'un angle quelconque, on abaiffe un arc perpendiculaire fur le côté oppofé, on a cette proportion : la tangente de la moitié du côté fur lequel tombe l'arc perpendiculaire, eft à la tangente de la moitié de la fomme des deux autres côtés, comme la tangente de la moitié de leur différence eft à la tangente de la moitié de la différence des deux segmens, ou à la tangente de la moitié de leur somme, si l'arc perpendiculaire tombe hors du côté opposé, n°. 359.

FIN DE LA TABLE DES PRINCIPES.

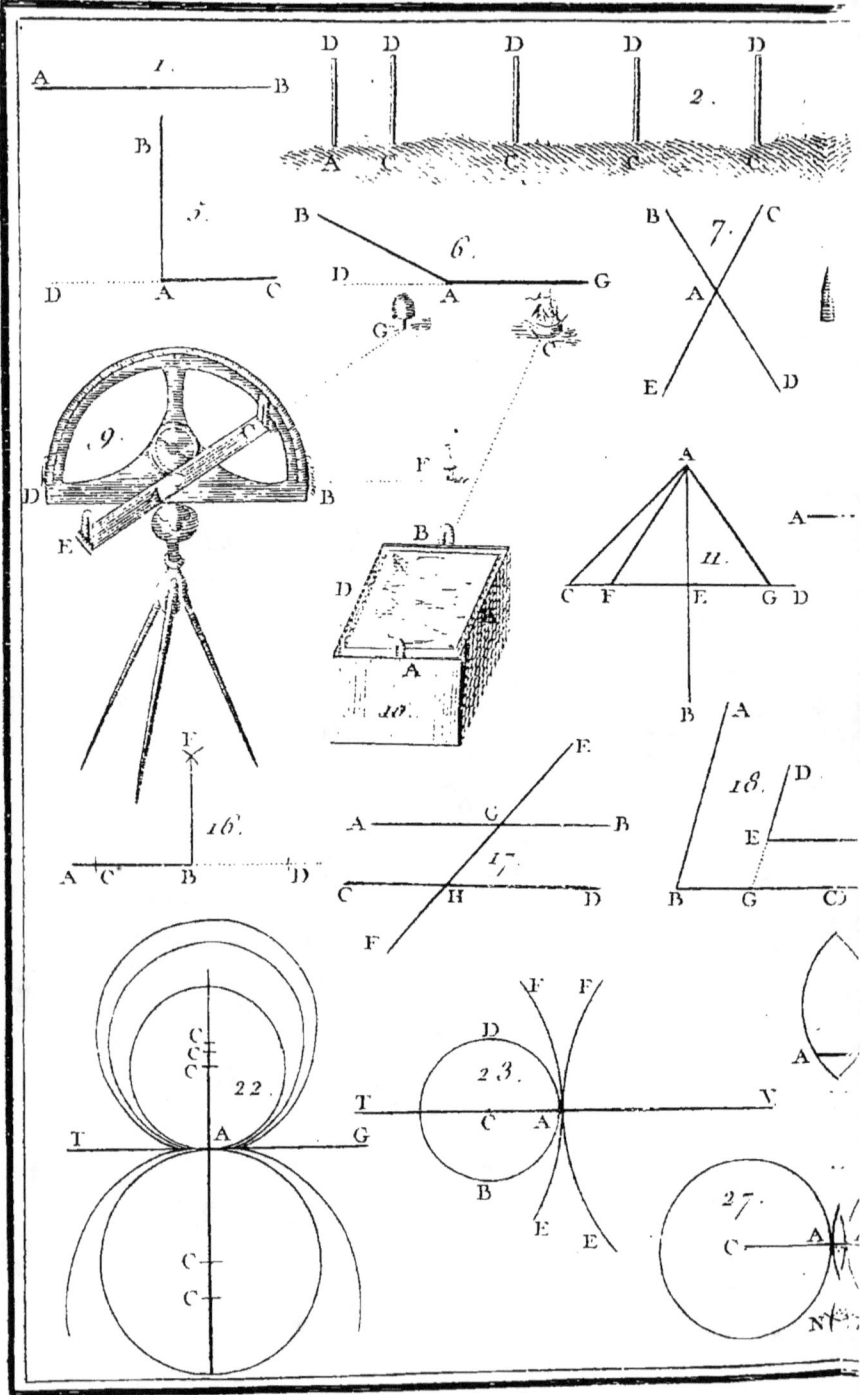

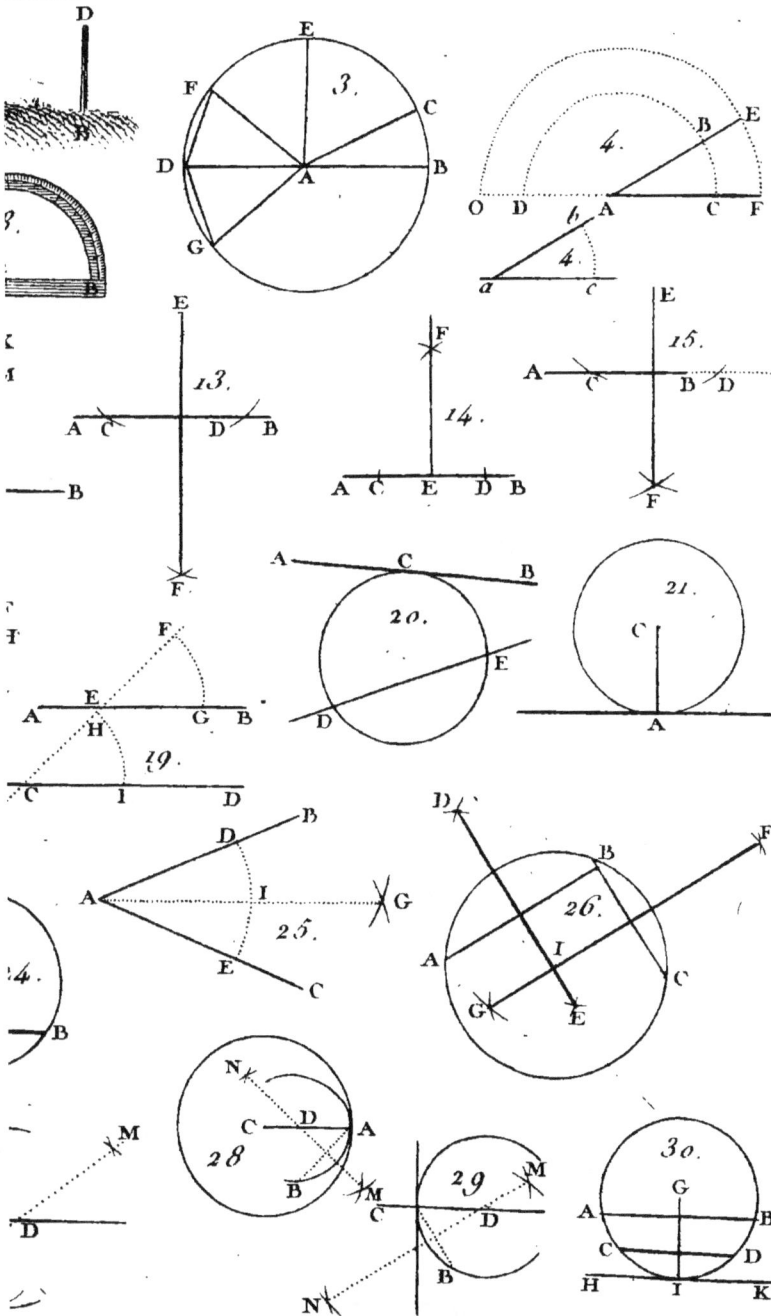

D

E
F
C
3.
D A B
G

4.
B E
O D A C F
b
4.
a c

E
15.
A C B D
F

E
13.
A C D B

F
B

14.
A C E D B

F

A C B

20.
E
D

21.
C
A

F
E
A H G B
19.
C I D

D B
A D
I G
25.
E C

D
B F
A
26.
I
G C
E

B

M
D

N
C D A
28
B

M
C
29
D
M
B
N

30.
G
A B
C
D
H I K

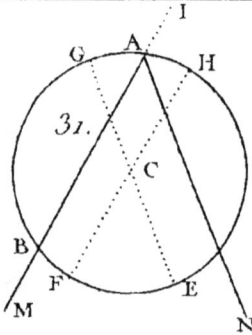

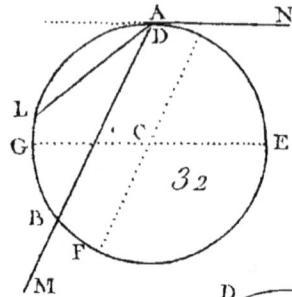

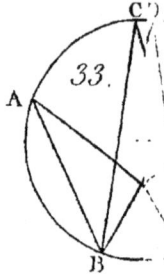

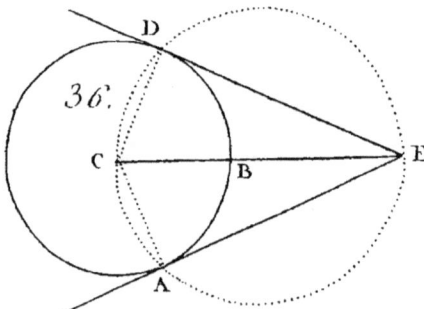

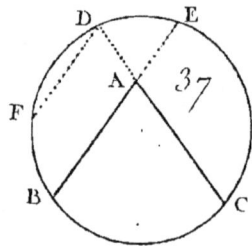

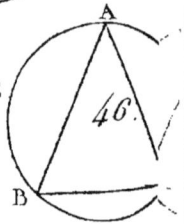

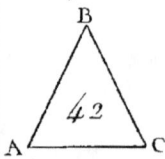

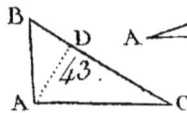

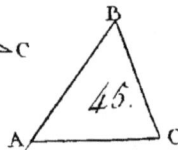

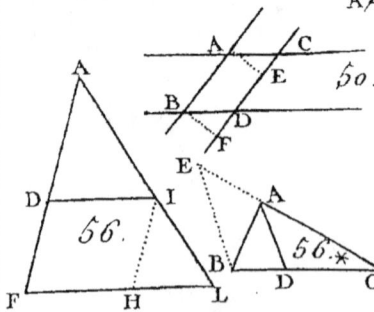

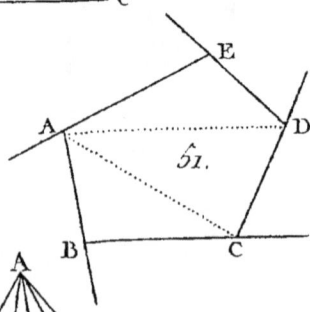

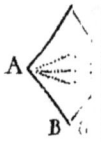

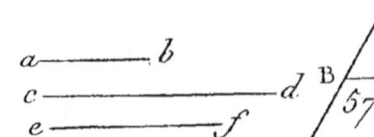

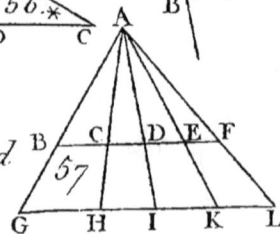

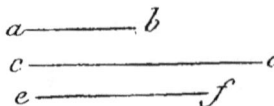

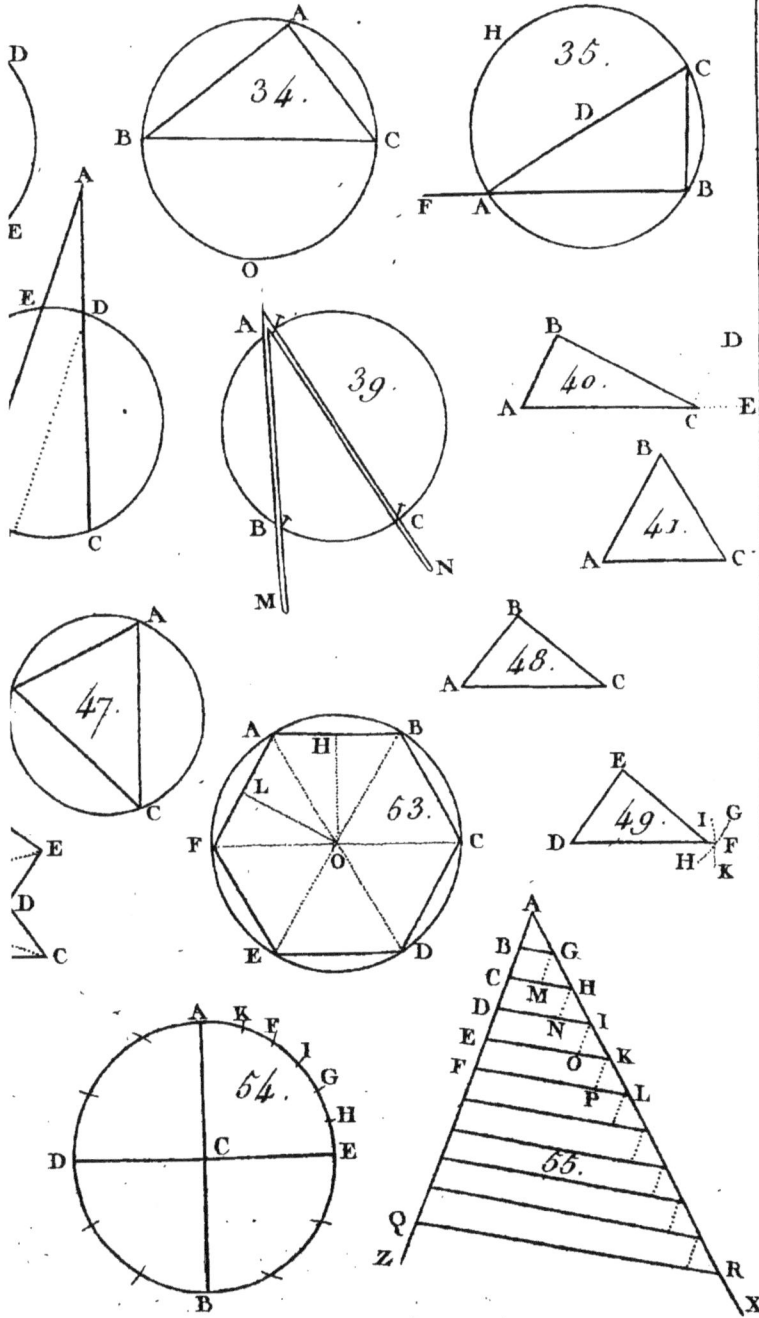

34.

35.

39.

40.

41.

47.

48.

53.

49.

54.

55.

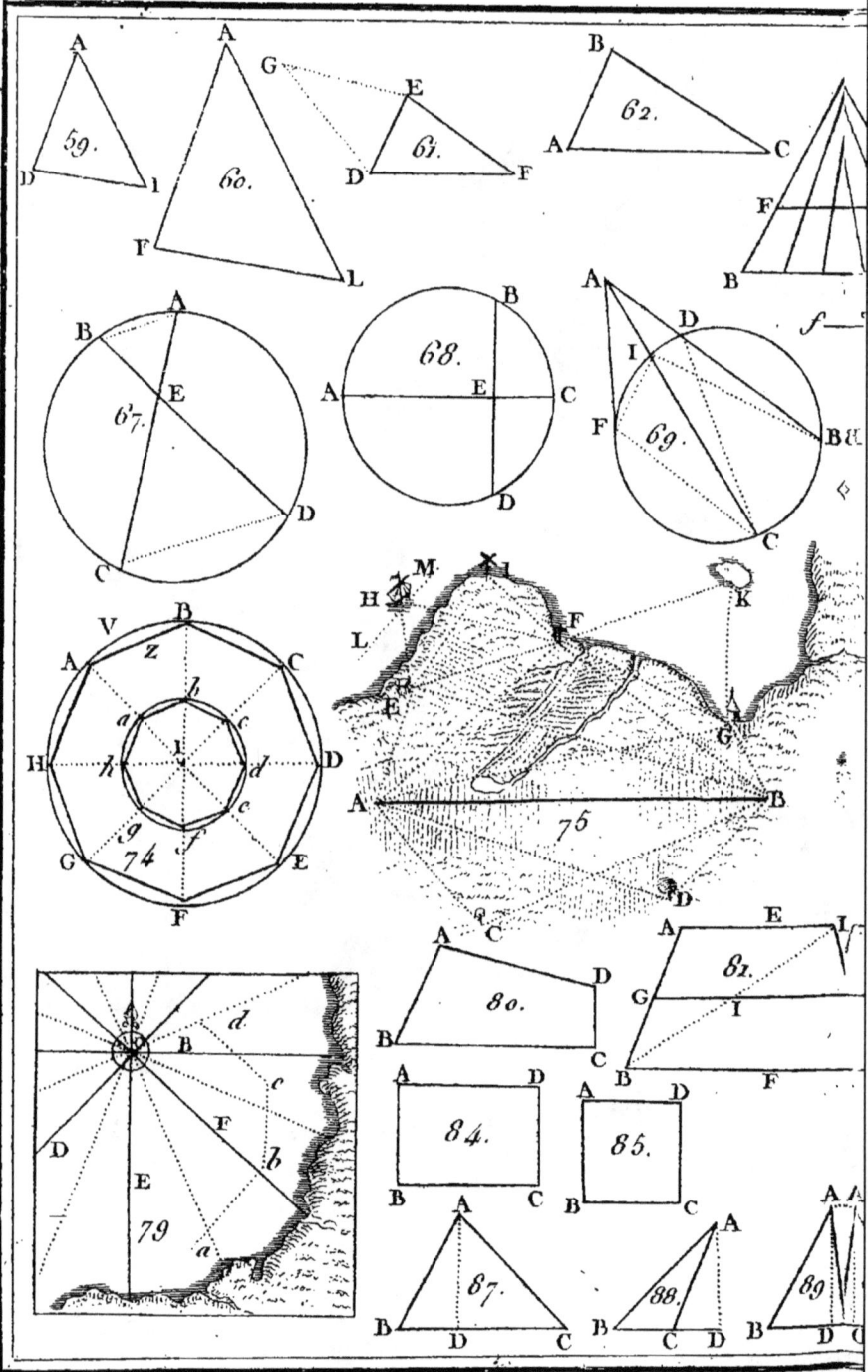

64.

65.

66.

70.

71.

72.

73.

76.

77.

82.

83.

86.

86*

78.

90.

92.

91.

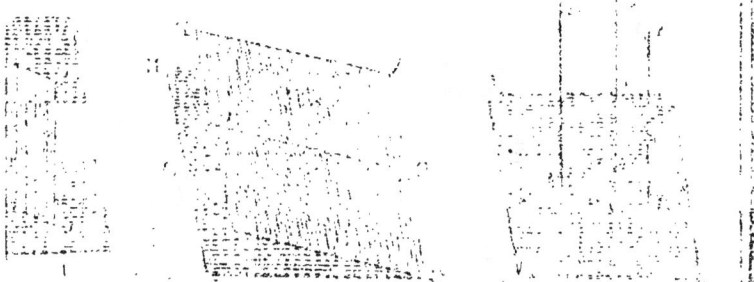

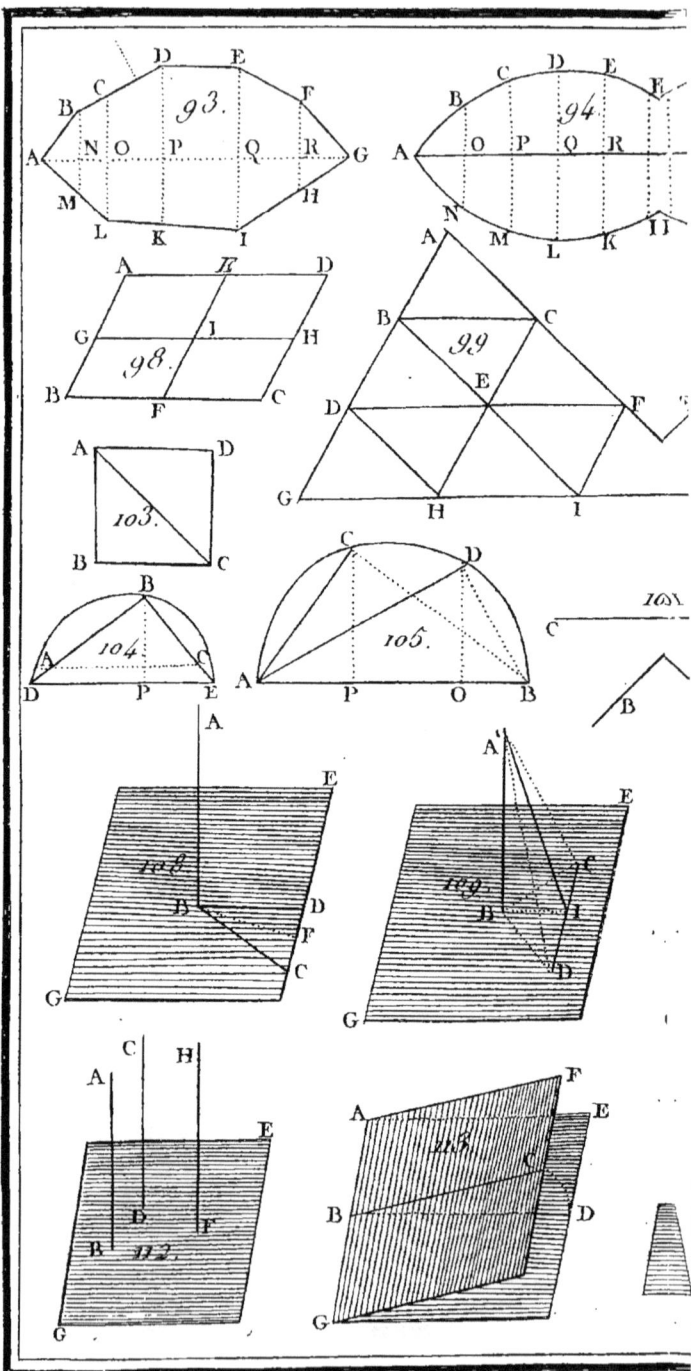

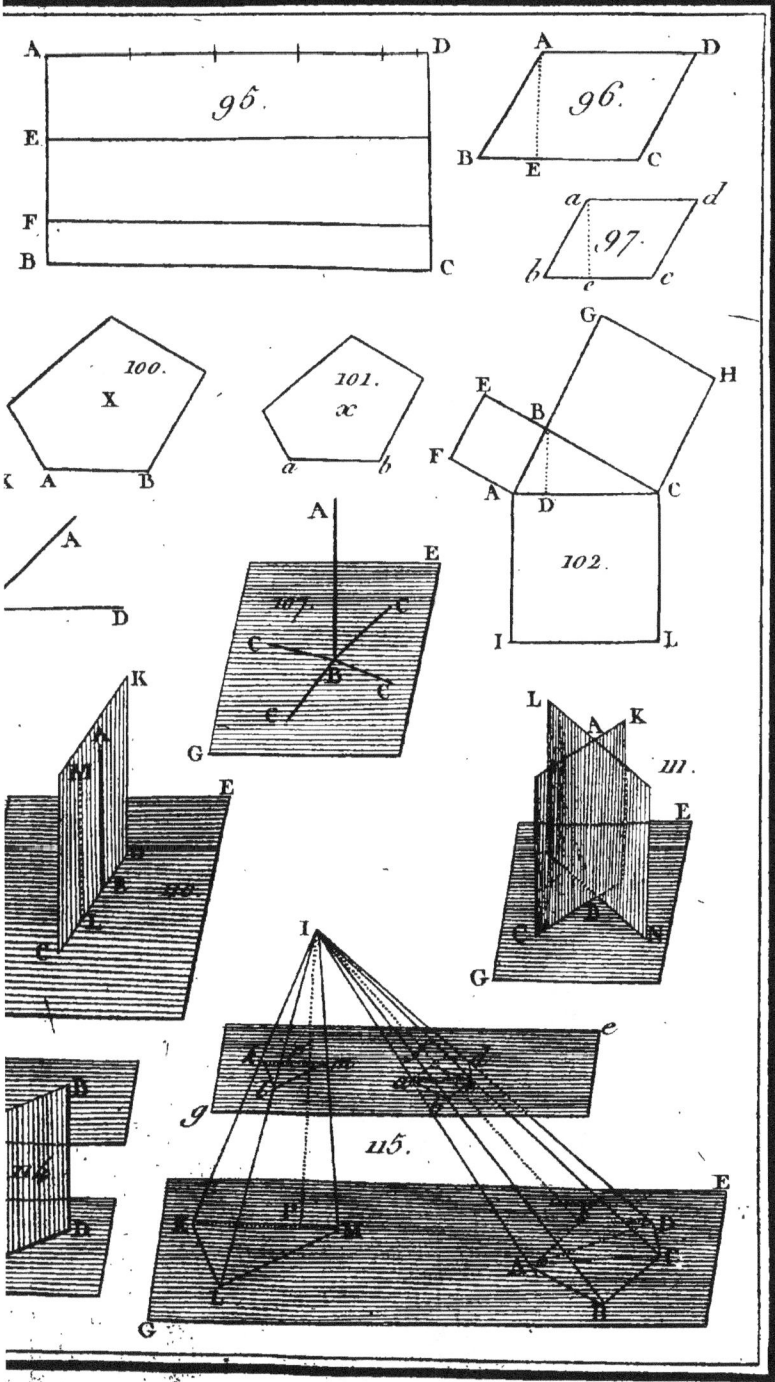

96.

96.

97.

100.
X

101.
x

102.

107.

110.

111.

116.

115.

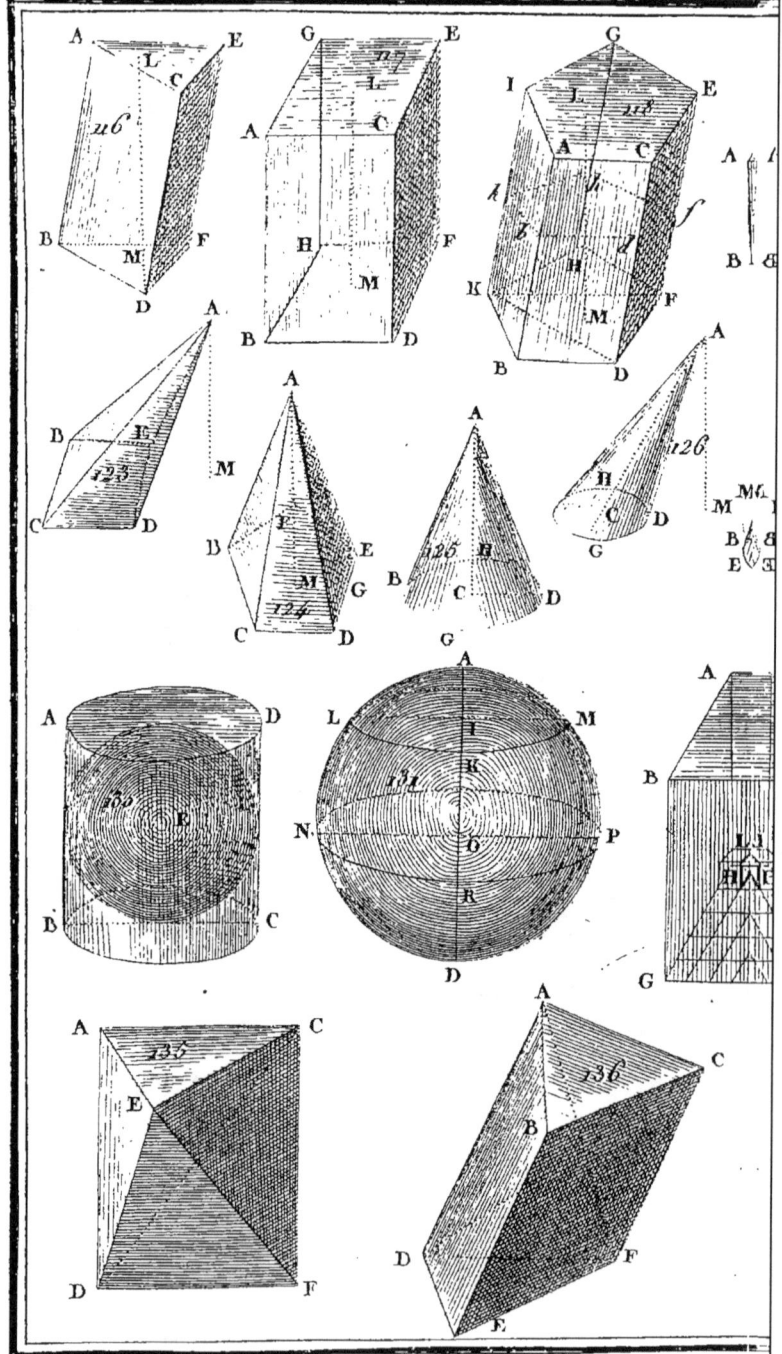

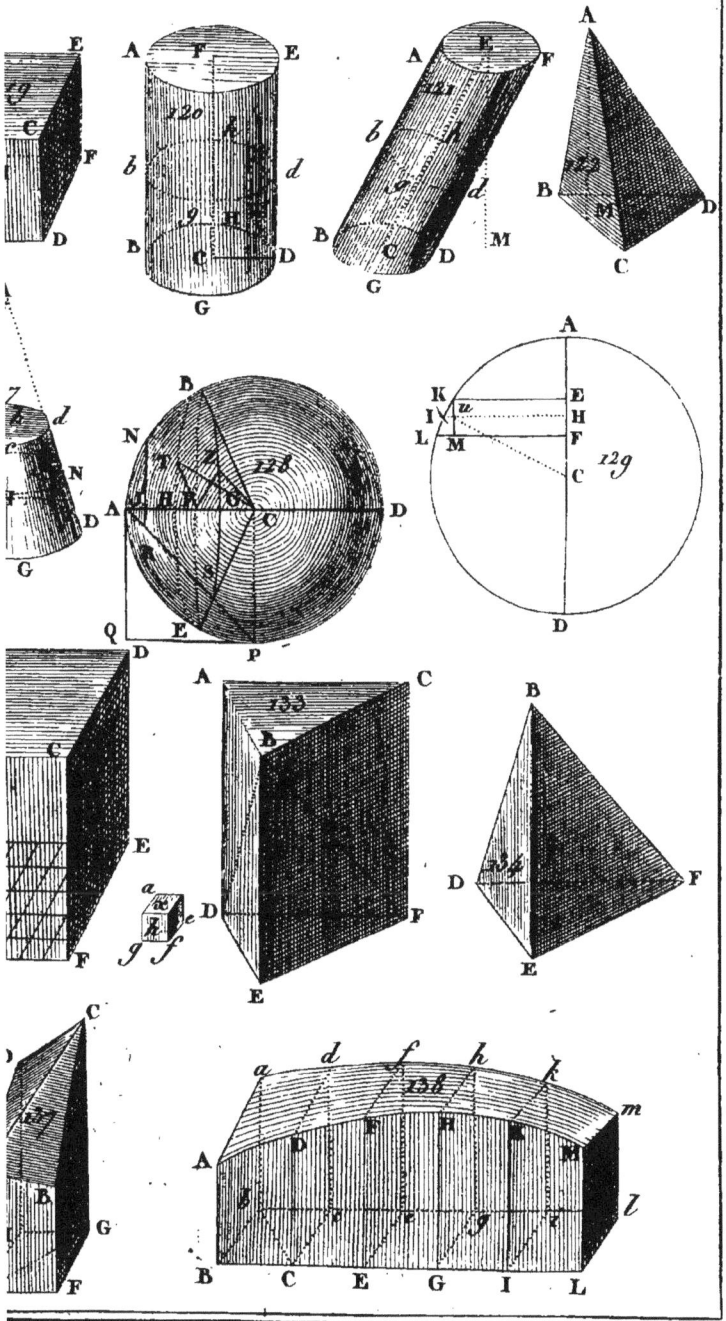

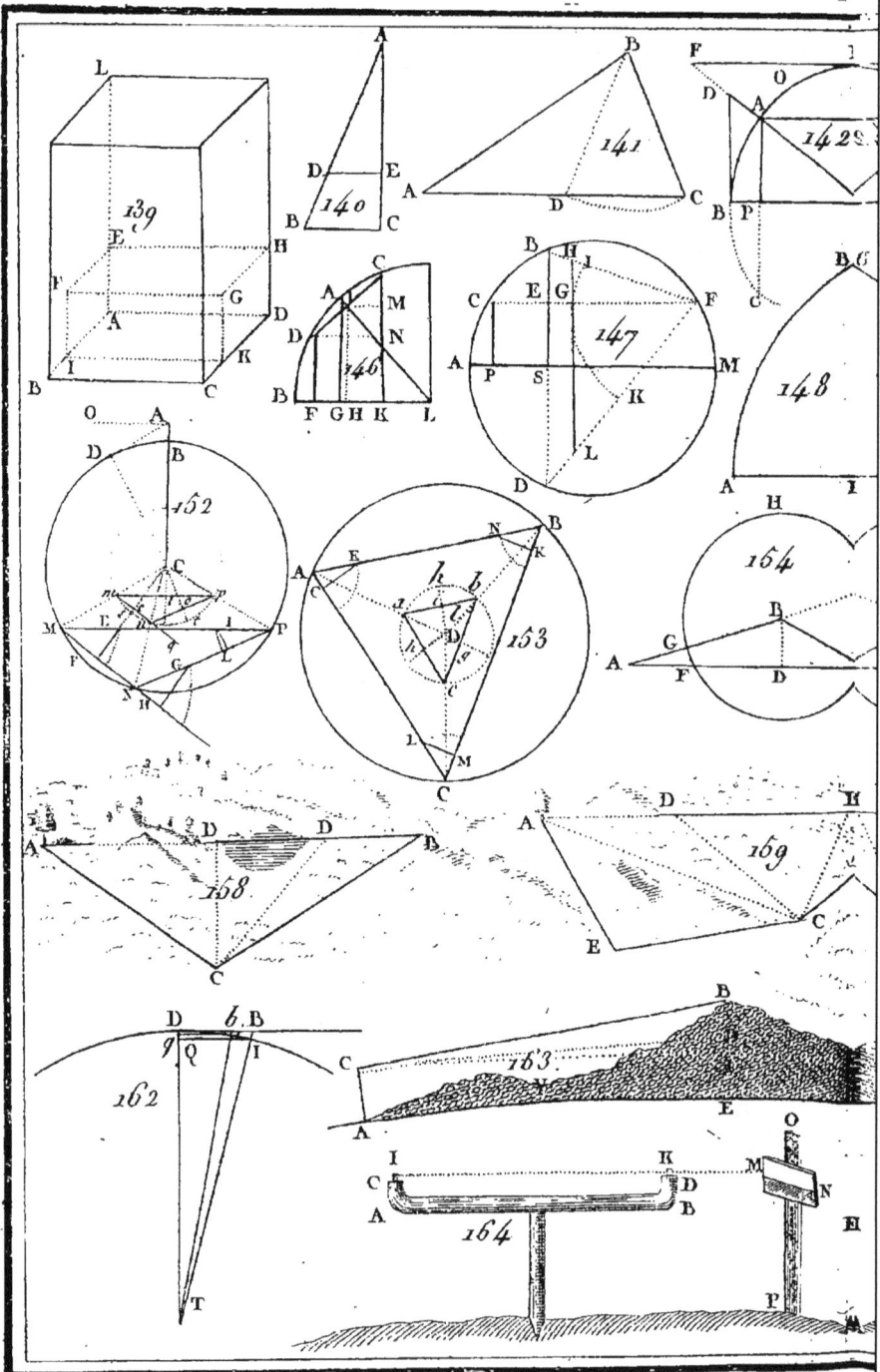

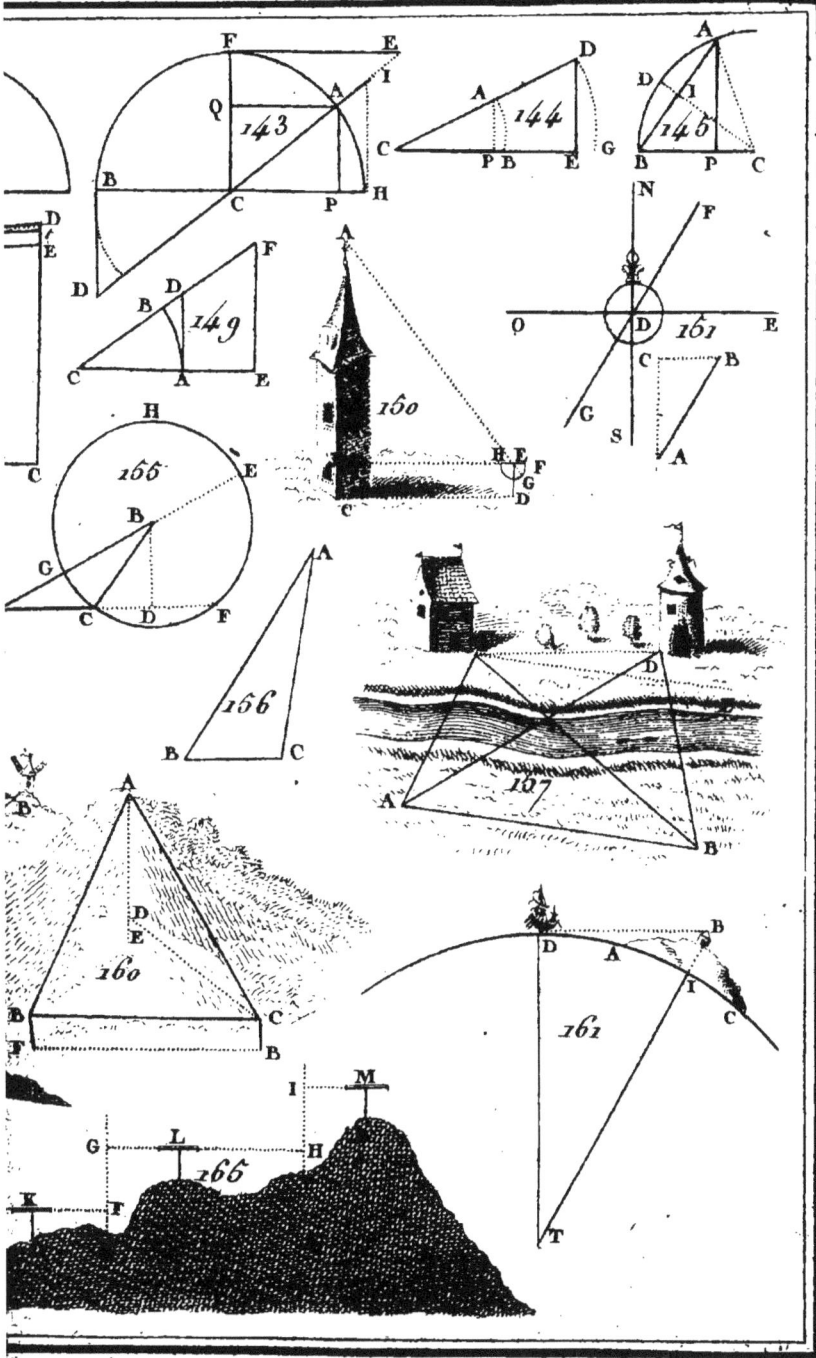

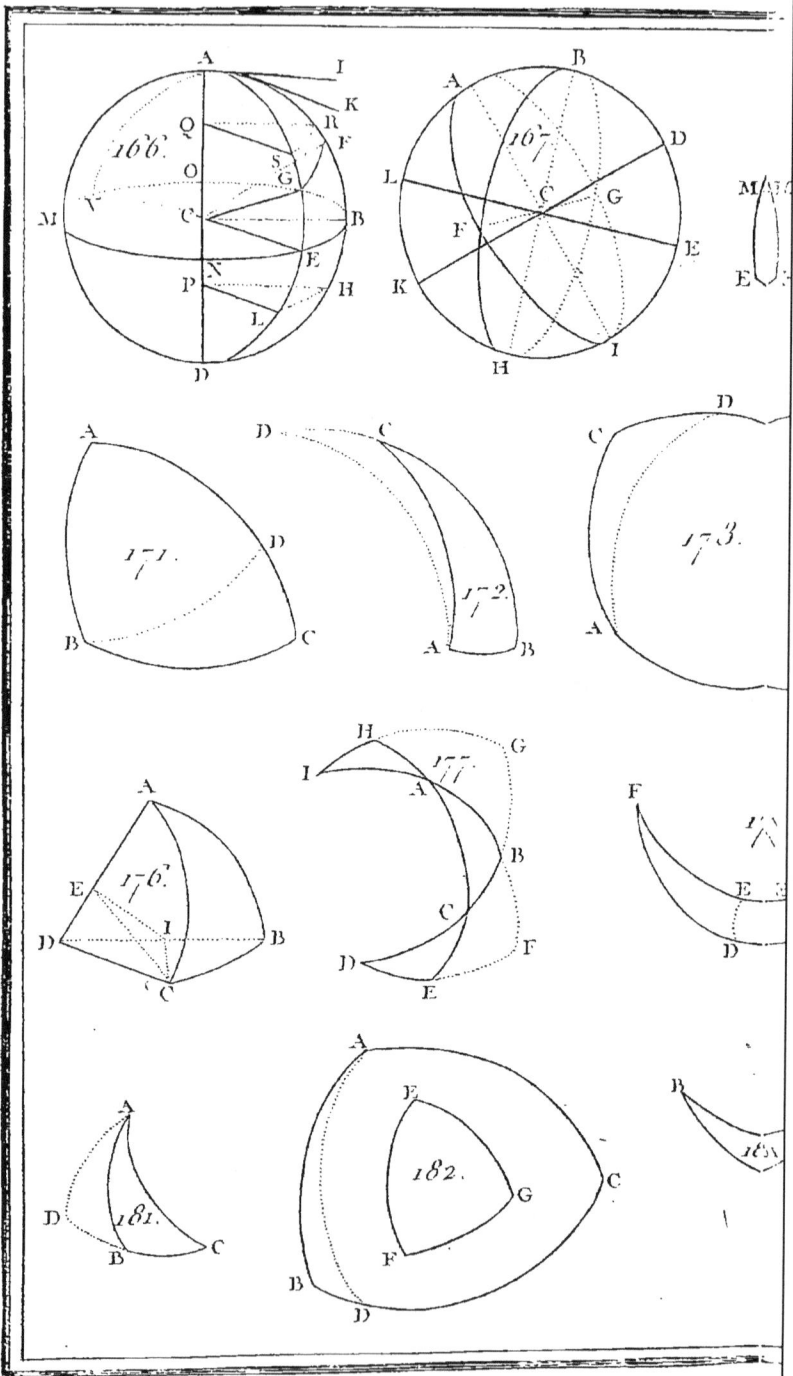

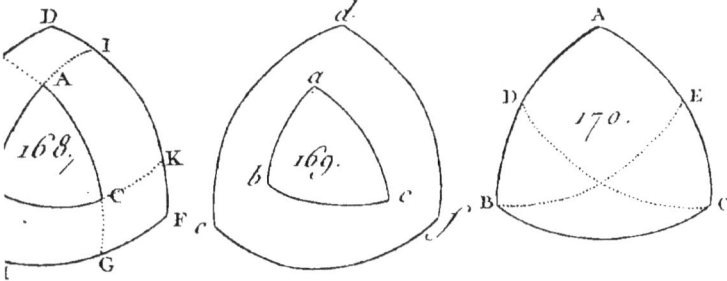

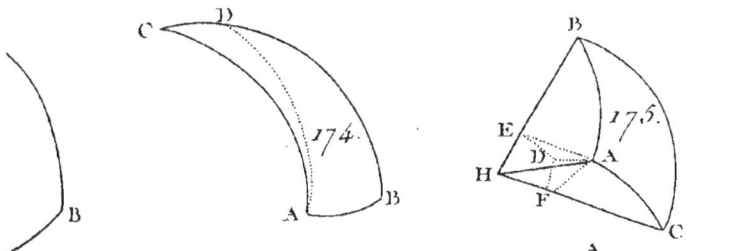

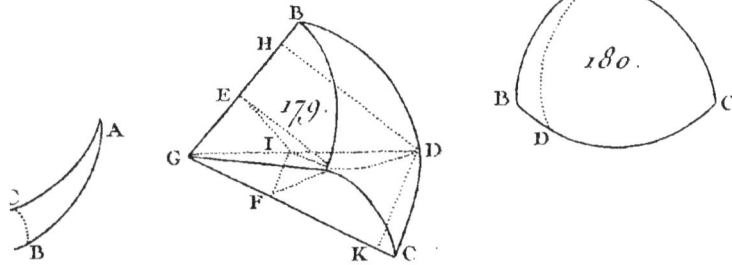

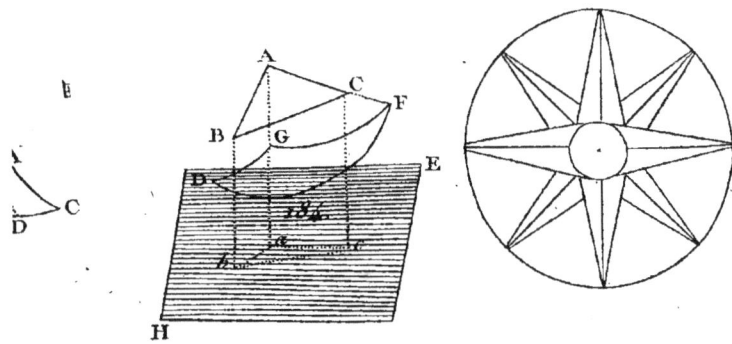

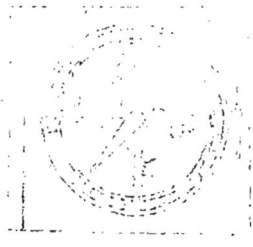

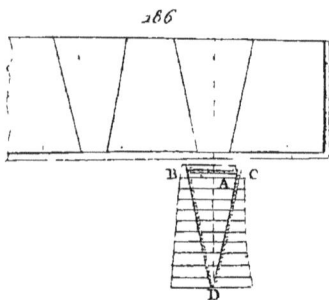

186

187

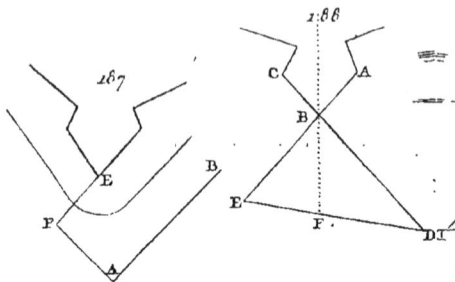

188

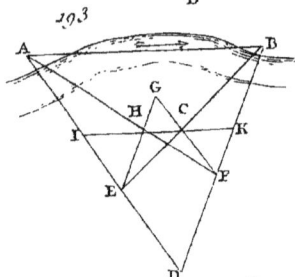

193

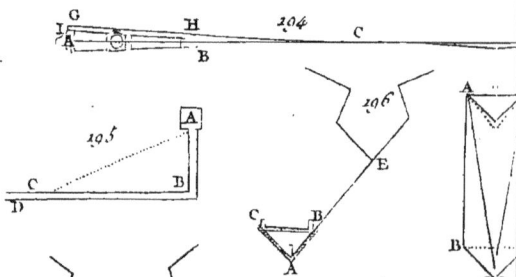

194

195

196

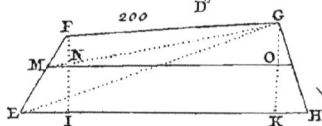

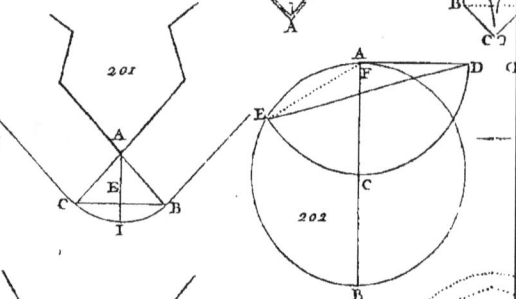

200

201

202

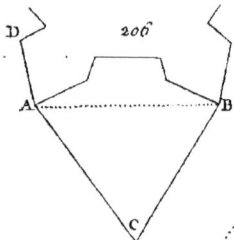

206

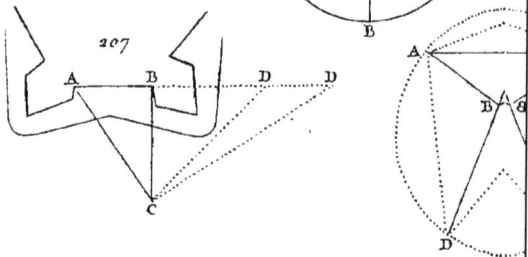

207

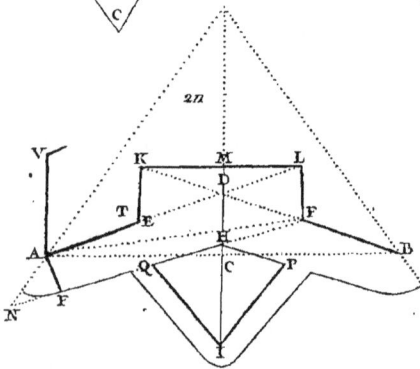

211

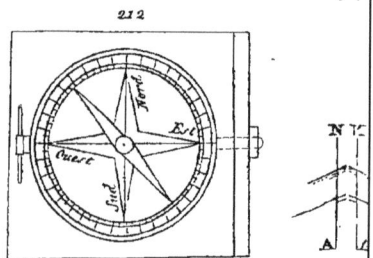

212

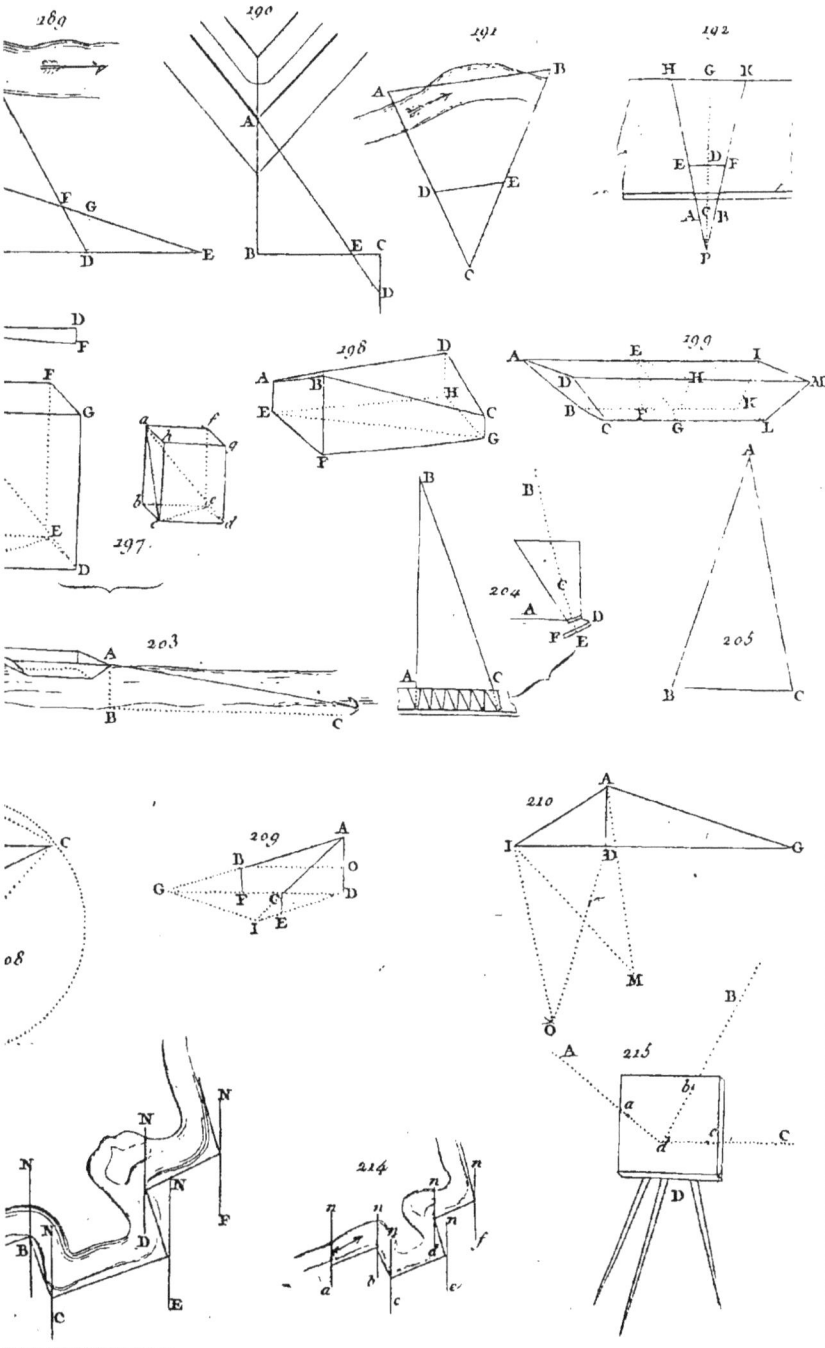

189

190

191

192

A

F G

D E

B E C

D

B

A

D E

C

H G K

E D F

A C B

P

D

F

F G

E

D

198

D

A B

E

H

C

F G

199

E I

A

D H M

B K

C G L

A

197

a f g

h

b c d

E

D

B

C

204

B

C

A D

F E

205

A

B C

203

A

B C

208

C

209

A

B O

G F C D

I E

210

A

I D G

r

M

O

A

215

B

b

a

d c C

D

N N

N

N N

F

N

B D

C E

214

n n

n n

n n

a b c c f

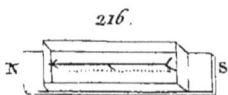

216.

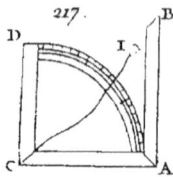

217.

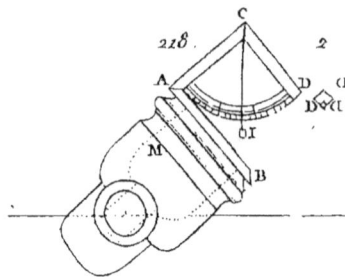

218.

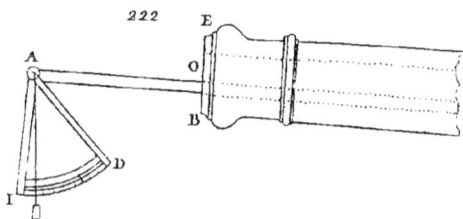

222

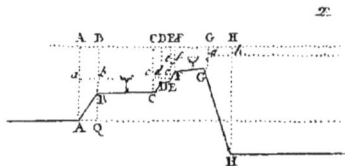

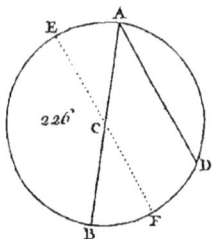

226.

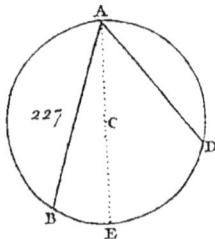

227

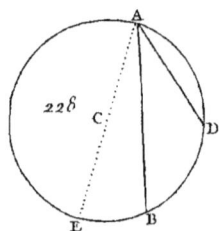

228

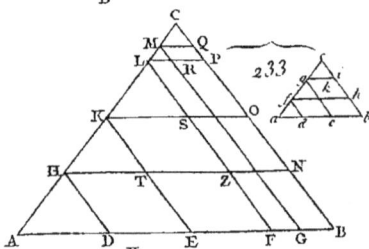

233

234

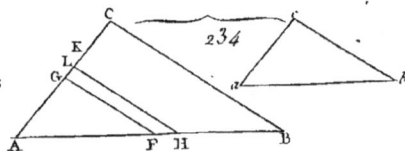

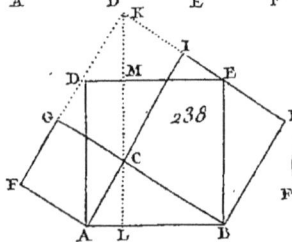

238

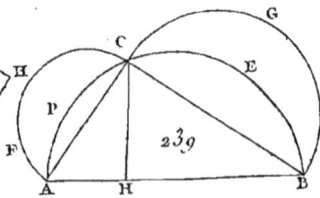

239

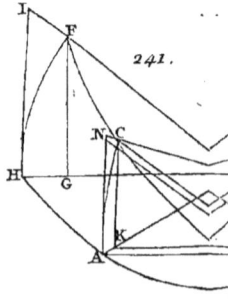

241.

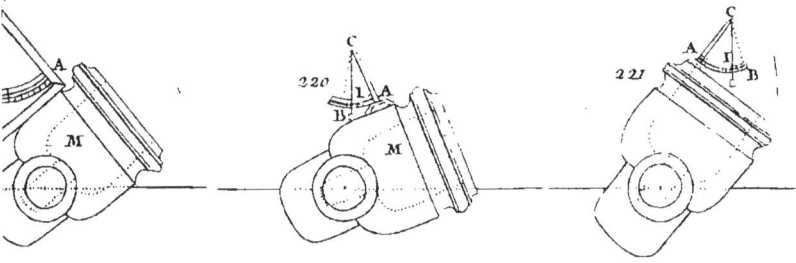

220   221

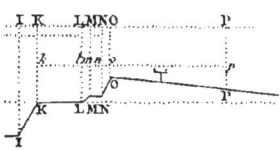

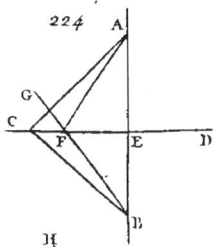

224

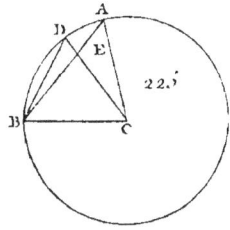

225

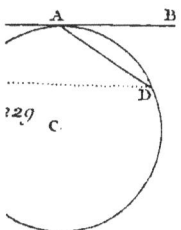

229   C.

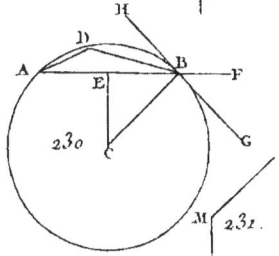

230   231

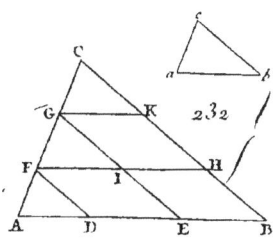

232

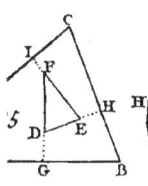

5

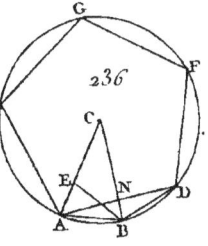

236

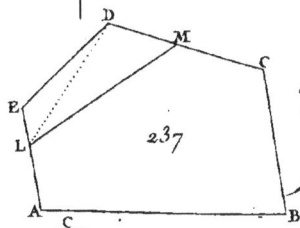

237

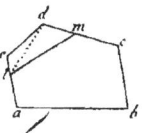

240

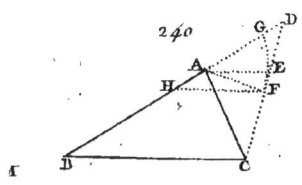

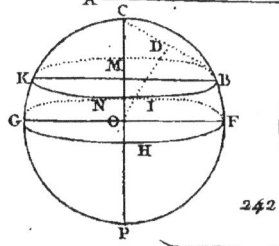

242

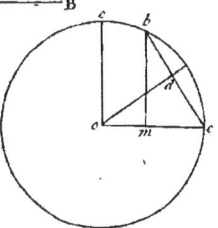

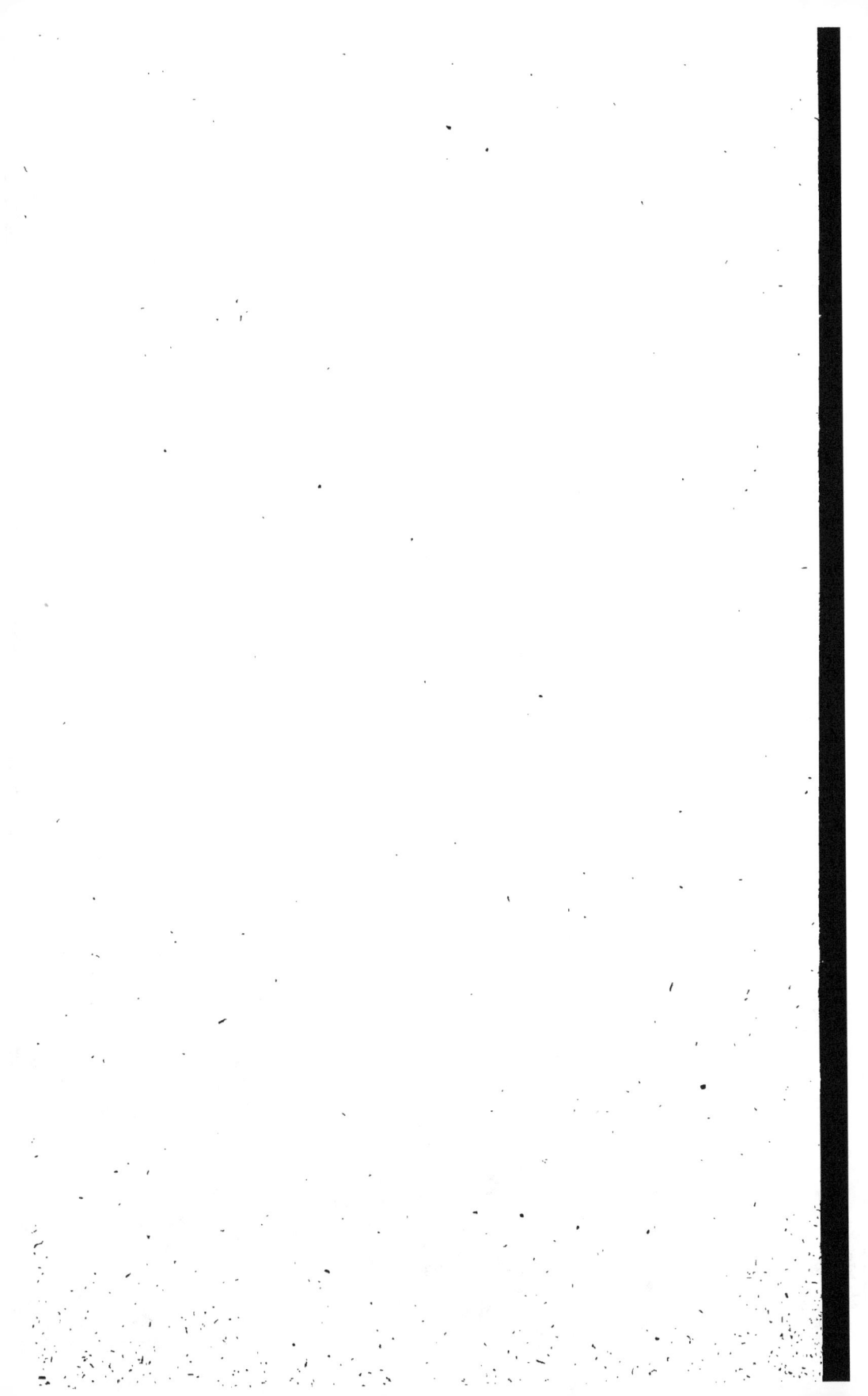

www.ingramcontent.com/pod-product-compliance
Lightning Source LLC
Chambersburg PA
CBHW060913220326
41599CB00020B/2947